MATLAB 程式設計入門

余建政、林水春　編著

全華圖書股份有限公司

作者自序

　　MATLAB (Matrix Laboratory) 是一種交談式科技運算語言。MATLAB 將高性能的科學運算和視覺化整合在一起，並提供大量的內建函數，是目前國際上最流行、應用最廣泛的科技運算軟體。

　　MATLAB 自 2006 年 3 月 MATLAB R2006a 版本之後，每一年都有兩個新版本，分別是上半年的 a 版本和下半年的 b 版本。迄今 MATLAB 已歷經多個版本的改進，本書是針對 2021 年 3 月 MATLAB R2021a 版本的產品家族加以介紹。其實每個新版本與舊版本相比，只有一些微的改進。如果只是做一般的運算，使用近幾年的任何一個版本都是可行的。

　　這是一本專為初學者所編寫的 MATLAB 入門書。本書適合使用於大專院校學生的上課教材。本書假設讀者沒有任何程式設計的經驗。本書講解力求簡潔，使讀者易於閱讀。書中透過將近 350 個範例介紹 MATLAB 的矩陣運算、符號運算、繪製圖形功能以及程式設計等方面的內容，每一章節都詳細介紹 MATLAB 的基本敘述和運算功能，並在每章均附有若干練習題目供學生課後練習之用。本書同時附有範例光碟供教師教學及學生練習使用。

　　本書內容共有 12 章。第 1 章介紹 MATLAB 的功能和特點、桌面環境和常用視窗；第 2 章介紹 MATLAB 的基礎知識，包括：常用命令和標點符號、基本資料型態、運算子和運算，以及 MATLAB 中的關係函數和邏輯函數；第 3 章介紹 MATLAB 中的矩陣和陣列及其運算，包括：矩陣和陣列的建立及其基本運算、矩陣的基本操作等；第 4 章介紹 MATLAB 矩陣分析，包括：特殊功能矩陣、矩陣分析函數及矩陣和線性代數等；第 5 章介紹 MATLAB 在數值分析中的應用，包括：多項式及其函數、多項式曲線擬合和常微分方程的數值解等；第 6 章介紹 MATLAB 的二維曲線繪圖以及使用特殊繪圖指令繪製二維曲線圖形；第 7 章介紹 MATLAB 基本三度空間的各項繪圖指令，其中除了三維曲線和三維網狀的直接繪圖外，還包括一系列的圖形操作和色彩調製指令；第 8 章介紹用來畫出特殊二維和三維圖形的特殊二維和三維繪圖指令；第 9 章介紹 MATLAB 符號運算基礎，包括：符號矩陣及其運算和符號運算式的操作等；第 10 章介紹 MATLAB 符號運算進階，包括：符號微積分運算、解符號代數方程式和解符號微分方程式等；第 11 章介紹 MATLAB 程式設計的相關基礎概念，包括 MATLAB 程式設計的各種基本要素以及 MATLAB 語言的 M 檔案等內容；第 12 章介紹 MATLAB 的控制敘述、輸入控制函數、暫停控制函數等。

本書作者長期使用 MATLAB 進行教學和實際研究開發。在本書的編寫過程中，參考了許多國內外的優秀教材，在此向相關作者表示衷心感謝。我們竭誠歡迎先進及讀者能對書中的錯誤和不妥之處，即時提供寶貴的意見和建議。

編輯大意

　　「系統編輯」是我們的編輯方針，我們所提供給您的，絕不只是一本書，而是關於這門學問的所有知識，它們由淺入深，循序漸進。

　　本書是專為初學者所編寫的 MATLAB 入門書籍，內文講解力求簡潔，使讀者易於閱讀。書中透過將近 350 個範例介紹 MATLAB 的矩陣運算、符號運算、繪製圖形功能以及程式設計等內容，每一章節都詳細介紹 MATLAB 的基本敘述和運算功能，且各章均附有大量練習題目供學生課後練習之用，同時附有範例光碟供教師教學及學生練習使用。本書適用大學、科大電子、電機、資訊工程系之「MATLAB 程式語言」、「MATLAB 程式設計」課程使用。

　　同時，為了使您能有系統且循序漸進研習相關方面的叢書，我們以流程圖方式，列出各有關圖書的閱讀順序，以減少您研習此門學問的摸索時間，並能對這門學問有完整的知識。若您在這方面有任何問題，歡迎來函連繫，我們將竭誠為您服務。

相關叢書介紹

書號：05314
書名：訊號與系統
編譯：洪惟堯.陳培文.張郁斌.楊名全

書號：18019
書名：MATLAB 程式設計與應用
編譯：沈志忠

書號：06429
書名：數位影像處理－Python
　　　程式實作(附範例光碟)
編著：張元翔

書號：06088
書名：訊號與系統
　　　(附部分內容光碟)
編著：王小川

書號：03238
書名：控制系統設計與模擬－
　　　使用 MATLAB/SIMULINK
　　　(附範例光碟)
編著：李宜達

書號：06196
書名：數位訊號處理－Python
　　　程式實作(附範例光碟)
編著：張元翔

書號：06442
書名：深度學習－從入門到實戰
　　　(使用 MATLAB)(附範例光碟)
編著：郭至恩

流程圖

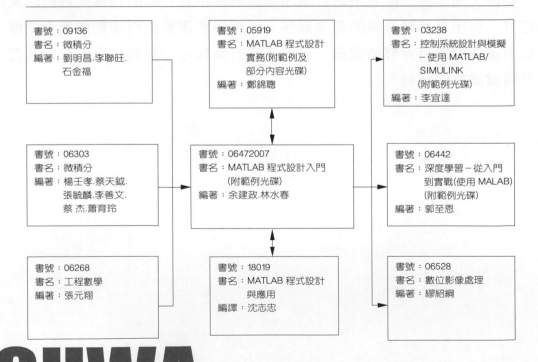

書號：09136
書名：微積分
編著：劉明昌.李聯旺.
　　　石金福

書號：05919
書名：MATLAB 程式設計
　　　實務(附範例及
　　　部分內容光碟)
編著：鄭錦聰

書號：03238
書名：控制系統設計與模擬
　　　－使用 MATLAB/
　　　SIMULINK
　　　(附範例光碟)
編著：李宜達

書號：06303
書名：微積分
編著：楊壬孝.蔡天鉞.
　　　張毓麟.李善文.
　　　蔡杰.蕭育玲

書號：06472007
書名：MATLAB 程式設計入門
　　　(附範例光碟)
編著：余建政.林水春

書號：06442
書名：深度學習－從入門
　　　到實戰(使用 MALAB)
　　　(附範例光碟)
編著：郭至恩

書號：06268
書名：工程數學
編著：張元翔

書號：18019
書名：MATLAB 程式設計
　　　與應用
編譯：沈志忠

書號：06528
書名：數位影像處理
編著：繆紹綱

CHWA
TECHNOLOGY

目錄

CONTENTS

CHAPTER **1**

MATLAB 使用入門

學習單元：

- 1-1 MATLAB 語言簡介
- 1-2 MATLAB 工具箱
- 1-3 MATLAB 的功能和特點
- 1-4 MATLAB 桌面環境
- 1-5 MATLAB 常用視窗
- 1-6 MATLAB 幫助視窗

MATLAB(Matrix Laboratory，矩陣實驗室)語言是由美國 MathWorks 公司所推出的互動式套裝軟體。MATLAB 是目前國際上最流行、應用最廣泛的科學與工程計算軟體。自 Mathworks 公司推出 MATLAB R2006 版之後，近年來每年都有兩個新版本，分別是上半年的 a 版本和下半年的 b 版本。本書是針對 MATLAB R2021a 版本的產品家族進行介紹。

本章將簡單介紹 MATLAB 的發展過程、MATLAB 的主要特點、MATLAB 的桌面環境與操作以及工具箱(toolbox)的功能。希望透過本章的簡要說明，可以對 MATLAB 有一個初步的認識。

1-1　MATLAB 語言簡介

MATLAB 整合了數學計算、資料視覺化以及強大的程式設計語言，提供科技計算的靈活環境。MATLAB 語言的語法簡單，其敘述格式與我們常用的數學運算式非常相近。MATLAB 大幅降低對使用者的數學基礎和程式語言設計能力之要求，初學者可以在很短的時間內學會 MATLAB 的基礎知識，進而能夠進行高效率的運算。

MATLAB 的數學運算功能很強，如：矩陣運算、數值分析等。MATLAB 整合二維和三維圖形功能，以完成相對應數值的視覺化工作，並且提供一種互動式的高階程式設計語言－M 語言，利用 M 語言可以透過編寫腳本 M 檔案或函數 M 檔案實現使用者的演算法。MATLAB Compiler 是一種編譯工具，它能夠將利用 M 語言編寫的函數檔編譯產生函數庫、可執行檔 COM 組件等，使 MATLAB 能夠和其他高階程式語言，如 C/C++語言進行混合應用，以提高程式的執行效率。利用 M 語言還開發 MATLAB 專業工具箱函數，供使用者直接使用。

Simulink 是基於 MATLAB 的方塊圖設計環境，可以用來對各種動態系統進行建模、分析和模擬，如：航空航太動力學系統、衛星控制制導系統、通信系統、船舶及汽車等，其中包括連續、離散、條件執行、事件驅動、單速率、多速率和混合系統等。Simulink 提供利用滑鼠拖曳的方法建立系統方塊圖模型的圖形介面，而且 Simulink 還提供豐富的功能模塊及不同的專業模塊集合，利用 Simulink 幾乎可以做到不編寫一列程式碼便可以完成整個動態系統的建模工作。

1-2　MATLAB 工具箱

MATLAB 的工具箱實際上是用 MATLAB 的基本敘述編寫而成的各種子程式集，用於解決某一方面的專門問題或實現某一類的新演算法。目前，MATLAB 的工具箱分別涵蓋資料獲取、科學計算、控制系統設計與分析、數位信號處理、數位圖像處理、金融財務分析及生物遺傳工程等專業領域。

MATLAB 有以下主要的工具箱：

➤ 控制系統工具箱(Control System Toolbox)

➤ 信號處理工具箱(Signal Processing Toolbox)

➤ 神經網路工具箱(Neural Network Toolbox)

➤ 模糊邏輯控制工具箱(Fuzzy Logic Toolbox)

➤ 圖像處理工具箱(Image Processing Toolbox)

➤ 優化工具箱(Optimization Toolbox)

➤ 統計工具箱(Statistics Toolbox)

➤ 符號數學工具箱(Symbolic Math Toolbox)

1-3　MATLAB 的功能和特點

MATLAB 整合了科學與工程計算、圖形視覺化、圖像處理、多媒體處理，並提供 Windows 圖形介面設計方法。MATLAB 有以下特點：

1-3-1 運算功能強大

MATLAB 的數值運算單元不是單一資料，而是矩陣，每個變數代表一個矩陣，所有的運算包括加、減、乘、除和函數運算等都對矩陣和複數有效；另外，透過 MATLAB 功能豐富的符號工具箱，可以解決在數學、應用科學和工程計算領域中常遇到的符號計算問題。

1-3-2 友善人機介面，程式設計效率高

MATLAB 的語言規則與筆算方式相似，矩陣的行列數無須定義，MATLAB 的指令表達方式與標準的數學運算式非常相近。MATLAB 是以直譯方式操作，即它對每條敘述解譯後立即執行，輸入運算式無須編譯立即得出結果，若有錯誤也立即做出反應，便於程式設計者立即改正。這些都大幅減輕程式設計和除錯的工作量，提高程式設計效率。

1-3-3 強大而智慧化的繪圖功能

MATLAB 可以方便地將工程計算的結果視覺化，使原始資料的關係更加清晰明瞭，並顯示資料間的內在關係。MATLAB 能夠根據輸入資料自動確定最佳座標，可規定多種座標系(如：極座標系、對數座標系等)，可設定不同顏色、線條型式、視角、光照等，並能繪製三維座標中的曲線和曲面等複雜圖形。

1-3-4 可擴展性強

MATLAB 軟體包括基本部分和工具箱兩大部分，具有良好的可擴展性。MATLAB 的函數大多為 ASCII 檔，可以直接編輯和修改。MATLAB 工具箱的應用演算法是開放的、可擴充的，使用者不僅可以查看其中的演算法，還可以針對一些演算法進行修改，甚至可以開發自己的演算法以擴充工具箱的功能，很多研究成果也可以直接做成 MATLAB 工具箱。

1-3-5 Simulink 動態模擬功能

MATLAB 的 Simulink 提供了動態模擬的功能，使用者透過繪製方塊圖模擬線性、非線性、連續或離散的系統，透過 Simulink 能夠模擬並分析該系統。

1-4　MATLAB 桌面環境

MATLAB R2021a 啟動後的預設視窗如下圖所示。MATLAB 的預設視窗包括目前資料夾視窗 (Current Folder)、指令視窗 (Command Window) 和工作空間視窗 (Workspace)，以及三個常用的功能區(toolstrip)：HOME 主功能區、PLOTS 繪圖功能區和 APPS 應用軟體功能區。下面分別對各功能區做簡單介紹。

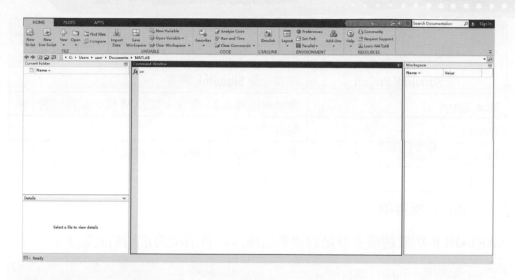

1-4-1 HOME 主功能區

在 HOME 主功能區中提供了 FILE、VARIABLE、CODE、SIMULINK、ENVIRONMENT 和 RESOURCES 六個功能選項，如下圖所示。

1. FILE 功能選項

FILE 功能選項用於對檔案進行操作，各選項的常用功能如下表所示。

	下拉選項	功能
New	Script	建立一個腳本 M 檔案，開啟 M 檔案編輯/除錯器
	Function	建立一個腳本 M 檔案，開啟 M 檔案編輯/除錯器並預先編寫函數宣告列
	Example	建立一個腳本 M 檔案的例子，並添加單元
	Class	建立一個類，開啟 M 檔案編輯/除錯器
	System Object	建立一個系統物件，包括：Basic、Advanced 和 Simulink Extension，開啟 M 檔案編輯/除錯器
	Figure	建立一個圖形，開啟圖形視窗
	Graphical User Interface	建立一個圖形使用者介面(GUI)
	Command Shortcut	建立一個指令快捷方式
	Simulink Model	建立一個模擬模型

下拉選項		功能
	Stateflow Chart	建立一個流程表
	Simulink Project	建立一個 Simulink 專案
New Script		建立一個腳本 M 檔案，開啟 M 檔案編輯/除錯器
Open…		開啟已有檔案
Find Files		開啟尋找檔案對話框，尋找檔案
Compare		比較兩個檔案的內容

2. VARIABLE 功能選項

VARIABLE 功能選項主要是對變數的操作，各選項的常用功能如下表所示。

下拉選項	功能
Save Workspace	使用二進制的 MAT 檔儲存工作空間的內容
New Variable	建立新變數
Open Variable	開啟工作空間中已經建立的變數，選擇工作空間中的變數
Clear Variable	清除工作空間中的變數和函數

3. CODE 功能選項

CODE 功能選項主要是對程式碼的操作，各選項的對應常用功能如下表所示。

下拉選項	功能
Import Data	導入其他檔案的資料
Analyze Code	程式碼分析
Run and Time	程式執行期間，查看每句程式的執行時間
Clear Command	清除 Command Window 和 Command History 視窗

4. SIMULINK 功能選項

SIMULINK 功能選項只有一個 Simulink Library 按鈕，用以開啟 Simulink 介面。

5. ENVIRONMENT 功能選項

ENVIRONMENT 功能選項主要進行介面的環境設定，各選項的常用功能如下表所示。

下拉選項	功能
Layout	設定佈局。Select Layout：選擇不見的格式；SHOW：選擇要開啟的視窗

下拉選項	功能
Preferences	設定 MATLAB 工作環境外觀和操作的相關屬性等參數
Set Path	設定搜尋路徑
Parallel	並行運算管理。對分散式運算任務進行設定和管理。
Add-Ons	管理插入的工具和應用

6. RESOURCES 功能選項

　　RESOURCES 功能選項主要是對 MATLAB 的資源管理，包括：幫助資料 Help、網上社區資料 Community 和需求支援資料 Request Support。

1-4-2 PLOTS 繪圖功能區

　　PLOTS 繪圖功能區分爲三個功能選項，分別是 SELECTION、PLOTS 和 OPTIONS，如下圖所示。

1. SELECTION 功能選項

　　在工作空間中選取需要繪圖的一個或多個變數，如上圖中選取變數"x"。

2. PLOTS:x 功能選項

　　根據 SELECTION 功能選項所選取的變數，顯示不同的繪圖類型，在上圖中根據變數"x"顯示的繪圖類型包括二維曲線 plot，也包括特殊圖形 area、bar、pie、histogram、semilogx、semilogy、loglog、comet、stem 和 stairs 等，按一下向下箭頭，還可以開啓更多的圖形類型選項。

3. OPTIONS 功能選項

　　OPTIONS 功能選項有 Reuse Figure 和 New Figure 兩個選項。

1-4-3 APPS 應用軟體功能區

　　APPS 應用軟體功能區包括 FILE 和 APPS 兩個功能選項，如下圖所示。

1. FILE 功能選項

　　主要是對 MATLAB 應用軟體的操作，有四個選項：Design App、Get More Apps、Install App 和 Package App。選取 Get More Apps 選項時，開啟 Add-on Explorer 視窗，可以尋找 App，如下圖所示。Install App 選項是開啟資料夾安裝 App，Package App 選項是套件 App。

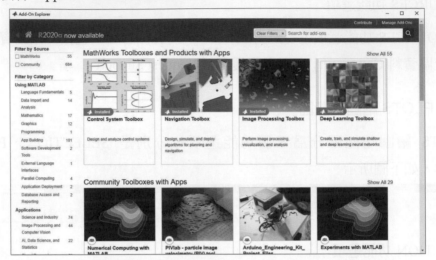

2. APPS 功能選項

　　APPS 功能選項是常用的 App 工具，當按一下右側下拉箭頭 時出現分類的各種 App，如下圖所示。

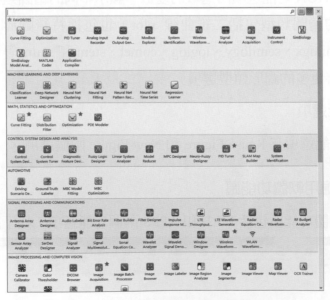

1-5　MATLAB 常用視窗

　　MATLAB 的 HOME 主功能區預設三個最常用的視窗：指令視窗(Command Window)、目前資料夾(Current Folder)視窗和工作空間(Workspace)視窗。

1-5-1 指令視窗

　　指令視窗是進行 MATLAB 指令操作的最主要視窗。我們可以在指令視窗的提示符號">>"後面輸入各種 MATLAB 的指令、函數和運算式。如果按一下指令視窗右側的下拉箭頭⊙，會出現可以對指令視窗操作的下拉選單，如下圖所示。

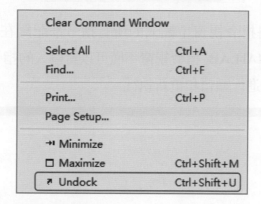

Clear Command Window	
Select All	Ctrl+A
Find...	Ctrl+F
Print...	Ctrl+P
Page Setup...	
→∣ Minimize	
□ Maximize	Ctrl+Shift+M
↗ Undock	Ctrl+Shift+U

　　如果從上圖的快捷選單中選取選項"undock"，或是直接拖曳指令視窗離開操作介面，都會出現如下圖所示的獨立指令視窗。

　　按一下指令視窗右上角的下拉箭頭◉，選取選項"Dock"，可以使單獨的指令視窗返回 MATLAB 介面，如下圖所示。其他各視窗都同樣具有單獨視窗的功能。

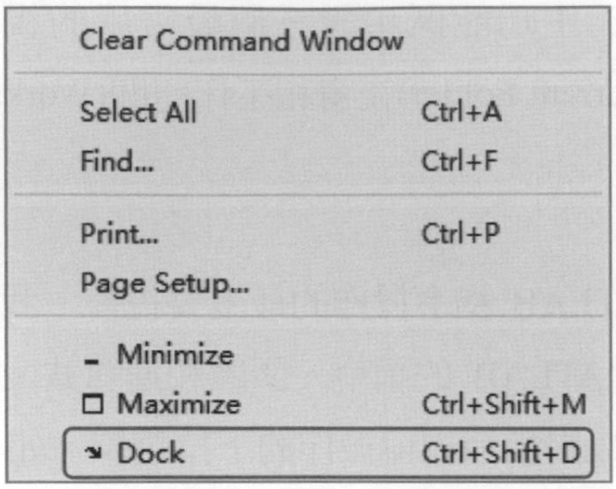

　　由於 MATLAB 將指令視窗中輸入的所有指令都記錄在「歷史指令(Command History)」中，因此，MATLAB 指令視窗不僅可以對輸入的指令進行編輯和執行，還可以對已經輸入的指令進行編輯和重新執行。

　　使用者可以根據需要，對指令視窗的字體樣式、大小、顏色和數值計算結果的顯示格式進行設定。設定方法有以下 2 種：

1. 在 HOME 主功能區的 ENVIRONMENT 功能選項中，選取 Preferences 選項，則會出現參數設定對話框，如下圖所示；在對話框的左側欄選取 Command Window 選項，並在右側的 Numeric format 欄設定資料的顯示格式。

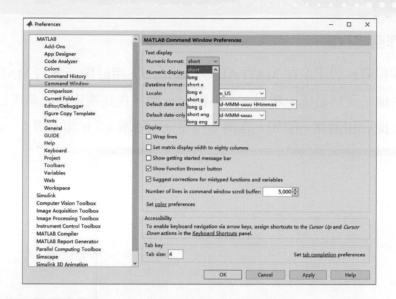

2. 直接在指令視窗中輸入 format 指令，進行數值顯示格式的設定。

1-5-2 目前資料夾視窗

　　在 MATLAB 中，如果不特別指明存放資料和
檔案的目錄，則 MATLAB 將預設它們存放在目前
資料夾上。在 MATLAB 介面左側的目前資料夾
(Current Folder)視窗係用來設定目前資料夾，並可
以顯示目前資料夾下所有檔案的資訊，目前資料夾
(Current Folder)視窗在下面的檔案細節欄可以看到
M 檔案的開頭註釋列，可以看出不同檔案的圖示不
同，並可以複製、編輯和執行 M 檔案及裝載 MAT
資料檔案，如右圖所示。

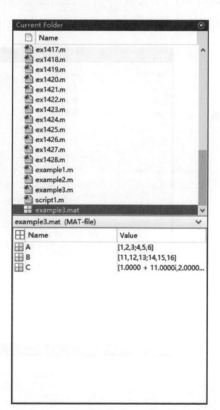

1-5-3 工作空間視窗

　　工作空間視窗預設出現在 MATLAB 介面的右側，用於顯示所有 MATLAB 工作空間中的變數名稱、資料結構、類型、大小和 byte 數。在此視窗中，還可以對變數進行觀察、編輯、提取和儲存。例如，在指令視窗輸入變數 a、b 和 c 值：

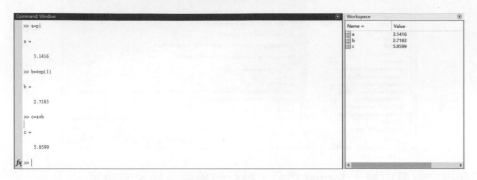

　　如上圖右側所示為工作空間視窗，按一下滑鼠右鍵，在快捷選單中顯示 "Choose Columns" 的所有選項，包括變數名稱、大小、byte 數、類型、最小值、最大值、範圍、中間值、出現頻率、方差和均方差的所有資訊。

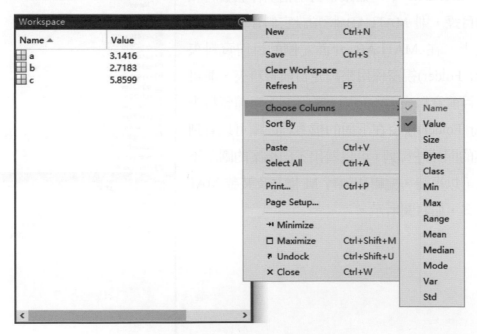

在下圖顯示選取"Choose Columns"的三個變數 a、b、c 的名稱、大小、byte 數、類型、最小值和最大值的資訊。

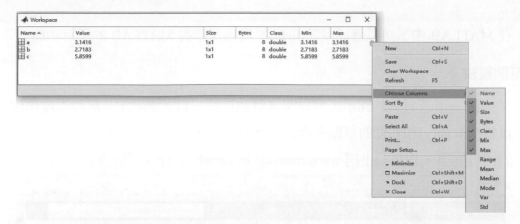

1-5-4 M 檔案編輯/除錯器(Editor/Debugger)視窗

下圖所示為 M 檔案編輯/除錯器視窗。在預設情況下，M 檔案編輯/除錯器視窗只有在編寫 M 檔案(.m 檔)時，才會啟動該視窗。

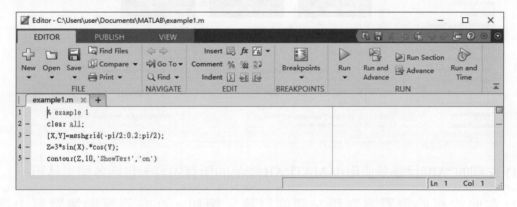

上圖中開啟了一個"example1.m"檔案的 M 檔案編輯/除錯器視窗，M 檔案編輯/除錯器不僅可以編輯 M 檔案，而且還可以對 M 檔案進行互動式除錯；不僅可以處理含.m 的檔案，而且還可以閱讀和編輯其他 ASCII 碼檔案。

1-6　MATLAB 幫助視窗

在 MATLAB 中，可以透過幫助(help)系統迅速掌握 MATLAB 的所有功能。

1. 幫助視窗

按一下工具列的圖示，可以開啟幫助視窗，如下圖所示。幫助視窗係由左側目錄(category)和右側的幫助瀏覽器兩部分組成，在右側的幫助瀏覽器中選取不同的內容開啟，也可以上網 www.mathworks.com/help 尋找幫助資訊。

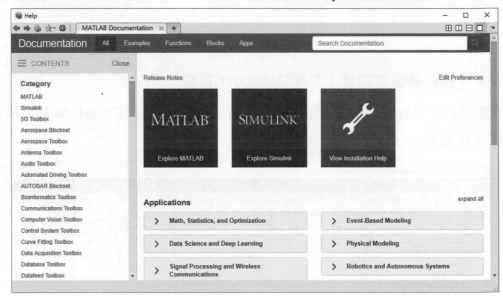

(1) 左側的"All"目錄是使用中 MATLAB 產品的所有內容，包括各種工具箱。

(2) 右側的幫助瀏覽器對應左側的目錄。例如，在右側幫助瀏覽器中選取"Applications"下的"Math, Statistics, and Optimization"選項，可以查看八種工具箱的幫助資訊，如下圖所示。

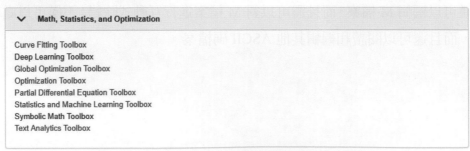

　　　　按一下其中的一個工具箱，就可以開啓該工具箱的幫助資訊。例如，按
一下"Deep Learning Toolbox"，則開啓該工具箱的幫助資訊，如下圖所示。在
圖中可以看到"Deep Learning Toolbox"的詳細幫助資訊。

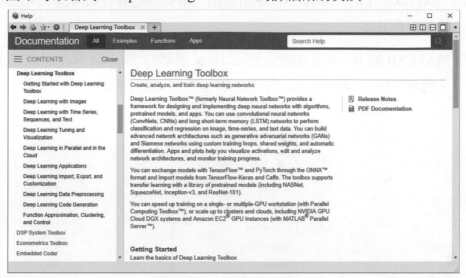

　　在圖中的上方工具列可以選取 Examples、Functions 和 Apps 選單查看幫助資訊，
也可以在圖中右側選取 Release Notes、PDF Documentation、Getting Started 等選項，
查看"Deep Learning Toolbox"的詳細幫助資訊。

(3) 尋找幫助資訊

　　幫助資訊視窗如上圖中所示，在尋找幫助(Search Help)欄，輸入所要尋找的幫
　　助內容，以查看幫助資訊。

2. 透過指令實現幫助

　　透過 MATLAB 的幫助指令可以得到純文字形式的幫助資訊。MATLAB 的指
令、函數的 M 檔案都有純文字形式的註解，用來簡要描述該檔案的呼叫格式和輸
入/輸出變數的含義。

help	顯示 MATLAB 指令和 M 檔的幫助資訊
lookfor	在所有的幫助條目中搜尋關鍵字，常用來尋找具有某種功能而不知道準確名稱的指令。
doc	開啓並顯示幫助視窗

3. 透過 Web 尋找幫助資訊

　　透過 MathWorks 公司提供的技術支援網站 www.mathworks.com/help 可以找到相關的 MATLAB 介紹、MATLAB 使用建議、常見問題解答和其他 MATLAB 使用者提供的應用程式等。

　　在 MATLAB 的 Home 主功能區選取"Help"選單的"Support Web Site"選項，如下圖所示，就可以開啟 MathWorks 網頁並尋找對應的幫助資訊。

CHAPTER *2*

MATLAB 基礎

學習單元：

　　MMATLAB 中的資料包括常數與變數，而常數與變數都具有某種特定的資料型態。MATLAB 的資料係透過變數儲存在記憶體中。本章將介紹 MATLAB 的一些基礎知識，包括：常用指令和標點符號、基本資料型態、運算子和運算，以及 MATLAB 中的關係函數和邏輯函數。

2-1　常用控制指令和標點符號

2-1-1 常用控制指令

　　MATLAB 常用控制指令的名稱和功能如下表所示。

指令	功能	指令	功能
cd	顯示或改變目前工作目錄	exit、quit	退出 MATLAB
clf	清除圖形視窗中的圖形	edit	開啟 M 檔案編輯器
clc	清除指令視窗中的內容	which	確定檔案所在的目錄
clear	清除工作空間儲存的所有變數	more	使其後的顯示內容分頁
dir	顯示目錄下的檔案	type	顯示指定 M 檔案的內容
who	顯示所有的變數名稱	whos	顯示所有變數名稱及其資訊

　　對於簡單的運算，可以在指令視窗的提示符號"＞＞"後面直接輸入數字並按 Enter 鍵，則 MATLAB 開始解譯執行使用者指令並顯示結果。在 MATLAB 中，被指定值的變數都存放在工作空間(workspace)中，可隨時被呼叫或顯示。若使用者沒有設定變數時，MATLAB 會自動將執行結果指定給變數 ans。

範例 **2-1** 控制指令的使用

```
clear;        %清除工作空間所有儲存的變數
clc;          %清除指令視窗
a=2;
b=3.5;
c=a*b
d=a^2
clear a b     %清除記憶體中的變數 a 和 b
whos          %顯示所有變數名稱及其大小、byte 數和資料型態等詳細資訊
```

▶ 執行結果

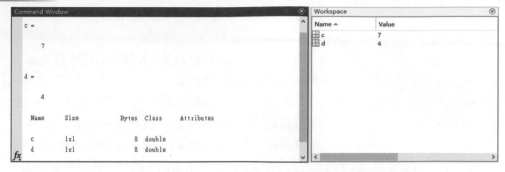

2-1-2 標點符號

在 MATLAB 中，標點符號的使用非常重要。常用標點符號及其功能如下表所示。

標點	名稱	功能
	空格	陣列元素之間的分隔符號
,	逗點	指令之間的分隔符號；同一列元素的分隔符號。
.	小數點	小數點；在運算子前面加小數點表示對陣列元素的運算。
;	分號	不顯示計算結果；指令間的分隔符號；陣列每一列間的分隔符號。
:	冒號	用以產生一維數值陣列。
%	註解	%後的所有字元為不執行註解內容。
' '	單引號對	字串
()	小括號	陣列、函數指令輸入參數時用。
...	續列符號	表示下一列內容為本列的接續列

範例 2-2 標點符號的使用

```
clear;
123-45                 %沒有指定變數時，自動將執行結果指定給變數 ans
a=123-45               %把計算結果指定給變數 a
x=1,y=2.5,z=-3;        %同一列上的多條敘述以逗點","隔開，但不顯示 z 值
w1=2*x-y               %把計算結果指定給變數 w1，且在螢幕上顯示 w1 值
w2=z^2;                %把計算結果指定給變數 w2，但不在螢幕上顯示 w2 值
s=1+1/2+1/4+1/8+1/16+...%在未完的敘述末端輸入續列符號接續下一列
+1/32+1/64+1/128
v=[1,2,3]              %建立 1*3 向量 v
M=[11,12,13;14,15,16]  %建立 2*3 矩陣 M
```

▶ 執行結果

```
ans =            % ans 是儲存目前計算結果的暫時變數
    78

a =
    78

x =
    1

y =
  2.5000

w1 =
  -0.5000

s =
  1.9922

v =
    1     2     3

M =
    11    12    13
    14    15    16
```

2-2　常數和變數

在 MATLAB 程式執行過程中，其值不會被改變的稱為常數(constant)，而其值可以改變的稱為變數(variable)。在執行 MATLAB 程式時，將讀寫各種資料值，資料值的型態(type)有很多種，其中最基本的是數值(value)、字元(character)和字串(string)。一個經過運算的資料值被指定給一個變數而儲存在記憶體中。不同型態的變數在記憶體中所佔的 byte 數都不同。

2-2-1　常數

1. 常數的表示方式

MATLAB 的資料採用十進制表示，可以使用含小數點的形式表示，也可以用科學記號表示法，數值的表示範圍是 $10^{-308} \sim 10^{308}$。以下都是合法的常數資料表示方式: -1、2-34、5.67e23(表示 5.67×10^{23})、4.56e-04(表示 4.56×10^{-4})。

2. 矩陣和陣列的概念

在 MATLAB 的運算中，經常要使用純量(scalar)、向量(vector)、矩陣(matrix)和陣列(array)，分別定義如下：

(1) 純量：是指 1×1 的矩陣，即為只含 1 個數值的矩陣。

(2) 向量：是指 $1 \times n$ 或 $n \times 1$ 的矩陣，即只有 1 列(或 1 行)的矩陣。

(3) 矩陣：是 1 個矩形的陣列，即二維陣列，其中，向量和純量都是矩陣的特例，0×0 矩陣為空矩陣([])。

(4) 陣列：是指 n 維的陣列，為矩陣的擴展，其中矩陣和向量都是陣列的特例。

3. 永久常數(Permanent constant)

　　MATLAB 的永久常數是由系統自動定義的，當 MATLAB 啟動時常駐在記憶體，但在工作空間中並看不到。常用的永久常數如下表所示：

永久常數	說明
eps	系統的浮點數相對精度
pi	圓周率 π，即 3.141592653589793。
inf	無窮大，定義為 1/0。
NaN	不是一個數值。如：0/0、∞/∞、$0\times\infty$ 等。
i,j	虛數單位，定義為 $\sqrt{-1}$。
nargin	函數輸入參數的個數
nargout	函數輸出參數的個數
realmax	系統所能表示的最大的有限浮點數
realmin	系統所能表示最小的正的正規化浮點數

2-2-2　變數

　　MATLAB 的變數有一定的命名規則，變數的命名規則如下：

(1) 變數名稱區分字母的大、小寫：例如，"sum" 和 "SUM" 是不同的變數。

(2) 變數名稱不能超過 63 個字元，第 63 個字元後的字元被忽略。在 MATLAB 7.3 版以前的變數名稱不能超過 31 個字元。

(3) 變數名稱必須以字母開頭，變數名稱的組成可以是任意字母、數字或者底線，但不能含有空格和標點符號。例如：average、class、stu_name、_above 都是合法的變數名稱；$123、3D64、A%B 都是不合法的變數名稱。

(4) 關鍵字(keywords)，如：if、elseif、else 等，不能做為變數名稱。

2-3　資料型態

　　MATLAB 有許多不同的資料型態，主要包括：數字、字串、矩陣(陣列)、細胞陣列及結構陣列。MATLAB 定義了 15 種基本的資料型態，包括 8 種整數型態、2 種浮點型態、字元型態和邏輯型態等，基本的資料型態如下所示：

資料型態	說明
uint8、uint16、uint32、uint64	有符號整數型態
int8、int16、int32、int64	無符號整數型態
single	單精度浮點型態
double	倍精度浮點型態
logical	邏輯型態
char	字串型態
cell	細胞型態
struct	結構型態
function_handle	函數握把型態

2-3-1　數值型態

在 MATLAB 中，數值型態分爲整數型態和浮點數型態。整數型態包括無符號型態整數(uint8、uint16、uint32、uint64)和有符號型態整數(int8、int16、int32、int64)；浮點數分爲單精度浮點數(single)和倍精度浮點數(double)。以下介紹整數、浮點數和複數，以及數值的顯示格式等。

1. 整數

MATLAB 提供了 8 種內建的整數型態，每種資料型態佔用的 byte 數和表示的範圍都不同，可以使用型態轉換函數指令將各種整數型態強制相互轉換，如下表所示。

資料型態	byte 數	表示範圍	型態轉換指令
uint8	1	$0 \sim 2^8 - 1$	uint8()
uint16	2	$0 \sim 2^{16} - 1$	uint16()
uint32	4	$0 \sim 2^{32} - 1$	uint32()
uint64	8	$0 \sim 2^{64} - 1$	uint64()
int8	1	$-2^7 \sim 2^7 - 1$	int8()
int16	2	$-2^{15} \sim 2^{15} - 1$	int16()
int32	4	$-2^{31} \sim 2^{31} - 1$	int32()
int64	8	$-2^{63} \sim 2^{63} - 1$	int64()

範 例 **2-3** 不同整數資料型態的轉換

```
clear all;
a=12;              %預設變數 a 爲倍精度浮點數
b='good';          %變數 b 爲字串
i1=int8(a)         %轉換爲 int8
i2=int16(a)        %轉換爲 int16
i3=uint32(a)       %轉換爲 uint32
i4=uint64(a)       %轉換爲 uint64
c1=int8(b)         %轉換爲 int8，爲對應的 ASCII 值
```

▶ 執行結果

```
i1 =
  int8

   12

i2 =
  int16

   12

i3 =
  uint32

   12

i4 =
  uint64

   12

c1 =
  1×4 int8 row vector

  103   111   111   100
```

在 MATLAB 的指令視窗中輸入 **whos** 後，輸出結果如下：

```
Command Window
>> whos
  Name      Size        Bytes  Class     Attributes

  a         1x1             8  double
  b         1x4             8  char
  c1        1x4             4  int8
  i1        1x1             1  int8
  i2        1x1             2  int16
  i3        1x1             4  uint32
  i4        1x1             8  uint64

fx >>
```

```
Workspace
Name ▲          Value
a               12
b               'good'
c1              [103,111,111,100]
i1              12
i2              12
i3              12
i4              12
```

2. 浮點數

浮點數包括單精度(single)型態和倍精度(double)型態，MATLAB 預設的資料型態為倍精度型態。下表中列出各種浮點數的數值範圍和型態轉換指令。

資料型態	byte 數	表示範圍	型態轉換指令
單精度	4	$-3.40282 \times 10^{38} \sim 3.40282 \times 10^{38}$	single()
倍精度	8	$-1.79769 \times 10^{308} \sim 1.79769 \times 10^{308}$	double()

範例 2-4 不同浮點數資料型態

```
clear all;
a=12.345;          %預設變數 a 為倍精度浮點數
f1=single(a)       %轉換為單精度浮點數
f2=double(a)       %倍精度浮點數
i1=int16(a)        %轉換為 16 位元有符號整數
i2=int32(a)        %轉換為 32 位元有符號整數
```

▶ 執行結果

```
f1 =
  single

   12.3450

f2 =
   12.3450
```

```
i1 =
  int16

    12

i2 =
  int32

    12
```

在 MATLAB 的指令視窗中輸入 **whos** 後，輸出結果如下：

```
Command Window                                    Workspace
>> whos                                           Name ▲        Value
Name      Size      Bytes  Class     Attributes   ⊞ a           12.3450
                                                  ⊞ f1          12.3450
a         1x1          8  double                  ⊞ f2          12.3450
f1        1x1          4  single                  ⊞ i1          12
f2        1x1          8  double                  ⊞ i2          12
i1        1x1          2  int16
i2        1x1          4  int32

fx >>
```

3. 複數

複數包括實數和虛數兩部分，虛數部分的單位是 -1 的平方根。在 MATLAB 中，使用 i 或 j 表示虛數部分的單位。複數可以有以下幾種表示方式：

$z = a + b*i$ 或 $z = a + bi$

$z = a + b*j$ 或 $z = a + bj$

$z = re^{i\theta}$

如果 $z = a + b*i$，則 $|z| = \sqrt{a^2 + b^2}$。$|z| = r$ 是 z 的「絕對值」(或稱「模」、「幅值」)。

複數運算不需要特別處理，可以直接進行運算。以下列出複數的常用指令：

指令	功能	指令	功能
real	複數的實數部份	imag	複數的虛數部份
angle	複數的相角	conj	複數的共軛值
complex	建立複數	abs	求複數的幅值

範例 2-5 複數函數指令的應用

```
z1=3+4i                %建立複數
z2=complex(2,3)        %建立複數 2+3i
r=real(z1)             %求實部
i=imag(z1)             %求虛部
an=angle(z1)           %傳回[-pi,pi]之間的相角，使用弧度表示
c=conj(z1)             %求共軛複數
ab=abs(z1)             %求複數 z1 的幅值
```

▶ 執行結果

```
z1 =
   3.0000 + 4.0000i

z2 =
   2.0000 + 3.0000i

r =
    3

i =
    4

an =
   0.9273

c =
   3.0000 - 4.0000i

ab =
    5
```

4. 數值顯示格式

　　MATLAB 的儲存和運算都是以倍精度(double)型態進行的。在 MATLAB 中，數值有多種顯示型式。預設情況下，若資料為整數，則以整數型態表示；若為實數，則以保留 4 位小數的浮點數形式表示。MATLAB 的輸出格式可以使用 format 指令控制，如下表所示：

指令	說明
format	預設以整數或四位小數的格式顯示結果。
format short	短格式。只以整數或四位小數的格式顯示結果。
format short e	顯示五位數(四位小數)加指數
format short g	顯示五位小數
format long	長格式。顯示十六位數。
format long e	顯示十六位數加指數
format long g	顯示十五位小數
format bank	顯示兩位小數
format +或-	用 "+"、"-" 或空格表示結果爲正數、負數或 0
format rat	小數用有理數形式(P/Q)表示
format hex	顯示十六進制數

範例 2-6 使用 format 指令顯示不同的數值格式

```
clear all;
a=12.345678          %預設變數 a 爲倍精度浮點數
format short         %系統預設顯示格式，顯示四位小數
a
format short e       %顯示五位數(四位小數)加指數
a
format short g       %顯示五位數
a
format rational      %近似的有理數表示
a
format hex           %顯示二進制倍精度數的 16 進制形式
a
format bank          %保留小數點後兩位小數
a
format long          %顯示十六位數
a
format long e        %顯示十六位數加指數
a
format long g        %顯示十五位數
a
format short         %下次的顯示格式保留爲 short 格式
```

▶ 執行結果

```
a =
   12.3457

a =                        %顯示四位小數
   12.3457

a =                        %顯示五位數(四位小數)加指數
   1.2346e+01

a =
      12.346

a =
   1000/81

a =
   4028b0fcb4f1e4b4

a =
      12.35

a =
   12.345677999999999

a =
   1.234567800000000e+01

a =
                12.345678
```

2-3-2　字串型態

字元和字串(字元陣列)是 MATLAB 語言的重要組成部分。在 MATLAB 中，字元型態用 char 表示。將單一個字元看成是1×1的字串，使用單引號(' ')括起來定義字串，單引號必須在英文狀態下輸入。字串是以字元陣列的形式儲存的，字串中的每一個元素是一個字元(可以是字母、數字和特殊字元)。

範 例 2-7 字元陣列的建立

```
s1='Have a nice day!'
```

▶ 執行結果

```
s1 =
    'Have a nice day!'
```

範 例 2-8 直接建立多列字元陣列

```
s2=['Hi!           '; 'My name is John.']
                                    %第一列的長度和第二列必須一樣
```

▶ 執行結果

```
s2 =
Hi!
My name is John.
```

範 例 2-9 字元型態資料的使用

```
clear all;
a='Have a nice day'     %字串
b=char([65 66 67])      %使用 char 表示字串
c=int8('good')          %字串轉換為整數
```

▶ 執行結果

```
a =
    'Have a nice day'

b =
    'ABC'

c =
  1×4 int8 row vector

   103   111   111   100
```

2-3-3　邏輯型態

　　邏輯型態資料只有邏輯「眞(true)」和邏輯「假(false)」兩種。在 MATLAB 中，所有非 0 的整數和浮點數都轉換成邏輯「眞」，數值 0 轉換成邏輯「假」。MATLAB 中，使用 1 代表邏輯眞，使用 0 代表邏輯假，每個邏輯型態資料佔 1 位元組。此外，可以使用 logical 指令將數值型態轉換成邏輯型態。

範 例 2-10　邏輯型態資料的使用

```
clear all;
a1=true                  %邏輯眞
a2=true(2,3)             %建立 2x3 邏輯眞矩陣
a3=false(3)             %建立 3x3 邏輯假矩陣
b=3.14
b1=logical(b)           %轉換爲邏輯型態
c=[1.2 0;-5.6 0.01]     %2x2 矩陣
c1=logical(c)           %數值型態矩陣轉換爲邏輯型態
```

▶ 執行結果

```
a1 =
  logical

   1

a2 =
  2×3 logical array

   1   1   1
   1   1   1

a3 =
  3×3 logical array

   0   0   0
   0   0   0
   0   0   0

b =
             3.14

b1 =
  logical
```

```
              1

c =
                   1.2                        0
                  -5.6                     0.01

c1 =
  2×2 logical array

   1   0
   1   1
```

2-3-4　細胞(cell)型態

　　細胞陣列(或細胞矩陣)是 MATLAB 語言中較爲特殊的一種資料型態。細胞陣列中的每一個元素稱爲細胞(cell)。實際上，細胞可以包含任何型態的 MATLAB 資料，這些資料型態包括數值陣列、字元、符號物件，甚至其他的細胞陣列和結構。不同的細胞可以包含不同的資料，例如，在一個細胞陣列中，一個細胞可以包含一個數值陣列，另一個細胞可以包含一個字串陣列，而第三個細胞可以包含一個複數向量。亦即，細胞陣列中的不同位置(細胞)可以有不同的資料型態。

　　建立一個細胞陣列的方法有三種：第 1 種方法是使用大括號"{}"；第 2 種方法是對細胞逐一指定；第 3 種方法是建立一個大小合適的空矩陣。矩陣中所有的「行」必須要有相同的細胞個數。

範 例 2-11　使用不同資料型態直接建立細胞矩陣

```
A={'John' 'Smith' 38 11.21;'Paul' 'Anderson' 41 23.12}
```

或者是：

```
A={'John','Smith',38,11.21;'Paul','Anderson',41,23.12}
```

▶ 執行結果

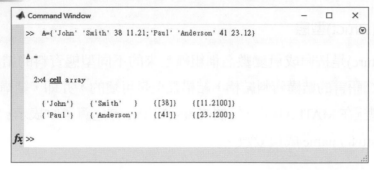

在 MATLAB 的指令視窗中輸入 **whos** 後，輸出結果如下：

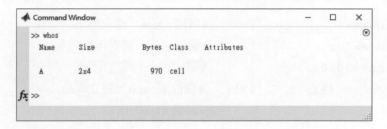

如果一個細胞中包含一個細胞矩陣，可以使用下列方式來指定：

```
B={{2 3;4 5} 22.3;42 25}
C{2,1}=456        %對某個細胞進行指定來建立一個完整的細胞矩陣
```

▶ 執行結果

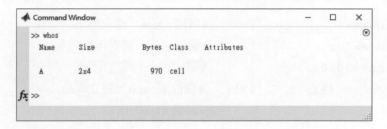

對於細胞陣列的處理，我們將在 2-5 節詳細說明。

2-3-5 結構(struct)型態

結構(structure)是按照成員變數名稱組織起來的不同型態資料的結合。MATLAB 的結構類似於 C 語言的結構資料結構。結構類型是可變的，亦即，結構的向量不必有相同的資料型態。在 MATLAB 中，每個成員變數用指標運算子"."表示。例如，stu.name 表示結構變數 stu 的 name 成員變數。

範 例 2-12　在指令視窗中建立和顯示結構

```
stu.name='C. J. Lin';        %欄位 name，建立姓名
stu.age=28;                  %欄位 age，建立年齡
stu.num=20209105;           %欄位 num，建立學號
stu.score=[81 73 62 87];    %欄位 score，建立成績
stu                          %結構 stu 的內容
```

▶ 執行結果

```
stu =      %顯示 4 個成員變數：name、age、num、score
  struct with fields:
    name: 'C. J. Lin'
     age: 28
     num: 20209105
   score: [81 73 62 87]
```

對於結構陣列的處理，我們將在 2-6 節詳細說明。

2-4　字串處理函數

MATLAB 中，單一字元是按照 Unicode 編碼儲存的，每個字元佔兩個位元組 (byte)。MATLAB 內部按照字元的編碼數值對字串進行運算。在 MATLAB 中，常見的字串操作指令如下表所示：

指令	功能	指令	功能
strcat	字串連接	strvcat	字串的垂直連接
strcmp	字串比較	strncmp	比較前 n 個字元
findstr	字串查詢	strjust	證明字元陣列
strmatch	尋找匹配的字串	strrep	字串替代
strtok	尋找字串中的記號	blanks	產生空字串
deblank	刪除空格	ischar	字串檢驗
iscellstr	字串的細胞檢測	isletter	檢驗是否為字母
isspace	檢驗是否為空格	strings	strings 指令的幫助

2-4-1 字串基本屬性

在 MATLAB 中，對字串的設定非常簡單，只需要用單引號(')將要設定的字串括起來即可。可以透過 **str(1:8)** 截取字串的第 1~8 個字元，也可以透過 **str(end:-1:1)** 將字串以相反的順序輸出。在 MATLAB 中，支援對中文字的顯示和處理。常用基本函數指令的呼叫格式如下：

➤ disp：顯示字串。

➤ size：取得字串的長度。

➤ double：將字串以 ASCII 碼顯示。

➤ char：將 ASCII 碼以字串顯示。

範例 2-13 字串的基本處理指令以及字串的基本屬性

```
clear all;
str='good morning!';
disp(str);                  %輸出字串
str_size=size(str)          %字串的長度
str(1:8)                    %截取字串的的 1~8 個字元
str2=str(end:-1:1)          %將字串反向輸出
str_ascii=double(str)       %顯示字串的 ASCII 碼
char(str_ascii)             %以字串顯示
str3='早安！'                %顯示中文字
str3_ascii=double(str3)     %顯示中文字的編碼
char(str3_ascii)            %顯示中文字
```

▶ 執行結果

```
good morning!

str_size =
    1    13

ans =
    'good mor'

str2 =
    '!gninrom doog'

str_ascii =
  Columns 1 through 11

   103   111   111   100    32   109   111   114   110   105   110

  Columns 12 through 13
   103    33

ans =
    'good morning!'

str3 =
    '早安!'

str3_ascii =
      26089       23433          33

ans =
    '早安!'
```

2-4-2 字串的建構

多個字串可以構成字元陣列，但是陣列的每一列的字元個數必須相等。

範例 2-14 字串的建立

```
clear all;
str1='I live in ';              %字串 1
str2='Taipei';                  %字串 2
str=[str1 str2]                 %連接兩個字串
s=['Mary';'John  ']            %建立字串矩陣，兩個字串的長度必須相等
c=char('Taichung','Tainan')    %使用 char 指令建立字元陣列
celldata=cellstr(c)            %建立字串細胞陣列
celldata{1}
```

▶ 執行結果

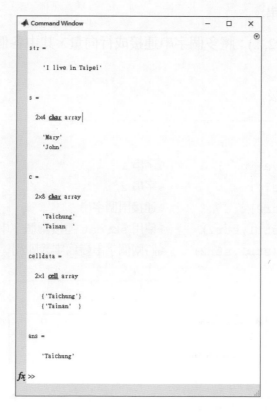

使用 **char** 指令建立字元矩陣時，如果字串的長度不相同，則指令 **char** 會自動用空格將字串補足到最長字串的長度。

在 MATLAB 的指令視窗輸入 **whos**，將會顯示程式中的變數名稱、變數的大小(size)和變數的類型(class)等資訊，如下所示。

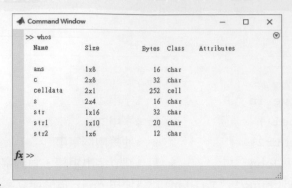

2-4-3 字串的連接

在 MATLAB 中，使用 **strcat** 指令和 **strvcat** 指令來連接字串，其呼叫格式如下：

➤ str=strcat(str1,str2,...)：將多個字串連接成列向量，將多個字串的首尾連接在一起，形成一個新的字串。

➤ str=strcvat(str1,str2,...)：將多個字串連接成行向量，其中各個字串必須有相同的字元個數。

範 例 2-15 字串的連接

```
clear all;
str1='I live in ';          %字串 1
str2='Taipei';              %字串 2
s1=[str1 str2]              %連接兩個字串
s2=strcat(str1,str2)        %使用 strcat 連接兩個字串
s3=strvcat(str1,str2)       %將兩個字串變爲字元陣列
```

▶ 執行結果

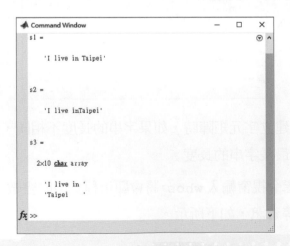

由程式的執行結果可以看出，使用 **strcat** 指令連接字串時，會把字串尾端的空格刪除。而當使用矩陣合併符號([])連接字串時，將保留這些空格。使用 **strvcat** 指令將多個字串轉換為字元矩陣時，如果字串的長度不相同，則在較短的字串後面自動填補空格，使得每一字串的長度相同。

2-4-4 字串的比較

在 MATLAB 中，使用 **strcmp** 指令和 **strncmp** 指令來比較兩個字串，其呼叫格式如下：

➤ n=strcmp(str1,str2)：比較字串 str1 和字串 str2 是否相等。如果相等，傳回值為 1；若不相等，傳回值為 0。

➤ n=strncmp(str1,str2,k)：比較字串 str1 和字串 str2 的前 k 個字元是否相等，如果相等，傳回值為 1；若不相等，傳回值為 0。該指令區分字元的大小寫。

➤ n=strncmpi(str1,str2,k)：和 **strncmp** 指令基本一樣。該指令和 **strncmp** 指令的不同之處是，**strncmpi** 指令不區分字元的大小寫。

範例 2-16 使用 strcmp 指令和 strncmp 指令比較字串

```
clear all;
str1='chatter';
str2='cheap';
n=strcmp(str1,str2)           %判斷兩個字串是否相等
n1=strncmp(str1,str2,1)       %判斷第一個字元是否相等
n2=strncmp(str1,str2,3)       %判斷前三個字元是否相等
```

▶ 執行結果

```
n =
  logical

   0
n1 =
  logical

   1
```

```
n2 =
  logical
    0
```

由程式的執行結果可知，這兩個字串不相等。對兩個字串的字元進行比較時，第一個字元相等，所以 n1 輸出結果為 1；但是這兩個字串的前三個字元不相等，所以 n2 的輸出結果為 0。

此外，還可以透過字元的運算進行比較。當兩個字串具有相同的長度時，可以使用 MATLAB 的運算子進行逐一字元的比較。各運算子的意義如下表所示。

運算子	意義	對應的 MATLAB 指令
==	等於	eq
~=	不等於	ne
<	小於	lt
>	大於	gt
<=	小於或等於	le
>=	大於或等於	ge

範例 2-17 使用運算子比較字串

```
clear all;
str1='chatter';
str2='cheap';
n1=str1==str2            %判斷對應字元是否相等
n2=str1>=str2            %字元的比較
n3=ge(str1,str2)         %使用 ge 指令
```

使用運算子比較兩個字串時，字串的長度必須相等。運算子會根據字元對應的 ASCII 碼進行比較。當字元之間的關係運算結果為「真」時，傳回值為 1，否則傳回值為 0。使用運算子>=進行比較的結果和使用 ge 指令的結果相同。執行程式後，輸出結果如下：

```
n1 =
  1×7 logical array

   1  1  0  0  0  0  0

n2 =
  1×7 logical array

   1  1  0  1  1  1  1

n3 =
  1×7 logical array

   1  1  0  1  1  1  1
```

2-4-5 字串的尋找和替換

　　字串的尋找和替換是字串的一項重要運算。在 MATLAB 中提供 **findstr**、**strfind** 和 **strrep** 等指令來實現字串的尋找和替換操作。

1. findstr 指令

findstr 指令的呼叫格式如下：

➤ k = findstr(S1,S2)：S1 和 S2 可以是字元，也可以是字串，並且 S1 和 S2 的位置可以互換。該指令會根據所給的字串中的字元來尋找字串。如果尋找成功，傳回第一個相同字元的位置。如果沒有尋找到字元或字串，則傳回一個空矩陣([])。該指令區分字元的大小寫。

範例 2-18 findstr 指令的使用

```
clear all;
str='I live in Taipei.';
n1=findstr(str,'n')
n2=findstr('n',str)
n3=findstr(str,'Taipei')         %尋找字串
n4=findstr(str,'taipei')         %區分大小寫
n5=findstr(str,' ')              %尋找空格
```

▶ 執行結果

```
n1 =
    9

n2 =
    9

n3 =
   11

n4 =
   []

n5 =
    2    7   10
```

　　findstr 指令在未來的 MATLAB 版本中可能會被刪除，建議使用具有相同功能的 **strfind** 指令。

2. **strfind** 指令

　　strfind 指令的呼叫格式如下：

➤ k=strfind(text,pattern)：在 text 字串中尋找 pattern 字元或字串。如果尋找成功，則傳回第一個相同字元的位置。在該指令中，text 和 pattern 的位置不能互換，只能在字串 text 中尋找字元或字串 pattern。

範例 **2-19** strfind 指令的使用

```
clear all;
str='I live in Taipei.';
n1=strfind(str,'n')
n2=strfind('n',str)
n3=strfind(str,'Taipei')        %尋找字串
n4=strfind(str,'taipei')        %區分大小寫
n5=strfind(str,' ')             %尋找空格
```

▶ 執行結果

```
n1 =
     9

n2 =
     []

n3 =
    11

n4 =
     []

n5 =
     2     7    10
```

由程式執行後的輸出結果，對 **strfind** 指令和 **findstr** 指令進行比較分析。在函數呼叫過程中，如果 pattern 的長度大於 text 時，傳回值為空矩陣([])。

3. strrep 指令

strrep 指令的呼叫格式如下：

➤ S=strrep(S1,S2,S3)：將字串 S1 中的字串 S2 都替換為 S3，然後傳回到字串 S 中。

範例 **2-20** strrep 指令的使用

```
clear all;
str='I live in Taipei.';
s1=strrep(str,'Taipei','Tainan')    %字串替換
s2=strrep(str,'taipei','Tainan')
                          %如果沒有找到，輸出仍為原來的字串
```

在指令 **strrep** 的呼叫過程中，如果沒有找到字串 S2，就不進行字串的替換，輸出仍為原來的字串。

▶ 執行結果

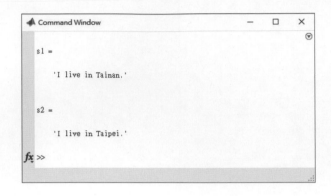

2-4-6 字串的轉換

在 MATLAB 中，可以使用 **num2str**、**int2str**、**str2num** 和 **str2double** 指令等實現字串和數值之間的轉換，其呼叫格式如下：

➤ t=num2str(X)：將數值 X 轉換為字串 t。如果輸入參數 X 為矩陣，則轉換為一個字串矩陣。

➤ t=num2str(X,n)：指定數值的精確度，將數值 X 轉換為字串 t，其中 t 的精確度為 n 位。

➤ t=int2str(X)：將整數 X 轉換為字串 t。如果 X 不是整數，先將 X 取整數，然後再轉換為字串。

➤ x=str2num(S)：將字串 S 轉換為數值矩陣 x。

➤ x=str2double(S)：將字串 S 轉換為倍精度數值 x。

➤ str=mat2str(mat)：將陣列或矩陣轉換為對應的字串。

範 例 **2-21** 字串和數值之間的轉換

```
clear all;
t1=num2str(randn(3)*100)      %將數值轉換為字串
pi=num2str(pi,5)              %顯示 5 位
t2=int2str(randn(3))          %先取整數，然後轉換為字串
x1=str2num(t2)               %將字串矩陣轉換為數值矩陣
x2=str2double('12+3i')       %將字串矩陣轉換為倍精度數值
str=mat2str(magic(3))        %將矩陣轉換為字串
```

▶ 執行結果

```
t1 =
  3×37 char array

    ' 53.76671      86.21733      -43.3592'
    ' 183.3885      31.87652      34.26245'
    '-225.8847     -130.7688      357.8397'

pi =
    '3.1416'

t2 =
  3×8 char array

    ' 3  1  0'
    '-1  0  0'
    ' 3  1  1'

x1 =
     3     1     0
    -1     0     0
     3     1     1

x2 =
  12.0000 + 3.0000i

str =
    '[8 1 6;3 5 7;4 9 2]'
```

在 MATLAB 的指令視窗輸入指令 **whos**，顯示程式執行後輸出結果的類型和大小等訊息，如下所示。

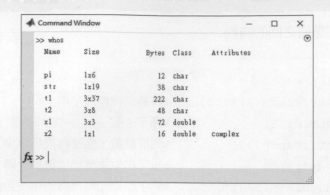

從程式的執行結果可以看到，變數 t1 為 3×37 的字串陣列，變數 t2 為 3×8 的字串陣列，變數 x1 為 3×3 的數值矩陣。

此外，還可以使用指令 **hex2dec**、**bin2dec**、**dec2hex** 和 **dec2bin** 等，實現十進制、二進制和十六進制之間的轉換。

範例 2-22 十進制、二進制和十六進制之間的轉換

```
clear all;
b=dec2bin(123)              %十進制數轉換為二進制數
h=dec2hex(456)             %十進制數轉換為十六進制數
d1=bin2dec('11010101')     %二進制數轉換為十進制數
d2=hex2dec('3C')           %十六進制數轉換為十進制數
```

▶ 執行結果

在程式中，將十進制數 123 轉換為二進制數('1111011')，將十進制數 456 轉換為十六進制數('1C8')。此外，將二進制數('11010101')轉換為十進制數 213，將十六進制數('3C')轉換為十進制數 60。

2-4-7 字元的分類

在 MATLAB 中，字串中的字元通常可以分為空白字元、字母字元和其他類型的字元。可以透過指令 **isspace** 和指令 **isletter** 對字串中的字元進行分類。它們的呼叫格式如下：

➤ isspace(S)：對字串 S 進行分類，如果為空白字元，傳回值為 1；否則傳回值為 0。

➤ isletter(S)：對字串 S 進行分類，如果為字母字元，傳回值為 1；否則傳回值為 0。

範例 **2-23** 對字串中的字元進行分類

```
clear all;
str='I live in Taipei.';
isspace(str)                  %是否為空格
isletter(str)                 %是否為字母
```

該程式對字串中的每個字元加以分類，輸出結果為邏輯型態，邏輯為"真"時，輸出結果為 1；邏輯為"假"時，輸出結果為 0。執行程式後，輸出結果如下：

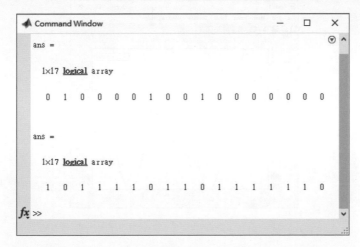

2-4-8 字串的執行

MATLAB 運算式可能包含在字串之中，在 MATLAB 中提供 3 個指令 **eval**、**evalc** 和 **evalin**，可以執行包含在字串中的運算式。

1. **eval** 指令

指令 **eval** 的呼叫格式如下：

➤ eval('expression')：'expression 為包含 MATLAB 運算式的字串。

➤ [a1,a2,...]=eval('function(var)'))：function 為函數名稱，'var' 為函數的輸入參數，輸出參數為 a1,a2,…。

範例 2-24 使用指令 eval 畫出正弦曲線

```
clear all;
x=0:pi/100:2*pi;
str='figure;y=sin(2*x);plot(x,y);legend(''sin2x'')';
                                          %要執行的字串

eval(str);              %字串的執行
```

在程式中，指令 **eval** 執行字串變數 str 中的 MATLAB 程式，畫出正弦圖形。當字串中包含多條敘述時，敘述之間需要用英文狀態下輸入的逗號 "," 或分號 ";" 來隔開。程式執行後，輸出結果如下圖所示。

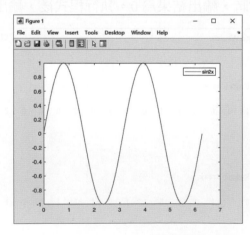

範例 2-25 使用指令 eval 產生 3 階到 5 階 magic 方陣

```
clear all;
for n=3:5
    eval(['M' num2str(n) '=magic(n)'])     %產生 magic 方陣
end
```

在該程式中，使用指令 **eval** 產生 magic 方陣，同時，使用指令 **num2str** 將數字轉換為字元。在程式中，字串"num2str(n)"的前面和後面必須有一個空格，否則程式將出現錯誤。

▶ 執行結果

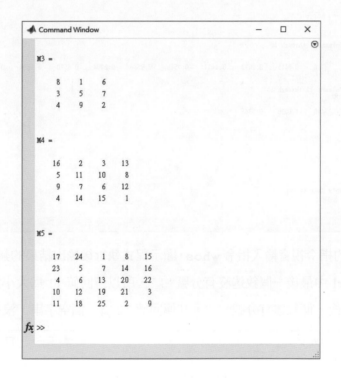

2. **evalc** 指令

指令 **evalc** 的功能和指令 **eval** 的功能非常相似，其呼叫格式如下：

➤ T=evalc('expression')：將輸出到指令視窗中的內容捕捉到輸出參數 T 中。expression 為包含 MATLAB 運算式的字串。

➤ [T,a1,a2,...]=evalc('expression')：執行運算式 expression，輸出參數為 a1,a2,...。

範 例 **2-26** 使用指令 evalc 計算正弦和餘弦函數構

```
clear all;
str1='x=0:0.5:2*pi;y=sin(2*x)'        %字串
str2='x=0:0.5:2*pi;y=cos(2*x);'       %字串
T1=evalc(str1)                        %執行字串的內容
T2=evalc(str2)                        %執行字串的內容
```

▶ 執行結果

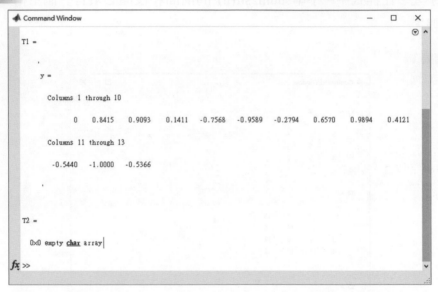

在 MATLAB 的指令視窗輸入指令 **whos**，顯示程式執行後輸出結果的類型和大小等訊息，如下所示。字串 str1 中最後一個敘述沒有分號"；"，所以傳回值 T1 為大小為 1×187 的字串；在字串 str2 中，最後一個敘述有分號"；"，其傳回值 T2 為一個空字串，沒有任何字元。

3. **evalin** 指令

　　指令 evalin 的功能是在指定的工作空間中執行 MATLAB 程式,其呼叫格式如下:

➤ evalin(ws,'expression'):ws 用來指定工作空間,其值可以為'base'和'caller',分別表示基本工作空間和指令工作空間。輸入參數 expression 為包含 MATLAB 運算式的字串。

➤ [a1,a2,…]=evalin(ws,'expression'):執行運算式 expression,輸出參數為 a1,a2,…a1,a2,…。

範例 2-27 使用指令 evalin 指定工作空間

```
clear all;
x=0:0.5:2*pi;
evalin('base','y=sin(2*x)')        %在基本工作空間執行字串
```

　　在 **evalin** 指令中,指定工作空間為基本工作空間,因此可以在輸入的字串參數中直接使用變數 x,而不需要進行定義。

▶ 執行結果

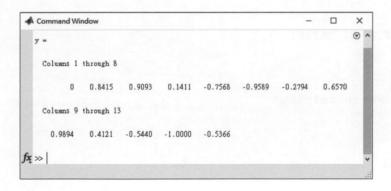

2-4-9 字串的大小寫字母轉換

　　在 MATLAB 中透過 **upper** 指令可以將字串轉換為大寫字母,**lower** 指令將字串轉換為小寫字母。使用 **ischar** 指令判斷是否為字元,如果為字元則傳回值為 1,否則傳回值為 0。

範例 **2-28** 對字串進行大小寫字母轉換

```
clear all;
str='I live in Taipei.'
s1=upper(str)            %轉換為大寫字母
s2=lower(str)            %轉換為小寫字母
x=[1 2 3];
y1=ischar(str)           %判斷是否為字元
y2=ischar(x)             %判斷是否為字元
```

在程式中,指令 **upper** 將字串中的小寫字母轉換為大寫字母,指令 **lower** 將大寫字母轉換為小寫字母,對數字和其他字元不操作。同時,使用指令 **ischar** 來判斷輸入的參數是否為字串。

▶ 執行結果

```
str =

    'I live in Taipei.'

s1 =

    'I LIVE IN TAIPEI.'

s2 =

    'i live in taipei.'

y1 =

  logical

   1

y2 =

  logical

   0
```

此外,在 MATLAB 中,**lasterr** 指令傳回最近的一個錯誤資訊的字串;**lastwarn** 指令傳回最近的一個警告訊息的字串;**blanks** 指令產生一個空字串。在

MATLAB 的指令視窗，輸入指令"**help strfun**"，可以顯示所有的字串操作函數指令。

　　在 MATLAB 中，使用 **blanks** 指令建立由空格組成的字串。該指令的呼叫格式為 **blanks(n)**，建立由 n 個空格組成的字串。使用 **deblank** 指令刪除字串尾端的空格，該指令的呼叫格式為 **deblank(str)**，刪除字串 str 尾端的空格。

範 例 2-29 對字串中的空格進行處理

```
clc;
clear all;
a=blanks(6)        %建立由 6 個空格組成的字串
length(a)          %查看字串 a 的長度
b='good    '
length(b)          %查看字串 b 的長度
c=deblank(b)       %刪除字串尾端的空格
length(c)          %查看字串 c 的長度
```

▶ 執行結果

```
a =

    '      '

ans =

    6

b =

    'good    '

ans =

    8

c =

    'good'

ans =

    4
```

2-5　細胞陣列的處理函數

細胞陣列中的每一個元素稱為細胞(cell)。細胞可以包含任何型態的 MATLAB 資料，這些資料型態包括數值陣列、字元、符號物件，甚至其他的細胞陣列和結構。不同的細胞可以包含不同的資料，例如，在一個細胞陣列中，一個細胞可以包含一個數值陣列，另一個細胞可以包含一個字串陣列，而第三個細胞可以包含一個複數向量。

在某種程度上，細胞陣列是數值陣列的擴展，只不過其包含的內容由單一型態擴展到多種型態，因此，細胞陣列的處理方法與前面章節提到的數值陣列的處理方法基本相同。例如，數值陣列的處理函數指令 cat 和 strcat 也可以用於細胞矩陣。下表列出只能用於細胞陣列的相關指令：

指令	功能
cell(m,n)	建立一個 $m \times n$ 的空細胞矩陣。
cell2struct(cell,pos,dim)	用細胞矩陣 cell 的元素和欄位 pos 建立一個結構，根據 dim 來決定挑選元素。dim=1 是就是將 cell 中的第 1 行作為結構數 1；要取出元素，dim 應該為 2。
celldisp(cell)	逐個顯示 cell 的每個元素的值。還可以用該指令來顯示 cell 中的細胞矩陣的元素。
cellplot(cell)	顯示出 cell 的結構圖
cellstr(s)	用 s 中每一列作為一個細胞來建立一個細胞向量，指令 char 是這個函數指令的反運算。
iscellstr(cell)	如果 cell 中只含有字串，則傳回 1；如果 cell 中既有細胞矩陣又有字串，則傳回 0。
num2cell(A,dim)	傳回一個和矩陣 A 一樣大小的細胞矩陣。如果給予參數 dim，在它自己的細胞中將 dim 維作為一個向量，這樣得到的矩陣就和 A 的大小不一樣。
[out1,out2,...]=deal(in1,in2,...)	將輸入拷貝到輸出中，如 out1=in1，out2=in2 等。

範 例 2-30 建立空細胞矩陣

```
C=cell(2,4)              %建立一個 2×4 的空細胞矩陣
```

▶ 執行結果

```
C =
    []        []        []        []
    []        []        []        []
```

```
A={{2 3;4 5} 22-3;42 25};
iscell(A)              %判斷是否為細胞變數
```

▶ 執行結果

```
ans =
    1
```

範 例 2-31 改變細胞陣列的維數結構

```
C={{2 3;4 5} 22-3;42 25; -2 63};
size(C)              %查看細胞陣列 C 的維數
```

▶ 執行結果

```
ans =
    3    2
```

```
C={{2 3;4 5} 22-3;42 25; -2 63};
R=reshape(C,2,3)        %改變細胞陣列的結構
```

▶ 執行結果

```
R =
    {2x2 cell}    [     -2]    [25]
    [      42]    [22.3000]    [63]
```

```
size(R)              %查看改變後的維數
```

▶ 執行結果

```
ans =
3
```

範 例 **2-32** 細胞相關指令的使用

```
B={{2 3;4 5} 22-3;42 25};
cellplot(B)                    %細胞矩陣 B 的每個元素結構圖
celldisp(B)                    %顯示細胞矩陣 B 的每個元素值
```

▶ 執行結果

```
B{1,1}{1,1} =
    2
B{1,1}{2,1} =
    4
B{1,1}{1,2} =
    3
B{1,1}{2,2} =
    5
B{2,1} =
   42
B{1,2} =
  22.3000
B{2,2} =
   25
```

```
cellfun('islogical',B)        %判斷 B 中的元素是否為邏輯變數
```

▶ 執行結果
```
ans =
    0    0
    0    0
```

```
cellfun('isreal',B)           %判斷 B 中的元素是否為實數
```

▶ 執行結果
```
ans =
    0    1
    1    1
```

```
cellfun('isempty',B)          %判斷 B 中的元素是否為空矩陣
```

▶ 執行結果
```
ans =
    0    0
    0    0
```

```
cellfun('length',B)           %計算 B 中的元素的長度
```

▶ 執行結果
```
ans =
    2    1
    1    1
```

```
cellfun('ndims',B)            %判斷 B 中的元素的維數
```

▶ 執行結果
```
ans =
    2    2
    2    2
```

2-6　結構陣列的處理函數

在 MATLAB 中，可以在指令視窗中直接輸入來建立結構陣列，也可以使用 struct 指令來建立一個結構陣列。直接指定值時，應該指出結構中的欄位名稱，並以指標運算子 "." 來連接結構陣列名稱與欄位名稱。對該欄位直接指定值會自動產生結構陣列並使該結構陣列包含所定義的欄位。MATLAB 中的常用結構陣列處理函數指令如下表所示：

指令	功能	指令	功能
struct	建立結構陣列	isstruct	判斷是否為結構
isfield	判斷是否為結構成員	fieldnames	結構變數成員的名稱
substruct	子結構	getfield	取得結構的成員變數
setfield	設定結構的成員變數	rmfield	刪除結構的成員變數
struct2cell	結構陣列轉換為細胞陣列	cell2struct	細胞陣列轉換為結構陣列

2-6-1 struct 指令

使用 **struct** 指令產生結構陣列，其呼叫格式如下：

➤ S=struct('field1',val1,'field2',val2,...)：field1 和 field2 為成員變數名稱，val1 和 val2 為成員變數的值。

範例 2-33 使用 struct 指令建立結構陣列

```
s1=struct('name',{'C. J. Lin'},'age',{'28'});
%建立欄位 name、age
s1                        %結構 s1 的內容，s1 同義於 s1(1)
size(s1)                  %結構陣列 s1 的大小
s1(2).name='H. K. Liu';   %增添欄位 name
s1(2).age='27';           %增添欄位 age
fieldnames(s1)            %結構陣列 s1 中欄位的資訊
size(s1)                  %結構陣列 s1 的大小
```

▶ 執行結果

```
s1 =        %顯示 2 個成員變數：name、age

  struct with fields:

    name: 'C. J. Lin'
     age: '28'

ans =       %結構陣列 s1 的大小為 1*1

    1    1

ans =       %增添欄位 name、age 後，結構陣列 s1 中欄位的資訊

  2×1 cell array

    {'name'}
    {'age' }

ans =       %增添欄位後的結構陣列 s1 的大小為 1*2

    1    2
```

2-6-2 isstruct 指令和 isfield 指令

在 MATLAB 中，使用 **isstruct** 指令判斷是否為結構陣列；使用 **isfield** 指令判斷是否為結構陣列的成員變數，其呼叫格式如下：

➤ isstruct(S)：如果 S 為結構陣列，傳回值為 1；否則傳回值為 0。

➤ isfield(S,fieldnames)：判斷參數 fieldnames 是否為結構陣列 S 的成員變數。

範 例 **2-34** isstruct 指令和 isfield 指令的使用

```
s=struct('one',1,'two',2,'three',3,'four',4)      %建立結構 s
f1=fieldnames(s)
i1=iscell(s)                                      %是否為細胞
i2=isstruct(s)                                    %是否為結構
i3=isfield(s,'one')                               %是否為成員變數
i4=isfield(s,'five')
```

▶ 執行結果

```
s =
  struct with fields:

       one: 1
       two: 2
     three: 3
      four: 4

f1 =
  4×1 cell array

    {'one'  }
    {'two'  }
    {'three'}
    {'four' }

i1 =
  logical

   0

i2 =
  logical

   1

i3 =
  logical

   1

i4 =
  logical

   0
```

2-6-3 getfield 指令和 setfield 指令

在 MATLAB 中，使用 **getfield** 指令取得儲存在結構中的成員變數的值；使用 **setfield** 指令來對結構中的成員變數設定新的值，其呼叫格式如下：

➤ getfield(S,'field')：取得結構 S 中，成員變數 field 的值。相當於 F=S.field。結構 S 的大小必須為1×1。

➤ getfield(S,{i,j},'field',{k})：相當於 F=S{i,j}.field{k}。

➤ S=setfield(S,'field',V)：設定結構 S 中的成員變數 field 的值為 V。相當於 S.field=V。結構 S 的大小必須為1×1。

➤ S=setfield(S,{i,j},'field',{k},V)：相當於 S{i,j}.field{k}=V。

範例 2-35 getfield 指令和 setfield 指令的使用

```
s=struct('one',1,'two',2,'three',3,'four',4)      %建立結構 s
g1=getfield(s,'two')                              %取得成員變數
s1=setfield(s,'three',5)                          %設定成員變數
s2=struct('name',{'C. J. Lin'})                   %建立結構 s2
s3=setfield(s2,'name','Tom')                      %設定成員變數
```

▶ 執行結果

```
s =
  struct with fields:

      one: 1
      two: 2
    three: 3
     four: 4

g1 =
     2

s1 =
  struct with fields:

      one: 1
      two: 2
    three: 5
     four: 4

s2 =
  struct with fields:

    name: 'C. J. Lin'

s3 =
  struct with fields:

    name: 'Tom'
```

2-6-4 struct2cell 指令

　　在 MATLAB 中，使用 **struct2cell** 指令將結構陣列轉換為細胞陣列，其呼叫格式如下：

➤　C=struct2cell(S)：將結構陣列 S 轉換為細胞陣列 C。

範例 2-36　struct2cell 指令的使用

```
s=struct('name',{'John','Mary'},'age',{'28','30'})
                                          %建立結構 s
c=struct2cell(s)                          %結構陣列 s 轉換為細胞陣列
```

▶ 執行結果

```
s =
  1×2 struct array with fields:

    name
    age

  2×1×2 cell array

c(:,:,1) =

    {'John'}
    {'28'  }

c(:,:,2) =

    {'Mary'}
    {'30'  }
```

2-6-5 rmfield 指令

　　在 MATLAB 中，使用 **rmfield** 指令刪除結構中的成員變數，其呼叫格式如下：

➤　S=rmfield(S,'fieldname')：刪除結構 S 中的成員變數 fieldname。

➤　S=rmfield(S,field)：刪除成員變數 field。當 field 為字元變數或細胞陣列時，可以一次刪除多個指定的成員變數。

範 例 2-37 rmfield 指令的使用

```
clear all;
s1=struct('type',{'big','little'},'color',{'red'},'data',{[1
2 3;2 3 4] [1:4]})                         %建立結構
s2=rmfield(s1,'color')                     %刪除成員變數
s3=rmfield(s1,{'type','color'})            %刪除成員變數
```

▶ 執行結果

```
s1 =
  1×2 struct array with fields:

    type
    color
    data

s2 =
  1×2 struct array with fields:

    type
    data

s3 =
  1×2 struct array with fields:

    data
```

2-6-6 fieldnames 指令和 orderfields 指令

在 MATLAB 中，使用 **fieldnames** 指令取得結構中的成員變數名稱；使用 **orderfields** 指令來對結構中的成員變數按照字母的順序排列，其呼叫格式如下：

➤ fieldnames(S)：傳回由結構中的成員變數名稱組成的細胞陣列。

➤ orderfields(S)：傳回按照成員變數的字母順序排列後得到的結構陣列。

範 例 2-38　fieldnames 指令和 orderfields 指令的使用

```
clear all;
s=struct('one',1,'two',2,'three',3,'four',4)        %建立結構
f1=fieldnames(s)                        %成員變數名稱組成的細胞陣列
f2=orderfields(s)                       %按照成員變數的字母順序排列
```

▶ 執行結果

```
s =
  struct with fields:

      one: 1
      two: 2
    three: 3
     four: 4

f1 =
  4×1 cell array

    {'one'  }
    {'two'  }
    {'three'}
    {'four' }

f2 =
  struct with fields:

     four: 4
      one: 1
    three: 3
      two: 2
```

2-7　運算子與運算

在 MATLAB 中，提供了很多的運算子，主要包括：算術運算、關係運算和邏輯運算。算術運算用於數值計算，關係運算和邏輯運算傳回值為邏輯型態變數，其中 1 代表邏輯真，0 代表邏輯假。

2-7-1 算術運算子

MATLAB 提供的基本算術運算有：加(+)、減(-)、乘(*)、除(/)和乘冪(^)。常用的算術運算子如下表所示。對於純量和陣列是以個別元素進行運算，至於陣列和矩陣的運算將在下一章詳細介紹。

矩陣運算	純量和陣列運算	功能
A+B	A+B	加
A-B	A-B	減
A*B	A.*B	乘
A/B	A./B	右除(A 除以 B)
A\B	A.\B	左除(B 除以 A)
A^B	A.^B	乘冪
A'	A.'	轉置

範 例 **2-39** 基本算術運算

```
clear all;
a=100;
b=5;
c1=a+b    %加
c2=a-b    %減
c3=a*b    %乘
c4=a/b    % a 除以 b
c5=a\b    % b 除以 a
c6=a^2    % a 的平方
```

▶ 執行結果

```
c1 =
   105

c2 =
    95

c3 =
   500
```

```
c4 =
   20

c5 =
                 0.05

c6 =
   10000
```

2-7-2 關係運算子

關係運算係用於比較兩個運算對象的大小，傳回值為邏輯型態變數。在 MATLAB 中，關係運算子如下表所示。當兩個運算對象都是陣列或矩陣時，其維數必須相同，否則會顯示錯誤訊息。

關係運算子	功能	指令
<	小於	lt
<=	小於等於	le
>	大於	gt
>=	大於等於	ge
==	等於	eq
~=	不等於	ne

範例 2-40 基本關係運算

```
clear all;
a=10>=5      %將關係運算 10>=5 的值指定給變數 a
B=rand(2)    %建立 2*2 隨機矩陣 B
C1=B>=0.5    %將矩陣 B 的元素逐一判斷是否大於等於 0.5，並將值傳給變數 C1
C2=B<0.8     %將矩陣 B 的元素逐一判斷是否小於 0.8，並將值傳給變數 C2
C3=C1~=C2    %將矩陣 C1 和 C2 的元素逐一判斷是否不相等，並將值傳給變數 C3
C4=eq(C1,C2) %將矩陣 C1 和 C2 的元素逐一判斷是否相等，並將值傳給變數
C4
```

▶ 執行結果

```
a =
  logical

   1

B =
    0.8147    0.1270
    0.9058    0.9134

C1 =
  2×2 logical array

   1   0
   1   1

C2 =
  2×2 logical array

   0   1
   0   0

C3 =
  2×2 logical array

   1   1
   1   1

C4 =
  2×2 logical array

   0   0
   0   0
```

2-7-3 邏輯運算子

在 MATLAB 中，邏輯運算子分為逐一元素(element-wise)邏輯運算子，快速(short-circuit)邏輯運算子和逐一位元(bit-wise)邏輯運算子等三類。其中，逐一元素(element-wise)邏輯運算子有三種，分別是邏輯且(&)、邏輯或(|)以及邏輯反(~)，如下表所示。在進行陣列或矩陣的邏輯且(&)和邏輯或(|)運算時，其維數必須相同。

運算子	指令	說明
&	and	逐一元素邏輯且
|	or	逐一元素邏輯或
~	not	逐一元素邏輯反
	xor	逐一元素邏輯互斥或

在 MATLAB 中，有兩個快速(short-circuit)邏輯運算子：邏輯且(&&)、邏輯或(||)，如下表所示。在進行邏輯且(&&)運算時，如果第一個運算元為假時，直接傳回假，不再計算第二個運算元；而在進行邏輯或(||)運算時，如果第一個運算元為真時，直接傳回真，不再計算第二個運算元。

運算子	說明
&&	邏輯且，當第一個運算元為假時，直接傳回假。
||	邏輯且，當第一個運算元為真時，直接傳回真。

在 MATLAB 中，可以對二進制數進行逐一位元(bit-wise)邏輯運算，並將運算的結果轉換為十進制。MATLAB 中的逐一位元邏輯運算指令如下表所示：

指令	說明
bitand(a,b)	逐一位元邏輯且
bitor(a,b)	逐一位元邏輯或
bitcmp(a,b)	逐一位元邏輯反
bitxor(a,b)	逐一位元邏輯互斥或

範例 2-41 基本逐一元素邏輯運算

```
clear all;
A=rand(1,2)        %建立 1*2 隨機矩陣 A
B=A>0.5
C=A<0.8
d1=B&C             %將矩陣 B 和 C 逐一元素進行邏輯且運算，並將結果傳給變數 d1
d2=B|C             %將矩陣 B 和 C 逐一元素進行邏輯或運算，並將結果傳給變數 d2
d3=xor(B,C)        %將矩陣 B 和 C 逐一元素進行邏輯互斥或，並將結果傳給變數 d3
d4=~B              %將矩陣 B 逐一元素進行邏輯反運算，並將結果傳給變數 d4
```

▶ 執行結果

```
A =
        0.485375648722841         0.8002804688888
B =
  1×2 logical array

   0   1

C =
  1×2 logical array

   1   0

d1 =
  1×2 logical array

   0   0

d2 =
  1×2 logical array

   1   1

d3 =
  1×2 logical array

   1   1

d4 =
  1×2 logical array

   1   0
```

範例 2-42 基本快速邏輯運算

```
clear all;
a=0;b=5;c=10;
d1=(a~=0)&&(b<c)    %(a~=0)為假，結果為假
d2=(a~=0)||(b<c)    %(a~=0)為假、(b<c)為真，結果為真
d3=(a==0)||(b>=c)   %(a==0)為真，結果為真
```

▶ 執行結果
```
d1 =
  logical

   0

d2 =
  logical

   1

d3 =
  logical

   1
```

範例 2-43　基本逐一位元邏輯運算

```
clear all;
a=11                    %非負整數 a 預設為倍精度
b=25                    %非負整數 b 預設為倍精度
c1=dec2bin(a)           %將整數 a 轉換為二進制數
c2=dec2bin(b)           %將整數 b 轉換為二進制數
d1=bitand(a,b)          %將整數 a 和 b 執行逐一位元邏輯且運算
d2=dec2bin(bitand(a,b)) %將逐一位元邏輯且運算結果轉換為二進制數
d3=dec2bin(bitor(a,b))  %將逐一位元邏輯或運算結果轉換為二進制數
d4=dec2bin(bitxor(a,b))  %將逐一位元邏輯互斥或運算結果轉換為二進制數
d5=dec2bin(bitcmp(a,'uint8'))%將8位元無符號整數 a 逐一位元邏輯反運算
                              結果轉換為二進制數
```

▶ 執行結果
```
a =
   11

b =
   25

c1 =
   '1011'

c2 =
   '11001'
```

```
d1 =
    9

d2 =
    '1001'

d3 =
    '11011'

d4 =
    '10010'

d5 =
    '11110100'
```

2-7-4　運算優先次序

在 MATLAB 中，不同的運算子有不同的優先次序。在運算式求值時，是按照運算子的優先次序執行。如果運算子的優先次序相同，則按由左至右的順序執行。例如：運算 a-b+c，先執行 a-b 的運算，再執行加 c 的運算。MATLAB 運算子的優先次序如下表所示：

優先順序	運算子	含義
1	()	小括弧、函數呼叫
2	'、'	轉置
	.^、^	乘冪
3	~	邏輯反
	+、-	正、負號
4	*、.*	乘、除
	/、./	
5	+、-	加、減
6	:	冒號運算子
7	<、<=、>、>=、==、~=	關係運算子
8	&	逐位元且
9	|	逐位元或
10	&&	邏輯且
11	||	邏輯或
12(最低)	=	指定運算子

範 例 2-44 運算子的優先次序

```
clear all;
a=0;b=5;c=10;
d1=b~=5            %(b~=5)為假,d1 為假
d2=5+c==10         %(15==10)為假,d2 為假
d3=b==4+c~=6       %(5==14)為假,(0~=6)為眞,d3 為眞
d4=a|b/c~=2        %(5/10)為 0.5,(0.5~=2)為眞,(a|1)為眞,d4 為眞
d5=a&&b+~c||6      %(~10)為假,(5+0)為眞(1),(a&&1)為假(0),(0||6)為
                     眞,d5 為眞
```

▶ **執行結果**

```
d1 =
  logical

   0

d2 =
  logical

   0

d3 =
  logical

   1

d4 =
  logical

   1

d5 =
  logical

   1
```

2-8　關係函數和邏輯函數

　　在 MATLAB 中，所有的關係運算和邏輯運算都是按陣列運算規則定義的。在所有關係運算式和邏輯運算式中，做為輸入的任何非"0"數都視為「真(true)」，而只有"0"才被認為是「假(false)」。所有關係運算式和邏輯運算式的計算結果，是一個由 0 和 1 組成的「邏輯陣列(logical array)。在此陣列中的"1"表示「真」，"0"表示「假」。

　　MATLAB 提供了一些關係和邏輯指令，下面是 MATLAB 中常用的關係與邏輯指令：

➤ all：判斷是否所有元素為非零數

➤ any：判斷是否有一個元素為非零數

範例 2-45　all 指令的使用

```
A=[1 3 5;2 6 4];
a1=all(A)              %與 all(A,1)相同，1 代表第一維(列)
a2=all(A,2)            % 2 代表第二維(行)
B=rand(1,2,3)
b1=all(B)
b2=all(B>.6)          % B 陣列中哪些行的元素全部都大於 0.5
```

▶ 執行結果

```
a1 =
  1×3 logical array

   1   1   1

a2 =
  2×1 logical array

   1
   1

B(:,:,1) =
    0.9649    0.1576
```

```
B(:,:,2) =
    0.9706    0.9572

B(:,:,3) =
    0.4854    0.8003

  1×1×3 logical array

b1(:,:,1) =
    1

b1(:,:,2) =
    1

b1(:,:,3) =
    1

  1×1×3 logical array

b2(:,:,1) =
    0

b2(:,:,2) =
    1

b2(:,:,3) =
    0
```

範 例 2-46 any 指令的使用

```
A=magic(5);          %使用 magic 指令產生一個 5 階魔術方陣
B=A(1:2,:);          %僅取 5 階魔術方陣的上 2 列
B(:,2)=ones(2,1)     %使 B 矩陣第 2 行為全 1 行
n1=all(B(:,1)>3)     %B 矩陣的第一行元素全部都大於 3 嗎
n2=any(B)
n3=any(B,2)
n4=any(B(:,1)>3)     %B 矩陣第一行中有大於 3 的元素嗎
n5=any(B>3)
```

▶ 執行結果

```
B =
    17     1     1     8    15
    23     1     7    14    16
n1 =
  logical

   1

n2 =
  1×5 logical array

   1   1   1   1   1

n3 =
  2×1 logical array

   1
   1

n4 =
  logical

   1

n5 =
  1×5 logical array
   1   0   1   1   1
```

MATLAB 矩陣數值運算

學習單元：

　　MATLAB 最基本且最重要的功能就是矩陣運算。所有的數值計算功能都是以矩陣為基本運算單元來實現。本章將詳細介紹 MATLAB 中的矩陣和陣列及其運算。

3-1　矩陣和陣列的建立

　　在 MATLAB 中，經常會用到向量(vector)、矩陣(matrix)及陣列(array)，向量是指一維陣列，可分為列(row)向量和行(column)向量，一個$1 \times n$列向量的大小為$1 \times n$，n代表行數；同樣地，一個行向量的大小為$m \times 1$，m代表列數；矩陣是指二維陣列；而陣列為矩陣的擴展，可以包含n維。在 MATLAB 中，矩陣運算和陣列運算有顯著的不同。矩陣運算是針對整個矩陣，依照線性代數的運算規則進行運算；而陣列運算則是針對陣列的每個對應元素進行運算。

　　對於簡單的數值運算，可以在指令視窗的提示符號"＞＞"後面直接輸入數字並按 Enter 鍵，則 MATLAB 開始解譯執行使用者指令並顯示結果。構成數值矩陣的基本單元是數字。若使用者沒有設定變數時，MATLAB 會自動將目前執行結果指定給變數 ans。

3-1-1 矩陣的表示法

　　在 MATLAB 中的矩陣表示必須遵守下列規則：

(1)所有矩陣元素必須使用中括號"[ ]"括住；

(2)矩陣元素必須由逗號"，"或空格隔開；

(3)矩陣的列與列之間必須用分號或按 Enter 鍵隔開；

(4)矩陣元素可以是數值或是運算式。

3-1-2 矩陣和陣列的建立

　　本節將對矩陣和陣列的建立做簡單的介紹。在本節中，僅討論數值矩陣，即矩陣中所包含的僅是數字。

1. 直接輸入陣列元素

　　建立矩陣最直接的方法就是在中括號"[ ]"中直接輸入陣列元素，元素之間用空格

或逗號隔開，如此可以建立一個列向量；若要建立一個行向量，元素之間用分號
";"隔開或是先建立一個列向量後，再使用轉置""""運算將列向量轉換爲行向量。

範例 3-1 建立一維陣列(向量)

```
a=3              %純量 a
rv=[1 2 3]       %建立一個 1*3 列向量 rv
cv=[1;2;3]       %建立一個 3*1 行向量 cv
```

▶ 執行結果

```
a =
    3

rv =
    1    2    3

cv =
    1
    2
    3
```

範例 3-2 建立二維陣列

```
A=[1 2 3                      %在中括號"[ ]"中直接輸入陣列元素值，
4 5 6]                        %列與列之間按 Enter 鍵隔開
B=[1 2 3; 4 5 6]             %同一列的元素之間用空格隔開，不同列
                             間用";"隔開
C=[1,2,3; 4,5,6]            %建立 2*3 矩陣 C，元素之間用逗號隔開
D=C'                         %建立矩陣 C 的轉置矩陣 D
E=[sin(pi/2),pi;-6,sinh(2)]  %建立含有運算式的 2*2 矩陣 E
```

▶ 執行結果

```
A =
    1    2    3
    4    5    6

B =
    1    2    3
    4    5    6
```

```
C =
    1    2    3
    4    5    6

D =
    1    4
    2    5
    3    6

E =
    1.0000    3.1416
   -6.0000    3.6269
```

2. 使用敘述建立矩陣

(1) 使用冒號運算式建立一維陣列

　　使用冒號運算式來建立一維陣列(向量)，其呼叫格式爲：

➤ x=m:step:n：m 爲向量 x 的初值，n 爲向量 x 的終值；step 爲向量 x 中每個元素之間的步長(step size)，step 可以是負值；當 step=1 時，step 可以省略。如果 n-m 是 step 的整數倍，則最後一個元素值 n；否則最後一個元素值小於 n。

範 例 3-3 使用冒號表示法建立一維陣列

```
x1=0:6              %由 0 到 6，間隔爲 1 的列向量
x2=-3:3:10          %由-3 到 10，間隔爲 3 的列向量
x3=11.5:-4:0        %由 11.5 到 0，間隔爲-4 的列向量
x4=[11.5:-4:0]'     %由 11.5 到 0，間隔爲-4 的行向量
```

▶ 執行結果

```
x1 =
    0    1    2    3    4    5    6

x2 =
   -3    0    3    6    9

x3 =
  11-5000    7-5000    3-5000

x4 =
  11-5000
   7-5000
   3-5000
```

(2) 使用 `linspace` 和 `logspace` 函數指令建立一維陣列

　　在 MATLAB 中，`linspace` 指令用來產生線性等分向量，`logspace` 指令用來產生對數等分向量，其呼叫格式如下：

指令	說明
linspace(a,b)	在區間[a,b]建立一個含有 100 個元素的等差向量
linspace(a,b,n)	在區間[a,b]建立一個有 n 個元素的等差向量
logspace(a,b)	在區間[10^a,10^b]建立一個有 50 個元素的等比向量
logspace(a,b,n)	在區間[10^a,10^b]建立一個有 n 個元素的等比向量

範例 3-4 使用 linspace 和 logspace 指令建立向量

```
x=linspace(-1,6,4)       %由 -1 到 6 之間等分成 4 個點
y=linspace(0,2*pi,5)     %從 0 到2π 之間等分成 5 個點
z=logspace(0,2,3)        %在10⁰ 和10² 之間對數等分成 3 個點
```

▶ 執行結果

```
x =
  -1.0000    1.3333    3.6667    6.0000

y =
       0    1.5708    3.1416    4.7124    6.2832

z =
    1    10    100
```

(3) 使用矩陣下標建立矩陣

　　在 MATLAB 中，矩陣元素係按照「以行為先(column-major)」進行儲存的，先第一行，再第二行，依此類推。對於 $m \times n$ 的陣列 A 中的元素 $A(i,j)$，採用單下標表示時，對應的元素為 $A((j-1)*m+i)$。我們可以透過矩陣的下標存取陣列中的元素，也可以使用冒號運算式來建立子矩陣。

範例 3-5 使用冒號運算式建立子矩陣

```
A=[1:4;5:8;9:12;13:16]    %建立矩陣 A
a1=A(3)                   %取得矩陣 A 的第 3 個元素
a2=A(2,3)                 %取得矩陣 A 的第 2 列第 3 行元素
a3=A(1,:)                 %取得矩陣 A 的第 1 列全部元素
a4=A(:,3)                 %取得矩陣 A 的第 3 行全部元素
a5=A(1:2,2:3)            %取得矩陣 A 的第 1~2 列、第 2~3 行的元素構成子
                          矩陣
a6=A(1:3,end)            %取得矩陣 A 的第 1~3 列、第 4 行的元素構成子矩
                          陣，end 表示某一維數中的最大值
```

▶ **執行結果**

```
A =
     1     2     3     4
     5     6     7     8
     9    10    11    12
    13    14    15    16

a1 =     %單下標表示方式：A(1)=1,A(2)=5,A(3)=9...
     9

a2 =
     7

a3 =
     1     2     3     4

a4 =
     3
     7
    11
    15

a5 =
     2     3
     6     7

a6 =
     4
     8
    12
```

3-2　矩陣和陣列的基本運算

在 MATLAB 中，矩陣和陣列的基本運算包括：算術運算、關係運算與邏輯運算、反矩陣運算、行列式運算、乘冪運算、指數運算和轉置運算等。下表列出矩陣的基本運算符號及其功能介紹。

矩陣運算	陣列運算	功能
A+B	A+B	加
A-B	A-B	減
A*B	A.*B	乘
A/B	A./B	右除(A 除以 B)
A\B	A.\B	左除(B 除以 A)
A^B	A.^B	乘冪
A'	A.'	轉置

3-2-1 矩陣和陣列的加/減法運算

矩陣和陣列的加/減法運算要求運算的對象具有相同的大小(size)。

範例 3-6 矩陣和陣列的加減法運算

```
x=11:-2:3              %使用冒號建立向量
y=x-3                  %向量 x 中的每個元素減 3
z=x+y                  %向量 x 和 y 中對應的元素相加
A=[1 2 3; 4 5 6]       % 2×2 矩陣 A
B=[2 4 6; -3 0 5]      % 2×2 矩陣 B
C=A-B                  %矩陣 A 和矩陣 B 中對應的元素相減
D=C-2                  %矩陣 C 中的每個元素減 2
```

▶ 執行結果

```
x =
   11    9    7    5    3

y =
    8    6    4    2    0
```

```
z =
    19    15    11     7     3

A =
     1     2     3
     4     5     6

B =
     2     4     6
    -3     0     5

C =

    -1    -2    -3
     7     5     1

D =
    -3    -4    -5
     5     3    -1
```

3-2-2 矩陣和陣列的乘法運算

　　在乘法(*)運算中，矩陣 A 的行數必須等於矩陣 B 的列數；而點乘法(.*)運算係將陣列 A 和陣列 B 中對應的元素相乘，陣列 A 和陣列 B 必須大小(size)相同。

範例 3-7　矩陣和陣列的乘法運算

```
A=[1 2 3; 4 5 6; 7 8 9]        % 3×3 矩陣 A
B=[2 4 6; 1 3 5; 3 5 7]        % 3×3 矩陣 B
C=A*B                          % "*"運算中，矩陣 A 的行數必須等於矩陣 B 的列數
D=A.*B                         % ".*"運算是陣列 A 和陣列 B 中對應的元素相乘
E=3*D                          %將矩陣 D 的每一個元素都乘以 3
```

▶ 執行結果

```
A =
     1     2     3
     4     5     6
     7     8     9

B =
     2     4     6
     1     3     5
     3     5     7
```

```
C =
    13     25     37
    31     61     91
    49     97    145

D =
     2      8     18
     4     15     30
    21     40     63

E =
     6     24     54
    12     45     90
    63    120    189
```

3-2-3 矩陣和陣列的除法運算

　　矩陣的除法是矩陣乘法的反運算。MATLAB 中定義了左除和右除兩種除法指令。通常，矩陣左除不等於矩陣右除。

1. 矩陣的左除

　　　　如果 $AB = C$，則 $B = A \backslash C$，即：B 等於 A 左除 C。A\C 同義於 A 的反矩陣左乘 C 矩陣，也就是 inv(A)*C。矩陣的左除常用於解線性方程組 $AX = B$。

範例 3-8 矩陣的左除運算

```
A=[-1 2 3; 4 -5 6; 7 8 -9]              % 3×3 矩陣 A
C=[[54 66 75; 117 147 171; 193 243 283] % 3×3 矩陣 C
B=A\C                                    % 矩陣 A 左除矩陣 C
```

▶ 執行結果

```
A =
    -1      2      3
     4     -5      6
     7      8     -9

C =
    54     66     75
   117    147    171
   193    243    283

B =
   27-6750   34.8250   40-5500
```

```
17-4500    21-5500    24-7000
15-5917    19-2417    22.0500
```

範例 3-9 使用矩陣的左除運算解線性方程組：

$$\begin{bmatrix} 1 & 4 & 2 \\ 7 & 5 & -8 \\ 3 & -6 & 9 \end{bmatrix}\begin{bmatrix} x_1 \\ x_2 \\ x_3 \end{bmatrix} = \begin{bmatrix} 3 \\ 5 \\ 9 \end{bmatrix}$$

```
A=[1 4 2; 7 5 -8; 3 -6 9]      %3×3 矩陣 A
B=[3;5;9]                       %3×1 矩陣 B
X=A\B                           %求 X
```

▶ 執行結果

```
A =
    1     4     2
    7     5    -8
    3    -6     9

B =
    3
    5
    9

X =
    1.3484          %x1
    0.1032          %x2
    0.6194          %x3
```

2. 矩陣的右除

　　如果 $AB = C$，則 $A = C/B$，即：A 等於 C 右除 B。$A = C/B$ 要先計算反矩陣再做矩陣的乘法。實際上，B/A=(A'\B')'就是方程式 $XA = B$ 的解。

範例 3-10 矩陣的右除運算

```
A=[-1 2 3; 4 -5 6; 7 8 -9]              % 3×3 矩陣 A
C=[54 66 75; 117 147 171; 193 243 283]  % 3×3 矩陣 C
B=C/A                                    % 矩陣 C 右除矩陣 A
```

▶ 執行結果

```
A =
    -1     2     3
     4    -5     6
     7     8    -9

C =
    54    66    75
   117   147   171
   193   243   283

B =
    27.8083     8.6833     6.7250
    62.7000    19.2000    14.7000
   103.7111    31.7111    24.2667
```

3-2-4 矩陣和陣列的乘冪運算

矩陣的乘冪運算 $C = A\wedge n$ 中，矩陣 A 必須是一個方陣，且 n 是一個純量。如果 n 是整數，則 A^n 是矩陣自乘 n 次；如果 n 不是整數，則將計算各特徵值和特徵向量的乘冪。

陣列的乘冪運算 $C = A.\wedge B$ 就是求 A 和 B 對應元素的乘冪，即 $A(i, j)$ 的 $B(i, j)$ 次方。除非其中一個是純量，否則 A 和 B 必須有相同的大小。如果 x 是純量，A 是矩陣，則 $x.\wedge A$ 是 x 的 $A(i, j)$ 次方；而 $A.\wedge x$ 則是 A 中每個元素 $A(i, j)$ 的 x 次方。

範例 **3-11** 矩陣和陣列的乘冪運算

```
A=[1 2;3 4]      % 2×2 矩陣 A
B=[2 -4;-1 3]    % 2×2 矩陣 B
n=3              %純量 n
C1=A.^B          %矩陣 A 和矩陣 B 對應元素的乘冪
C2=A^n           %矩陣 A 自乘 3 次
C3=A.^n          %矩陣 A 中每個元素的 3 次方
C4=n.^A
C5=n^A
```

▶ 執行結果

```
A =
     1     2
     3     4

B =
     2    -4
    -1     3

n =
     3

C1 =
    1.0000    0.0625
    0.3333   64.0000

C2 =
    37    54
    81   118

C3 =
     1     8
    27    64

C4 =
     3     9
    27    81

C5 =
    87.8864   127.1198
   190.6797   278.5661
```

3-3　矩陣的基本操作指令

在 MATLAB 中，矩陣是基本的運算單元。有很多關於矩陣操作的指令，例如矩陣的擴展、區塊操作、旋轉、翻轉以及改變矩陣大小等。下表列出常用的操作指令：

指令	功能	指令	功能
reshape	改變矩陣的大小	cat	矩陣的擴展
vercat	矩陣在垂直方向的擴展	horzcat	矩陣在水平方向的擴展
ctranspose	矩陣的轉置	rot90	矩陣逆時針旋轉 90°
fliplr	矩陣的左右翻轉	flipud	矩陣的上下翻轉
repmat	資料區塊的複製	blkdiag	產生對角區塊矩陣

範例 3-12 矩陣大小的改變

```
A=[1:4;5:8]                 %  2×4 矩陣 A
Y1=reshape(A,1,8)           %改變成 1×8 矩陣
Y2=reshape(A,4,2)           %改變成 4×2 矩陣
Y3=reshape(A,size(Y2))      %改變成 4×2 矩陣
```

▶ 執行結果

```
A =
    1     2     3     4
    5     6     7     8

Y1 =
    1     5     2     6     3     7     4     8

Y2 =
    1     3
    5     7
    2     4
    6     8

Y3 =
    1     3
    5     7
    2     4
    6     8
```

範例 3-13 矩陣的擴展

```
A=[1:4;5:8]            % 2×4 矩陣 A
B=[1:2;3:4]           % 2×2 矩陣 B
C1=cat(2,A,B)         %相當於 [A,B]
C2=horzcat(A,C1)     %相當於 cat(2,A,B)
C3=vertcat(A,C1)     %相當於 cat(1,A,B)或[A;B]
```

▶ 執行結果

```
A =
    1     2     3     4
    5     6     7     8
```

```
B =
    1    2
    3    4

C1 =
    1    2    3    4    1    2
    5    6    7    8    3    4

C2 =

    1    2    3    4    1    2    3    4    1    2
    5    6    7    8    5    6    7    8    3    4
Error using vertcat        %兩個矩陣的函數必須相同，否則會出現錯誤訊息
Dimensions of arrays being concatenated are not consistent.
```

範 例 3-14 矩陣的轉置

```
A=rand(2,4)                    %建立 2×4 隨機矩陣 A
A1=A'                          %矩陣 A 的轉置
A2=transpose(A)                %與 A.'同義
B=[1+2*i 2-3*i 4;5 6+i 7-5*i]  % 2×3 複數矩陣
B1=B'                          %複數矩陣的共軛轉置
B2=B.'                         %複數矩陣的轉置，但不轉換為共軛
B3=ctranspose(B)               %與 B'同義
```

▶ 執行結果

```
A =
    0.8147    0.1270    0.6324    0.2785
    0.9058    0.9134    0.0975    0.5469

A1 =
    0.8147    0.9058
    0.1270    0.9134
    0.6324    0.0975
    0.2785    0.5469

A2 =
    0.8147    0.9058
    0.1270    0.9134
    0.6324    0.0975
    0.2785    0.5469
```

```
B =
   1.0000 + 2.0000i   2.0000 - 3.0000i   4.0000 + 0.0000i
   5.0000 + 0.0000i   6.0000 + 1.0000i   7.0000 - 5.0000i

B1 =
   1.0000 - 2.0000i   5.0000 + 0.0000i
   2.0000 + 3.0000i   6.0000 - 1.0000i
   4.0000 + 0.0000i   7.0000 + 5.0000i

B2 =
   1.0000 + 2.0000i   5.0000 + 0.0000i
   2.0000 - 3.0000i   6.0000 + 1.0000i
   4.0000 + 0.0000i   7.0000 - 5.0000i

B3 =
   1.0000 - 2.0000i   5.0000 + 0.0000i
   2.0000 + 3.0000i   6.0000 - 1.0000i
   4.0000 + 0.0000i   7.0000 + 5.0000i
```

範例 3-15 矩陣的旋轉和翻轉

```
A=rand(2,4)       %2×4 隨機矩陣 A
A1=rot90(A)       %矩陣 A 逆時針旋轉 90°
A2=rot90(A,3)     %矩陣 A 逆時針旋轉 3*90°
A3=fliplr(A)      %矩陣 A 左右翻轉
A4=flipud(A)      %矩陣 A 上下翻轉
```

▶ 執行結果

```
A =
   0.9575    0.1576    0.9572    0.8003
   0.9649    0.9706    0.4854    0.1419

A1 =
   0.8003    0.1419
   0.9572    0.4854
   0.1576    0.9706
   0.9575    0.9649

A2 =
   0.9649    0.9575
   0.9706    0.1576
   0.4854    0.9572
   0.1419    0.8003
```

```
A3 =
    0.8003      0.9572      0.1576      0.9575
    0.1419      0.4854      0.9706      0.9649

A4 =
    0.9649      0.9706      0.4854      0.1419
    0.9575      0.1576      0.9572      0.8003
```

範 例 3-16 矩陣的區塊操作

```
A=[1:3;4:6]           % 2×3 矩陣 A
B=repmat(A,2)         %產生 2 列和 2 行由矩陣 A 組成的大矩陣 B
C=blkdiag(A,B)        %產生由矩陣 A 和矩陣 B 做為對角區塊組成的大矩陣 C
D=repmat(A,2,3)       %產生 2 列和 3 行由矩陣 A 組成的大矩陣 D
E=repmat(A,[2,3])     %與 repmat(A,2,3) 相同
E([1 3],:)=[]         %使用空矩陣將矩陣 E 的第 1 列和第 3 列元素刪除
```

▶ 執行結果

```
A =
    1    2    3
    4    5    6

B =
    1    2    3    1    2    3
    4    5    6    4    5    6
    1    2    3    1    2    3
    4    5    6    4    5    6

C =
    1    2    3    0    0    0    0    0    0
    4    5    6    0    0    0    0    0    0
    0    0    0    1    2    3    1    2    3
    0    0    0    4    5    6    4    5    6
    0    0    0    1    2    3    1    2    3
    0    0    0    4    5    6    4    5    6

D =
    1    2    3    1    2    3    1    2    3
    4    5    6    4    5    6    4    5    6
    1    2    3    1    2    3    1    2    3
    4    5    6    4    5    6    4    5    6
```

```
E =
    1    2    3    1    2    3    1    2    3
    4    5    6    4    5    6    4    5    6
    1    2    3    1    2    3    1    2    3
    4    5    6    4    5    6    4    5    6

E =
    4    5    6    4    5    6    4    5    6
    4    5    6    4    5    6    4    5    6
```

3-4 矩陣的基本數學函數指令

　　矩陣的基本數學函數指令是數值計算中很重要的部分，以下列出常用的數學函數指令：

3-4-1 三角函數指令

指令	功能	指令	功能
sin	正弦函數	sinh	雙曲正弦函數
cos	餘弦函數	cosh	雙曲餘弦函數
tan	正切函數	tanh	雙曲正切函數
cot	餘切函數	coth	雙曲餘切函數
sec	正割函數	sech	雙曲正割函數
csc	餘割函數	csch	雙曲餘割函數

範例 3-17 三角函數指令的使用

```
x=0:pi/4:pi;
y1=sin(x)
y2=sinh(x)
y3=cos(x)
y4=cosh(x)
y5=tan(x)
y6=tanh(x)
```

▶ 執行結果

```
y1 =
        0      0.7071     1.0000     0.7071     0.0000

y2 =
        0      0.8687     2.3013     5.2280    11.5487

y3 =
    1.0000     0.7071     0.0000    -0.7071    .1.0000

y4 =
    1.0000     1.3246     2.5092     5.3228    11.5920

y5 =
    1.0e+16 *

        0      0.0000     1.6331    .0.0000    .0.0000

y6 =
        0      0.6558     0.9172     0.9822     0.9963
```

3-4-2 指數對數指令

指令	功能	指令	功能
sqrt	求平方根	log	以 e 為底的對數，即 $\ln(x)$
log10	以 10 為底的對數	log2	以 2 為底的對數
exp	以 e 為底的指數	pow2	2 的次方

範例 **3-18** 平方根指令和指數指令的使用

```
x=[-3:2:3]'      %建立向量 x
A=magic(3)       %建立 3 階魔術方陣
s1=sqrt(x)       %求向量 x 中每個元素的平方根
s2=sqrt(A)       %求矩陣 A 的平方根
e1=exp(x)        %求向量 x 中每個元素以 e 為底的指數
p1=pow2(A)       %求矩陣 A 中每個元素的 2 的次方
```

▶ 執行結果

```
x =
    -3
    -1
     1
     3

A =
     8     1     6
     3     5     7
     4     9     2

s1 =
   0.0000 + 1.7321i
   0.0000 + 1.0000i
   1.0000 + 0.0000i
   1.7321 + 0.0000i

s2 =
    2.8284    1.0000    2.4495
    1.7321    2.2361    2.6458
    2.0000    3.0000    1.4142

e1 =
    0.0498
    0.3679
    2.7183
   20.0855

p1 =

   256     2    64
     8    32   128
    16   512     4
```

範 例 **3-19** 對數指令的使用

```
M=magic(3)        %建立 3 階魔術方陣 M
ln=log(M)         %求矩陣 M 中每個元素的自然對數
l1=log10(M)       %求矩陣 M 中每個元素以 10 為底的對數
l2=log2(M)        %求矩陣 M 中每個元素以 2 為底的對數
```

▶ 執行結果

```
M =
     8     1     6
     3     5     7
     4     9     2

ln =
    2.0794         0    1.7918
    1.0986    1.6094    1.9459
    1.3863    2.1972    0.6931

l1 =
    0.9031         0    0.7782
    0.4771    0.6990    0.8451
    0.6021    0.9542    0.3010

l2 =
    3.0000         0    2.5850
    1.5850    2.3219    2.8074
    2.0000    3.1699    1.0000
```

3-4-3 數值處理指令

指令	功能	指令	功能
fix	捨棄小數部分取整數	round	四捨五入取整數
ceil	天花板函數。取大於或等於該元素的最小整數。	floor	地板函數。取小於或等於該元素的最大整數。
mod	除法求餘數(與除數同號)	rem	除法求餘數(與被除數同號)
gcd	最大公因數	lcm	最小公倍數
sign	符號函數	abs	數值的絕對值或複數的幅值

範例 **3-20** 數值處理指令的使用

```
A=[-3.8 0.13 2.718 -0.83]
f=fix(A)
r=round(A)
fl=floor(A)
c=ceil(A)
```

▶ 執行結果

```
A =
  -3.8000    0.1300    2.7180   -0.8300

f =
  -3     0     2     0

r =
  -4     0     3    -1

fl =
  -4     0     2    -1

c =
  -3     1     3     0
```

範例 3-21　數值處理指令的應用

```
A=[-6 18 22 36 -46]
B=[2 4 -7 8 -9]
r=rem(A,B)
m=mod(A,B)
g=gcd(A,B)    % A 和 B 的最大公因數
s=sign(A)
a=abs(A)
```

▶ 執行結果

```
A =
  -6    18    22    36   -46

B =
   2     4    -7     8    -9

r =
   0     2     1     4    -1

m =
   0     2    -6     4    -1

g =
   2     2     1     4     1

s =            %元素大於 0，則值為 1；元素小於 0，則值為-1。
```

```
   -1    1    1    1   -1

a =
    6   18   22   36   46
```

3-4-4 向量函數指令

在 MATLAB 中，指令 **dot(x,y)** 用來求兩個向量 x 和 y 的內積(inner product)。如果內積為零，則兩個向量是正交的。指令 **cross(x,y)** 用來求向量 x 和 y 的外積(cross product)。下表列出 **dot** 指令和 **cross** 指令的呼叫格式：

指令	功能	指令	功能
dot(x,y)	求向量 x 和 y 的內積	cross(x,y)	求向量 x 和 y 的外積
dot(A,B)	計算矩陣 A 和矩陣 B 對應「行向量」的點乘積。矩陣 A 和 B 必須是具有相同的維數。	cross(A,B)	得到一個 3×n 矩陣，其中的行是 A 和 B 對應行的外積。矩陣 A 和 B 必須具有相同的維數 3×n。

範例 3-22 向量(矩陣)的內積

```
a=[1 2 3];
b=[2 3 4];
A=[1 2 3; 4 5 6];
B=[-2 3 -4; 5 -6 7];
d1=dot(a,b)          %計算向量內積
d2=sum(a.*b)         %計算向量內積的另一種方法
d3=dot(A,B)          %計算矩陣的內積
```

▶ 執行結果

```
d1 =
    20

d2 =
    20

d3 =
   18   -24   30
```

MATLAB 矩陣分析

學習單元：

4-1　特殊功能矩陣

在 MATLAB 中，可以呼叫內建函數來建立某些特定功能的矩陣，如：全 0 矩陣、全 1 矩陣、單位矩陣、均勻分佈隨機矩陣、常態分佈隨機矩陣、魔術(magic)方陣、巴斯卡(pascal)矩陣等。以下列出這些特殊功能矩陣的函數指令：

指令	功能	指令	功能
[]	空矩陣	zeros	全 0 矩陣
ones	全 1 矩陣	eye	單位矩陣
rand	均勻分佈的隨機矩陣	randn	常態分布的隨機矩陣
magic	魔術方陣	pascal	巴斯卡矩陣
hilb	Hilbert 矩陣	compan	伴隨矩陣

4-1-1 空矩陣

在 MATLAB 中，定義 " [ ] " 為空矩陣。空矩陣中不包括任何元素。要注意的是，空矩陣並不是"0"，也不是不存在。

範例 4-1 建立一個空矩陣

```
A= [ ]
```

▶ 執行結果

```
A =
    []
```

使用指令 **whos** 查看變數 A 在記憶體中的詳細資訊：

```
>> whos
```

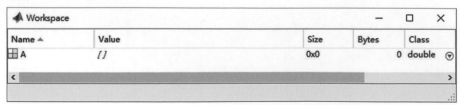

4-1-2 全 0 矩陣

全 0 矩陣的所有元素都是 0。在 MATLAB 中，使用 **zeros** 函數建立全 0 矩陣，其呼叫格式如下：

➤ zeros(n)：建立一個 n×n 的全 0 矩陣

➤ zeros(size(A))：建立一個和矩陣 A 同樣大小的全 0 矩陣

範 例 4-2 使用 zeros 指令建立全 0 矩陣

```
A=zeros(3)                    %建立一個 3×3 的全 0 矩陣 A
```

▶ 執行結果

```
A =

     0     0     0
     0     0     0
     0     0     0
```

```
B=zeros(2,3)                  %建立一個 2×3 的全 0 矩陣 B
```

▶ 執行結果

```
B =

     0     0     0
     0     0     0
```

4-1-3 全 1 矩陣

全 1 矩陣的所有元素都是 1。在 MATLAB 中，使用 ones 指令建立全 1 矩陣，其呼叫格式如下：

➤ ones(n)：建立一個 n×n 的全 1 矩陣

➤ ones(size(A))：建立一個和矩陣 A 同樣大小的全 1 矩陣

範例 4-3 使用 ones 指令建立全 1 矩陣

```
A=ones(3)              %建立一個 3×3 的全 1 矩陣 A
```

▶ 執行結果

```
A =

     1     1     1
     1     1     1
     1     1     1
```

```
B=ones(3,2)            %建立一個 3×2 的全 1 矩陣 B
```

▶ 執行結果

```
B =

     1     1
     1     1
     1     1
```

4-1-4 單位矩陣

「單位矩陣」是指主對角線上的元素都是 1，而其他元素都是 0。在 MATLAB 中，使用 **eye** 指令來建立單位矩陣，其呼叫格式如下：

➤ eye(n)：建立一個 n×n 的單位矩陣

➤ eye(size(A))：建立一個和矩陣 A 同樣大小的單位矩陣

範例 4-4 使用 eye 指令建立單位矩陣

```
A=eye(3)               %建立一個 3×3 的單位矩陣 A
```

▶ 執行結果

```
A =

     1     0     0
     0     1     0
     0     0     1
```

```
B=eye(2,3)              %建立 2 列 3 行的對角線爲 1 的矩陣 B
```

▶ 執行結果

```
B =

    1    0    0
    0    1    0
```

```
C=eye(2,3,4)        %eye 指令只能用來建立二維矩陣
```

▶ 執行結果

Error using eye   %錯誤訊息

N-dimensional arrays are not supported.

4-1-5 隨機矩陣

「隨機矩陣」中的所有元素都是亂數。在 MATLAB 中，使用 **rand** 指令來產生(0,1)之間均勻分佈(uniform distribution)的亂數，也可以用 **randn** 指令來產生平均值爲 0、方差爲 1 之常態分佈(normal distribution)的亂數，其呼叫格式如下：

➤ rand(n)：產生一個 n×n 均勻分佈的隨機矩陣

➤ rand(m,n)：產生一個 m×n 的隨機矩陣，其元素爲 0～1 之間均勻分佈的亂數。

➤ randn(n)：產生一個 n×n 的常態分佈隨機矩陣

➤ randn(m,n)：產生一個 m×n 的隨機矩陣，其元素爲平均值爲 0、方差爲 1 之常態分佈的亂數。

範例 **4-5** 使用 rand 指令產生均勻分佈隨機矩陣

```
A=rand(3)        %產生 3*3 的均勻分布隨機矩陣 A
```

▶ 執行結果

```
A =

    0.8147    0.9134    0.2785
    0.9058    0.6324    0.5469
    0.1270    0.0975    0.9575

B=rand(2,5)   %產生 2*5 的均勻分布隨機矩陣 B
B =

    0.9649    0.9706    0.4854    0.1419    0.9157
    0.1576    0.9572    0.8003    0.4218    0.7922
```

範例 4-6 使用 randn 指令產生常態分佈隨機矩陣字

```
A=randn(3)        %產生 3*3 的常態分布隨機矩陣 A
```

▶ 執行結果

```
A =

    1.4172    0.7172    1.0347
    0.6715    1.6302    0.7269
   -1.2075    0.4889   -0.3034
```

```
B=randn(2,5)   %產生 2*5 的常態分布隨機矩陣 B
```

▶ 執行結果

```
B =

    0.2939    0.8884   -1.0689   -2.9443    0.3252
   -0.7873   -1.1471   -0.8095    1.4384   -0.7549
```

4-1-6 魔術(magic)方陣

「魔術方陣」中的每一列、行與對角線上的各元素和都相等(除了 2 階魔術方陣以外)。在 MATLAB 中,使用 **magic** 指令來建立魔術方陣,其呼叫格式如下:

➤ magic(n):建立一個 n 階的魔術方陣

範 例 **4-7** 建立 5 階魔術方陣字

```
A=magic(5)          %產生 5*5 的魔術方陣 A
```

▶ 執行結果

```
A =

    17    24     1     8    15
    23     5     7    14    16
     4     6    13    20    22
    10    12    19    21     3
    11    18    25     2     9
```

4-1-7 巴斯卡(Pascal)矩陣

一個 n×n 巴斯卡矩陣中的元素可以排列成巴斯卡三角形,例如下列 P_2, P_3, P_4 矩陣皆為巴斯卡矩陣:

$$P_2 = \begin{bmatrix} 1 & 0 \\ 1 & 1 \end{bmatrix} P_2 = \begin{bmatrix} 1 & 0 \\ 1 & 1 \end{bmatrix}, \quad P_3 = \begin{bmatrix} 1 & 0 & 0 \\ 1 & 1 & 0 \\ 1 & 2 & 1 \end{bmatrix}, \quad P_4 = \begin{bmatrix} 1 & 0 & 0 & 0 \\ 1 & 1 & 0 & 0 \\ 1 & 2 & 1 & 0 \\ 1 & 3 & 3 & 1 \end{bmatrix}$$

在 MATLAB 中,使用 **pascal** 指令來建立巴斯卡矩陣,其呼叫格式如下:

➤ pascal(n):建立一個 n 階的巴斯卡矩陣

範 例 **4-8** 建立 3 階巴斯卡矩陣

```
A=pascal(3)          %產生 3*3 的巴斯卡矩陣 A
```

▶ 執行結果

```
A =

     1     1     1
     1     2     3
     1     3     6
```

由反對角線上的數值可知：

$$(x+y)^2 = x^2 + 2xy + y^2$$

```
B=pascal(5)            %產生 5*5 的巴斯卡矩陣 B
```

▶ 執行結果

```
B =

    1    1    1    1    1
    1    2    3    4    5
    1    3    6   10   15
    1    4   10   20   35
    1    5   15   35   70
```

由反對角線上的數值可知：

$$(x+y)^4 = x^4 + 4x^3y + 6x^2y^2 + 4xy^3 + y^4$$

4-1-8 Hilbert 矩陣

一個 Hilbert 矩陣中的每個元素值係由列數 i 和行數 j 決定，其值為 $1/(i+j-1)$。在 MATLAB 中，使用 **hilb** 指令來建立 Hilbert 矩陣，其呼叫格式如下：

➤ hilb(n)：建立一個 n 階 Hilbert 矩陣

➤ invhilb(n)：建立一個 n 階 Hilbert 矩陣的反矩陣，其元素都為整數。

範例 **4-9** 建立 3 階 Hilbert 矩陣和其反矩陣字

```
H=hilb(3)              %產生 3*3 的 Hilbert 矩陣 H
I=invhilb(3)           %產生 3*3 Hilbert 矩陣的反矩陣 I
E=H*I                  %驗證
```

▶ 執行結果

```
H =

    1.0000    0.5000    0.3333
    0.5000    0.3333    0.2500
    0.3333    0.2500    0.2000
```

```
I =

     9    -36    30
   -36    192  -180
    30   -180   180

E =              %乘積為單位矩陣

     1     0     0
     0     1     0
     0     0     1
```

4-1-9 伴隨(companion)矩陣

在 MATLAB 中，使用 **compan** 指令來建立伴隨矩陣，其呼叫格式如下：

➤ compan(p)：建立一個伴隨矩陣，其中 p 為多項式的係數向量，高次項係數在前，低次項係數在後。

範例 4-10 求矩陣 $p(x) = -3x^3 + 2x^2 - 5x + 6$ 的伴隨矩陣

```
p=[-3 2 -5 6];       %多項式的係數向量
C=compan(p)          %產生伴隨矩陣 C
```

▶ 執行結果

```
C =

    0.6667   -1.6667    2.0000
    1.0000        0         0
         0    1.0000        0
```

4-2　矩陣分析函數

線性代數中，常常要用到一些矩陣分析函數，以下列出這些常用函數指令的功能：

指令	功能	指令	功能
size(A)	矩陣 A 的大小，傳回矩陣 A 的列數和行數。	find(A)	尋找矩陣 A 中的非零元素，傳回元素的下標值。
prod(A)	矩陣元素的乘積	sum(A)	矩陣元素的和
cumprod(x)	陣列 x 的累積連乘值	cumsum(x)	陣列 x 的累積總和值

指令	功能	指令	功能
sort(A)	對向量(或矩陣)A 的元素排序	diff(A)	求向量(或矩陣)A 在相鄰兩個元素間的差分
max(x)	向量 x 中最大的元素值	max(x,y)	陣列 x 和 y 的最大值
min(x)	向量 x 中最小的元素值	min(x,y)	陣列 x 和 y 的最小值
median(x)	陣列 x 的中位數	mean(x)	向量 x 的平均值

4-2-1 矩陣的大小(size)

在 MATALB 中，使用指令 **size** 求矩陣的大小，其呼叫格式如下：

➤ size(A)：求矩陣 A 的大小。

➤ [m,n]=size(A)：傳回矩陣 A 的列數 m 和行數 n。

範 例 4-11 使用 size 指令求陣列 A 的大小

$$A = \begin{bmatrix} 1 & 4 & 7 & 6 \\ 2 & 5 & 8 & 7 \\ 3 & 6 & 9 & 8 \end{bmatrix}$$

```
A=[1 4 7 6;2 5 8 7;3 6 9 8]        %建立一個矩陣 A
n1=size(A)                         %求矩陣 A 的大小
n2=length(A)                       %求陣列 A 中各維的最大長度
 [m,n]=size(A)                     %傳回矩陣 A 的列數 m 和行數 n
```

▶ 執行結果

```
A =
    1    4    7    6
    2    5    8    7
    3    6    9    8

n1 =              %陣列 A 為 3 列 4 行
    3    4

n2 =              %陣列 A 各維的最大長度
    4

m =

    3

n =
    4
```

4-2-2 矩陣的尋找(find)

在 MATLAB 中，使用指令 **find** 尋找矩陣中的元素。指令 **find** 通常與關係運算和邏輯運算相結合，其呼叫格式如下：

➤ i=find(A)：尋找矩陣 A 中的非零元素，傳回這些元素的單下標。

➤ [i,j]=find(A)：尋找矩陣 A 中的非零元素，傳回這些元素的雙下標 i 和 j。

範例 4-12 使用 find 指令尋找矩陣 A 中的元素

$$A = \begin{bmatrix} 1 & 0 & 2 & 5 \\ 3 & 4 & 0 & 6 \\ 7 & 0 & 8 & 9 \end{bmatrix}$$

```
A=[1 0 2 5;3 4 0 6;7 0 8 9]        %建立一個矩陣 A
B=find(A)                          %矩陣 A 中非 0 元素的單下標
C=find(A>=5)                       %矩陣 A 中大於等於 5 的元素下標
D=A(find(A>=5))                    %矩陣 A 中大於等於 5 的元素
A(find(A==7))=50    %矩陣 A 中等於 7 的元素修改為 50
```

▶ 執行結果

```
A =

    1    0    2    5
    3    4    0    6
    7    0    8    9

B =

     1
     2
     3
     5
     7
     9
    10
    11
    12
```

```
C =

     3
     9
    10
    11
    12

D =

     7
     8
     5
     6
     9

A =

     1     0     2     5
     3     4     0     6
    50     0     8     9
```

4-2-3 矩陣元素的排序(sort)

在 MATLAB 中，使用指令 **sort** 對矩陣元素進行排序，該指令預設按照升冪排列，傳回值為排序後的矩陣，和原矩陣的維數相同，其呼叫格式如下：

➤ Y=sort(A)：對矩陣 A 按照升冪進行排序。當 A 為向量時，傳回由小到大排序後的向量；當 A 為矩陣時，傳回 A 中各行按照由小到大排序後的矩陣。

➤ Y=sort(A,dim)：傳回在給定的維數 dim 上按照由小到大順序排序後的結果，當 dim=1 時，按照行進行排序；當 dim=2 時，按照列進行排序。

➤ Y=sort(A,dim,'mode')：使用參數 mode 進行排序。參數 mode 預設值為'ascend'，即按照升冪進行排序；當 mode 為'descend'時，按照降冪進行排序。

➤ [Y,I]=sort(A)：輸出參數 Y 為排序後的結果，輸出參數 I 中元素表示 Y 中對應元素在矩陣 A 中的位置。

範 例 4-13 使用 sort 指令進行矩陣元素的排序

$$A = \begin{bmatrix} 1 & -7 & 9 & 5 \\ -6 & 2 & 8 & -4 \\ 9 & -3 & 4 & 7 \\ 3 & -8 & -2 & 6 \end{bmatrix}$$

```
A=[1 -7 9 5;-6 2 8 -4;9 -3 4 7;3 -8 -2 6]    %建立一個矩陣 A
B=sort(A)                                      %按行排序
C=sort(A,2)                                    %按列排序
D=sort(A,'descend')                            %按行降冪排序
E=sort(A,2,'descend')                          %按列降冪排序
```

▶ 執行結果

```
A =

     1    -7     9     5
    -6     2     8    -4
     9    -3     4     7
     3    -8    -2     6


B =

    -6    -8    -2    -4
     1    -7     4     5
     3    -3     8     6
     9     2     9     7


C =

    -7     1     5     9
    -6    -4     2     8
    -3     4     7     9
    -8    -2     3     6


D =

     9     2     9     7
     3    -3     8     6
     1    -7     4     5
    -6    -8    -2    -4
```

```
E =

    9     5     1    -7
    8     2    -4    -6
    9     7     4    -3
    6     3    -2    -8
```

4-2-4 矩陣元素的和

在 MATLAB 中,使用指令 **sum** 和 **cumsum** 求矩陣元素的和,其呼叫格式如下:

➤ S=sum(A):求矩陣 A 的元素和,傳回矩陣 A 中各行元素的和所組成的向量 S。

➤ S=sum(A,dim):傳回在給定的維數 dim 上的元素和,當 dim=1 時,得到矩陣各行元素的和組成的向量 S;當 dim=2 時,得到矩陣各列元素的和組成的向量 S。

➤ S=cumsum(A):求矩陣 A 元素的累積和,傳回各行元素的累積和組成的矩陣 S。

➤ S=cumsum(A,dim):傳回在給定的維數 dim 上元素的累積和,當 dim=1 時,得到各行元素的累積和組成的矩陣 S;當 dim=2 時,得到各列元素的累積和組成的矩陣 S。

範 例 4-14 求矩陣的元素和

$$A = \begin{bmatrix} 1 & -7 & 9 & 5 \\ -6 & 2 & 8 & -4 \\ 9 & -3 & 4 & 7 \\ 3 & -8 & -2 & 6 \end{bmatrix}$$

```
A=[1 -7 9 5;-6 2 8 -4;9 -3 4 7;3 -8 -2 6]    %建立一個矩陣 A
s1=sum(A)                                     %矩陣 A 的各行元素的和
s2=sum(A,2)                                   %矩陣 A 的各列元素的和
s3=cumsum(A)                                  %矩陣 A 的各行元素的累積和
s4=cumsum(A,2)                                %矩陣 A 的各列元素的累積和
```

▶ 執行結果

```
A =

     1    -7     9     5
    -6     2     8    -4
     9    -3     4     7
     3    -8    -2     6

s1 =            %各行元素的和組成的向量

     7   -16    19    14

s2 =            %各列元素的和組成的向量

     8
     0
    17
    -1

s3 =            %各行元素的累積和組成的矩陣

     1    -7     9     5
    -5    -5    17     1
     4    -8    21     8
     7   -16    19    14

s4 =            %各列元素的累積和組成的矩陣

     1    -6     3     8
    -6    -4     4     0
     9     6    10    17
     3    -5    -7    -1
```

4-2-5 矩陣元素的乘積

在 MATLAB 中,使用指令 **prod** 和 **cumprod** 求矩陣元素的乘積,其呼叫格式如下:

➤ S=prod(A):求矩陣 A 的元素乘積,傳回矩陣 A 中各行元素的乘積所組成的向量 S。

➤ S=prod(A,dim):傳回在給定的維數 dim 上的元素乘積,當 dim=1 時,得到矩陣各行元素的乘積組成的向量 S;當 dim=2 時,得到矩陣各列元素的乘積組成的向量 S。

➤ S=cumprod(A)：求矩陣 A 元素的累積乘積，傳回各行元素的累積乘積組成的矩陣 S。

➤ S=cumprod(A,dim)：傳回在給定的維數 dim 上元素的累積乘積，當 dim=1 時，得到各行元素的累積乘積組成的矩陣 S；當 dim=2 時，得到各列元素的累積乘積組成的矩陣 S。

範例 4-15 求矩陣的元素乘積

$$A = \begin{bmatrix} 1 & -7 & 9 & 5 \\ -6 & 2 & 8 & -4 \\ 9 & -3 & 4 & 7 \\ 3 & -8 & -2 & 6 \end{bmatrix}$$

```
A=[1 -7 9 5;-6 2 8 -4;9 -3 4 7;3 -8 -2 6]   %建立一個矩陣 A
p1=prod(A)                                    %矩陣 A 的各行元素的乘積
p2=prod(A,2)                                  %矩陣 A 的各列元素的乘積
p3=cumprod(A)                                 %矩陣 A 的各行元素的累積乘積
p4=cumprod(A,2)                               %矩陣 A 的各列元素的累積乘積
```

▶ 執行結果

```
A =

    1   -7    9    5
   -6    2    8   -4
    9   -3    4    7
    3   -8   -2    6

p1 =           %各行元素的積組成的向量

 -162  -336  -576  -840

p2 =           %各列元素的積組成的向量

 -315
  384
 -756
  288
```

```
p3 =              %各行元素的累積乘積組成的矩陣

     1     -7      9      5
    -6    -14     72    -20
   -54     42    288   -140
  -162   -336   -576   -840

p4 =              %各列元素的累積乘積組成的矩陣

     1     -7    -63   -315
    -6    -12    -96    384
     9    -27   -108   -756
     3    -24     48    288
```

4-2-6 矩陣元素的差分

在 MATLAB 中，利用指令 **diff** 計算矩陣的差分，其呼叫格式如下：

➤ D=diff(A)：計算矩陣各行元素的差分。

➤ D=diff(A,n)：計算矩陣各行元素的 n 階差分。

➤ D=diff(A,n,dim)：計算矩陣元素在 dim 方向上的 n 階差分。當 dim=1 時，計算矩陣各行元素的差分，當 dim=2 時，得到矩陣各列元素的差分。

範例 **4-16**　求矩陣元素的差分

$$A = \begin{bmatrix} 1 & -7 & 9 & 5 \\ -6 & 2 & 8 & -4 \\ 9 & -3 & 4 & 7 \\ 3 & -8 & -2 & 6 \end{bmatrix}$$

```
A=[1 -7 9 5;-6 2 8 -4;9 -3 4 7;3 -8 -2 6]    %建立一個矩陣 A
D1=diff(A)                                     %矩陣 A 各列元素的差分
D2=diff(A,2)                                   %矩陣 A 各列元素的 2 階差分
D3=diff(A,1,1)                                 %矩陣 A 各列元素的差分
D4=diff(A,1,2)                                 %矩陣 A 各行元素的差分
```

▶ 執行結果

A =

```
    1    -7     9     5
   -6     2     8    -4
    9    -3     4     7
    3    -8    -2     6
```

D1 =

```
   -7     9    -1    -9
   15    -5    -4    11
   -6    -5    -6    -1
```

D2 =

```
   22   -14    -3    20
  -21     0    -2   -12
```

D3 =

```
   -7     9    -1    -9
   15    -5    -4    11
   -6    -5    -6    -1
```

D4 =

```
   -8    16    -4
    8     6   -12
  -12     7     3
  -11     6     8
```

p1 =   %各行元素的積組成的向量

```
  -162   -336   -576   -840
```

p2 =   %各列元素的積組成的向量

```
  -315
   384
  -756
   288
```

```
p3 =            %各行元素的累積乘積組成的矩陣

     1    -7     9     5
    -6   -14    72   -20
   -54    42   288  -140
  -162  -336  -576  -840

p4 =            %各列元素的累積乘積組成的矩陣

     1    -7   -63  -315
    -6   -12   -96   384
     9   -27  -108  -756
     3   -24    48   288
```

4-2-7 矩陣元素的最大值(max)

在 MATLAB 中，使用指令 **max** 求矩陣元素的最大值，其呼叫格式如下：

➤ m=max(A)：求矩陣各行元素的最大值。

➤ m=max(A,[],2)：求矩陣各列元素的最大值。

➤ m=max(A,[],'all')：求矩陣所有元素的最大值。

➤ [y,j]=max(A)：求矩陣各行元素的最大值 y，最大值第一次出現的位置以 j 表示。

範例 4-17 求矩陣元素的最大值

$$A = \begin{bmatrix} 11 & -7 & -9 & 15 \\ -6 & 12 & 28 & -14 \\ 19 & -23 & 14 & 27 \\ 23 & -18 & -22 & 6 \end{bmatrix}$$

```
A=[11 -7 -9 15;-6 12 28 -14;19 -23 14 27;23 -18 -22 6]
b=10
m1=max(A)                %矩陣 A 各行元素的最大值
m2=max(A,[],'all')       %矩陣 A 所有元素的最大值
m3=max(A,[],2)           %矩陣 A 各列元素的最大值
m4=max(A,b)              %矩陣 A 各元素和純量 b 的最大值
 [y,j]=max(A)            %矩陣 A 各行元素的最大值和位置
```

▶ 執行結果

```
A =

    11    -7    -9    15
    -6    12    28   -14
    19   -23    14    27
    23   -18   -22     6

b =

    10

m1 =

    23    12    28    27

m2 =

    28

m3 =

    15
    28
    27
    23

m4 =

    11    10    10    15
    10    12    28    10
    19    10    14    27
    23    10    10    10

y =

    23    12    28    27

j =

     4     2     2     3
```

4-2-8 矩陣元素的最小值(min)

在 MATLAB 中，使用指令 **min** 求矩陣元素的最小值，其呼叫格式如下：

➤　m=min(A)：求矩陣各行元素的最小值。

➤ m=min(A,[],2)：求矩陣各列元素的最小值。

➤ m=min(A,[],'all')：求矩陣所有元素的最小值。

➤ [y,j]=min(A)：求矩陣各行元素的最小值 y，最小值第一次出現的位置以 j 表示。

範例 4-18 求矩陣元素的最小值

$$A = \begin{bmatrix} 11 & -7 & -9 & 15 \\ -6 & 12 & 28 & -14 \\ 19 & -23 & 14 & 27 \\ 23 & -18 & -22 & 6 \end{bmatrix}$$

```
A=[11 -7 -9 15;-6 12 28 -14;19 -23 14 27;23 -18 -22 6]
b=10
m1=min(A)                %矩陣 A 各行元素的最小值
m2=min(A,[],'all')       %矩陣 A 所有元素的最小值
m3=min(A,[],2)           %矩陣 A 各列元素的最小值
m4=min(A,b)              %矩陣 A 各元素和純量 b 的最小值
 [y,j]=min(A)            %矩陣 A 各行元素的最小值和位置
```

▶ 執行結果

```
A =

    11    -7    -9    15
    -6    12    28   -14
    19   -23    14    27
    23   -18   -22     6

b =

    10

m1 =

    -6   -23   -22   -14

m2 =

   -23
```

```
m3 =

    -9
   -14
   -23
   -22

m4 =

   10    -7    -9    10
   -6    10    10   -14
   10   -23    10    10
   10   -18   -22     6

Y =

   -6   -23   -22   -14

j =

    2     3     4     2
```

4-2-9 矩陣元素的中位數(median)

在 MATLAB 中，使用指令 **median** 求矩陣元素的中位數，其呼叫格式如下：

➤　m=median(A)：求矩陣各行元素的中位數。

➤　m=median(A,dim)：求矩陣第 dim 維元素的中位數。

➤　m=median(A,'all')：求矩陣所有元素的中位數。

範 例 4-19　求矩陣元素的中位數

$$A = \begin{bmatrix} 11 & -7 & -9 & 15 \\ -6 & 12 & 28 & -14 \\ 19 & -23 & 14 & 27 \\ 23 & -18 & -22 & 6 \end{bmatrix}$$

```
A=[11 -7 -9 15;-6 12 28 -14;19 -23 14 27;23 -18 -22 6]
m1=median(A)            %矩陣 A 各行元素的中位數
m2=median(A,2)          %矩陣 A 各列元素的中位數
m3=median(A,'all')      %矩陣 A 所有元素的中位數
```

▶ 執行結果

```
A =

    11    -7    -9    15
    -6    12    28   -14
    19   -23    14    27
    23   -18   -22     6

m1 =        %每一行有偶數個元素，中位數取中間兩個元素的平均值

   15.0000  -12.5000    2.5000   10.5000

m2 =        %每一列有偶數個元素，中位數取中間兩個元素的平均值

    2.0000
    3.0000
   16.5000
   -6.0000

m3 =

    8.5000
```

4-2-10 矩陣元素的平均值(mean)

在 MATLAB 中，使用指令 **mean** 求矩陣元素的平均值，其呼叫格式如下：

➤ m=mean(A)：求矩陣各行元素的平均值。

➤ m=mean(A,dim)：求矩陣第 dim 維元素的平均值。

➤ m=mean(A,'all')：求矩陣所有元素的平均值。

➤ m=mean(...,type)：以指定資料型態求矩陣元素的平均值。

範例 **4-20**　求矩陣元素的平均值

$$A = \begin{bmatrix} 11 & -7 & -9 & 15 \\ -6 & 12 & 28 & -14 \\ 19 & -23 & 14 & 27 \\ 23 & -18 & -22 & 6 \end{bmatrix}$$

```
A=[11 -7 -9 15;-6 12 28 -14;19 -23 14 27;23 -18 -22 6]
m1=mean(A)              %矩陣 A 各行元素的平均值
m2=mean(A,2)            %矩陣 A 各列元素的平均值
m3=mean(A,'all')        %矩陣 A 所有元素的平均值
m4=mean(A,2,'double')   %以 double 型態求矩陣 A 各列元素的平均值
```

▶ 執行結果

```
A =

    11    -7    -9    15
    -6    12    28   -14
    19   -23    14    27
    23   -18   -22     6

m1 =

   11.7500   -9.0000    2.7500    8.5000

m2 =

    2.5000
    5.0000
    9.2500
   -2.7500

m3 =

    3.5000

m4 =

    2.5000
    5.0000
    9.2500
   .2.7500
```

4-3 矩陣和線性代數

線性代數中，常常要用到一些矩陣分析函數，以下列出這些常用函數指令的功能：

指令	功能	指令	功能
det(A)	矩陣 A 的行列式值	inv(A)	矩陣 A 的反矩陣
rank(A)	矩陣 A 的秩(rank)	trace(A)	矩陣 A 對角線元素之和
diag(A)	矩陣 A 的對角矩陣	eig(A)	矩陣 A 的特徵值

4-3-1 方陣的行列式

在 MATALB 中，使用指令 **det** 求方陣的行列式值，其呼叫格式如下：

➤ det(x)：得到方陣 x 的行列式值。

範例 **4-21** 求矩陣的行列式值。

$$A = \begin{bmatrix} 1 & 7 & 3 \\ 5 & 9 & 6 \\ 4 & 2 & 8 \end{bmatrix}, \quad B = \begin{bmatrix} 1 & 4 & 3 \\ 5 & 2 & 6 \end{bmatrix}$$

```
A=[1 7 3;5 9 6;4 2 8]        % 3×3 矩陣 A
B=[1 4 3;5 2 6]              % 2×3 矩陣 B
d1=det(A)                    %矩陣 A 的行列式值
d2=det(B)                    %矩陣 B 的行列式值
```

▶ 執行結果

```
A =

    1    7    3
    5    9    6
    4    2    8

B =

    1    4    3
    5    2    6
```

```
d1 =

 -130

Error using det          %矩陣 B 必須是方陣
Matrix must be square.
```

4-3-2 反矩陣和虛反矩陣

對於一個方陣 A，如果存在一個與其同階的方陣 B，使得：

$$AB = BA = I$$

其中，I 是與方陣 A 同階的單位矩陣，稱 B 為 A 的反矩陣，當然 A 也是 B 的反矩陣。在 MATLAB 中，使用指令 inv(A) 求一個方陣 A 的反矩陣。如果方陣 A 的行列式值為 0，系統會顯示警告訊息。

如果矩陣 A 不是一個方陣，或者矩陣 A 的行列式值為 0 時，矩陣 A 沒有反矩陣，但可以找到一個與 A 的轉置矩陣 A' 同型的矩陣 B，使得：

$$\begin{cases} A \times B \times A = A \\ B \times A \times B = B \end{cases}$$

此時，稱矩陣 B 為矩陣 A 的虛反矩陣。在 MATLAB 中，使用指令 **pinv(A)** 求矩陣 A 的虛反矩陣。

範例 4-22　求矩陣的反矩陣和虛反矩陣。

$$A = \begin{bmatrix} 1 & 7 & 3 \\ 5 & 9 & 6 \\ 4 & 2 & 8 \end{bmatrix}, \quad B = \begin{bmatrix} 1 & 4 & 3 \\ 5 & 2 & 6 \end{bmatrix}$$

```
A=[1 7 3;5 9 6;4 2 8]      % 3×3 矩陣 A
B=[1 4 3;5 2 6]            % 2×3 矩陣 B
I1=inv(A)                  %矩陣 A 的反矩陣
I2=inv(B)                  %矩陣 B 的反矩陣
C=pinv(B)                  %矩陣 B 的虛反矩陣
D=B*C*B
```

▶ 執行結果

```
A =

    1    7    3
    5    9    6
    4    2    8


B =

    1    4    3
    5    2    6


I1 =

  -0.4615    0.3846   -0.1154
   0.1231    0.0308   -0.0692
   0.2000   -0.2000    0.2000


Error using inv
Matrix must be square.

C =

  -0.1235    0.1358
   0.2716   -0.0988
   0.0123    0.0864


D =

   1.0000    4.-0000    3.0000
   5.0000    2.0000    6.0000
```

4-3-3 矩陣的秩(rank)

　　矩陣的秩用來表示矩陣中各列向量之間和各行向量之間的線性關係。對於滿秩矩陣，秩等於行數或列數，其各行向量或列向量都線性無關。在 MATLAB 中，使用指令 **rank** 求矩陣的秩，其呼叫格式為 rank(A)，該指令求矩陣 A 的秩。

範 例 **4-23**　求矩陣的秩。

$$A = \begin{bmatrix} 1 & 7 & 3 \\ 5 & 9 & 6 \\ 4 & 2 & 8 \end{bmatrix}, \quad B = \begin{bmatrix} 1 & 4 & 3 \\ 5 & 2 & 6 \end{bmatrix}$$

```
A=[1 7 3;5 9 6;4 2 8];    % 3×3 矩陣 A
B=[1 4 3;5 2 6];          % 2×3 矩陣 B
r1=rank(A)                %矩陣 A 的秩
r2=rank(B)                %矩陣 B 的秩
```

▶ **執行結果**

```
r1 =              %矩陣 A 為滿秩矩陣

    3

r2 =              %矩陣 B 不是滿秩矩陣

    2
```

4-3-4 矩陣的跡(trace)

矩陣的跡等於矩陣的對角線元素之和，也等於矩陣的特徵值之和。在 MATLAB 中，使用指令 **trace(A)** 求矩陣 A 的跡。

範 例 4-24 求矩陣的跡。

$$A = \begin{bmatrix} 1 & 7 & 3 \\ 5 & 9 & 6 \\ 4 & 2 & 8 \end{bmatrix} , \quad B = \begin{bmatrix} 1 & 4 & 3 \\ 5 & 2 & 6 \end{bmatrix}$$

```
A=[1 7 3;5 9 6;4 2 8];    % 3×3 矩陣 A
B=[1 4 3;5 2 6];          % 2×3 矩陣 B
r1=trace(A)               %矩陣 A 的跡
r2=trace(B)               %矩陣 B 的跡
```

▶ **執行結果**

```
r1 =

    18

Error using trace (line 12)        %矩陣 B 必須為方陣
Matrix must be square.
```

4-3-5 矩陣的範數(norm)

範數是長度的推廣。在線性代數中，範數是一個函數，其賦予向量空間內的所有向量非零的正長度或大小。在 MATLAB 中，使用指令 **norm** 求矩陣的範數，其呼叫格式如下：

➤ norm(A)或 norm(A,2)：計算矩陣 A 的 2-範數，傳回矩陣 A 的最大奇異值 max(svd(A))。

➤ norm(A,1)：計算矩陣 A 的 1-範數，傳回矩陣 A 的列元素絕對值之和的最大值 max(sum(abs(A)))。

➤ norm(A,inf)：計算矩陣 A 的無窮範數，傳回矩陣 A 的行元素絕對值之和的最大值 max(sum(abs(A')))。

➤ norm(A,'fro')：計算矩陣 A 的 Frobenius 範數。

範例 4-25 求矩陣的範數。

```
A=[1 7 3;5 9 6;4 2 8];    % 3×3 矩陣 A
n1=norm(A)                %矩陣 A 的 2-範數
n2=norm(A,1)             %矩陣 A 的 1-範數
n3=norm(A,inf)           %矩陣 A 的無窮範數
n4=norm(A,'fro')         %矩陣 A 的 Frobenius 範數
```

▶ 執行結果

```
n1 =

   15.8277

n2 =

   18

n3 =

   20

n4 =

   16.8819
```

4-3-6 矩陣的條件數(cond)

在線性系統 Ax=b 中，當解集 x 對 A 和 b 的係數高度敏感時，這樣的方程組就是病態的(ill-conditioned)。矩陣的條件數是用來判斷病態矩陣的一個數值，矩陣的條件數越大，表示該矩陣越病態，否則該矩陣越良態。在 MATLAB 中，使用指令 **cond** 求矩陣的條件數，其呼叫格式如下：

➤ cond(A,1)：計算矩陣 A 的 1-範數下的條件數。

➤ cond(A)或 cond(A,2)：計算矩陣 A 的 2-範數下的條件數。

➤ cond(A,inf)：該指令計算矩陣 A 的無窮範數下的條件數。

範 例 4-26 求矩陣的條件數。

```
A=[1 7 3;5 9 6;4 2 8];    % 3×3 矩陣 A
c1=cond(A)                %矩陣 2-範數下的條件數
c2=cond(A,1)              %矩陣 1-範數下的條件數
c3=cond(A,inf)            %矩陣無窮範數下的條件數
```

▶ 執行結果

```
c1 =

   10.9691

c2 =

   14.1231

c3 =

   19.2308
```

4-3-7 特徵值和特徵向量

在 MATLAB 中，使用指令 **eig(A)** 求矩陣 A 的特徵值和特徵向量，其呼叫格式如下：

➤ e=eig(A)：求矩陣 A 的全部特徵值向量 e。

➤ [V,D]=eig(A)：計算矩陣 A 的特徵值和特徵向量，傳回值 V 和 D 為兩個方陣。方

陣 V 的每一行為一個特徵向量，方陣 D 為對角矩陣，對角線上的元素為特徵值。

範例 4-27 求矩陣的特徵值和特徵向量。

$$A = \begin{bmatrix} 1 & 7 & 3 \\ 5 & 9 & 6 \\ 4 & 2 & 8 \end{bmatrix}, \; B = \begin{bmatrix} 1 & 4 & 3 \\ 5 & 2 & 6 \end{bmatrix}$$

```
A=[1 7 3;5 9 6;4 2 8];    % 3×3 矩陣 A
B=[1 4 3;5 2 6];          % 2×3 矩陣 B
e1=eig(A)                 %矩陣 A 的特徵值
e2=eig(B)                 %矩陣 B 的特徵值
[V,D]=eig(A)              %矩陣 A 的特徵值和特徵向量
```

▶ **執行結果**

```
e1 =

   15.5291
   -1.9106
    403815


Error using eig          %矩陣 B 必須是方陣
Input matrix must be square.

V =

  -0.4614   -0.9155   -0.4150
  -0.7655    0.2434   -0.5203
  -0.4485    0.3204    0.7463

D =

   15.5291        0        0
        0   -1.9106        0
        0        0    4.3815
```

4-3-8 對角矩陣

「對角矩陣」是指只有對角線上有非 0 元素的矩陣。對角線上的元素都為 1 的對角矩陣就是單位矩陣。在 MATLAB 中，使用指令 **diag** 取得矩陣的對角線元素，其

呼叫格式如下：

➤ diag(A)：提取矩陣 A 的主對角線元素，產生一個包含 min(size(A))個元素的行向量。

➤ diag(A,k)：提取第 k 條對角線的元素組成一個行向量。

範例 **4-28** 對角矩陣指令 diag 的使用

```
x=[1 2 3]        %建立列向量 x
d1=diag(x)       %將列向量 x 元素寫入 3 階矩陣的主對角線
d2=diag(x,1)     %對角矩陣上移一列，但階數變為 4 階
d3=diag(x,-1)    %對角矩陣下移一列，但階數變為 4 階
```

▶ 執行結果

```
x =
     1     2     3

d1 =    %產生一個 3 階方陣，主對角線元素取自向量 x，其餘元素都為 0。
     1     0     0
     0     2     0
     0     0     3

d2 =    % 4 階方陣
     0     1     0     0
     0     0     2     0
     0     0     0     3
     0     0     0     0

d3 =    % 4 階方陣
     0     0     0     0
     1     0     0     0
     0     2     0     0
     0     0     3     0
```

範 例 **4-29**　對角矩陣指令 diag 的使用

```
A=[1 7 3;5 9 6;4 2 8]      % 3×3 矩陣 A
B=rand(4,3)                % 4×3 隨機矩陣 B
d1=diag(A)                 %矩陣 A 的主對角線元素
d2=diag(B)                 %矩陣 B 的主對角線元素
d3=diag(A,1)               %矩陣 A 的第 1 條對角線元素
d4=diag(B,1)               %矩陣 B 的第 1 條對角線元素
d5=diag(B,2)               %矩陣 B 的第 2 條對角線元素
```

▶ 執行結果

```
A =

    1     7     3
    5     9     6
    4     2     8

B =

    0.2785    0.1576    0.8003
    0.5469    0.9706    0.1419
    0.9575    0.9572    0.4218
    0.9649    0.4854    0.9157

d1 =

    1
    9
    8

d2 =

    0.2785
    0.9706
    0.4218

d3 =

    7
    6

d4 =

    0.1576
```

```
    0.1419
d5 =
    0.8003
```

4-3-9 上三角矩陣和下三角矩陣

　　三角矩陣可以分為上三角矩陣和下三角矩陣，所謂「上三角矩陣」，即矩陣對角線以下的元素全為 0 的矩陣，而「下三角矩陣」則是對角線以上的元素全為 0 的矩陣。在 MATLAB 中，分別使用指令 **triu** 和指令 **tril** 取得矩陣的上三角矩陣以及下三角矩陣，其呼叫格式如下：

➤ triu(A)：傳回矩陣 A 的上三角矩陣。

➤ triu(A,k)：傳回矩陣 A 的第 k 條對角線以上的元素。

➤ tril(A)：傳回矩陣 A 的下三角矩陣。

➤ tril(A,k)：傳回矩陣 A 的第 k 條對角線以下的元素。

範 例 4-30 求矩陣的上三角矩陣和下三角矩陣。

```
A=[1 7 3;5 9 6;4 2 8]      % 3×3 矩陣 A
B=rand(4,3)                % 4×3 隨機矩陣 B
t1=triu(A)                 %矩陣 A 的上三角矩陣
t2=tril(B)                 %矩陣 B 的下三角矩陣
t3=triu(A,1)               %矩陣 A 的第 1 條對角線以上的元素
t4=tril(B,1)               %矩陣 B 的第 1 條對角線以下的元素
```

▶ 執行結果

```
A =

    1    7    3
    5    9    6
    4    2    8

B =

    0.7922    0.8491    0.7431
    0.9595    0.9340    0.3922
```

```
    0.6557    0.6787    0.6555
    0.0357    0.7577    0.1712

t1 =

    1    7    3
    0    9    6
    0    0    8

t2 =

    0.7922         0         0
    0.9595    0.9340         0
    0.6557    0.6787    0.6555
    0.0357    0.7577    0.1712

t3 =

    0    7    3
    0    0    6
    0    0    0

t4 =

    0.7922    0.8491         0
    0.9595    0.9340    0.3922
    0.6557    0.6787    0.6555
    0.0357    0.7577    0.1712
```

4-4   矩陣的超越函數

　　方程式的種類繁多，主要有代數方程和超越方程。可以透過有限次數的代數運算求解的方程式稱為代數方程；不能夠透過有限次數的代數運算求解的方程式稱為超越方程。在 MATLAB 中，矩陣的超越函數指令主要包括 **sqrtm**、**logm**、**expm** 和 **funm**。數學運算函數指令 **sqrt**、**exp**、**log** 等都是針對矩陣的各元素操作，而超越函數指令是針對矩陣且矩陣必須是方陣。下面介紹這些超越函數指令的功能：

指令	功能	指令	功能
sqrtm(A)	矩陣 A 的平方根 $\sqrt{A}$	logm(A)	矩陣 A 的自然對數
expm(A)	矩陣 A 的指數	funm(A)	矩陣 A 的超越函數值

4-4-1 矩陣平方根

在 MATLAB 中，使用指令 **sqrtm** 計算矩陣的平方根，其呼叫格式如下：

➤ S=sqrtm(A)：計算矩陣 A 的平方根，傳回值為 S，即 $S \times S = A$。

範 例 4-31 計算矩陣的平方根

```
A=[1 2 -3;-4 5 -6;7 8 -9]      %矩陣 A 必須是方陣
S=sqrtm(A)                     %矩陣 A 的平方根
B=S*S                          %驗證
```

▶ 執行結果

```
A =

    1      2     -3
   -4      5     -6
    7      8     -9

S =

   2.1607    0.8539   -1.0682
   1.4821    3.1242    .2.5617
   4.6190    2.3523    .1.4000

B =

   1.0000    2.0000   -3.0000
  -4.0000    5.0000   -6.0000
   7.0000    8.0000   -9.0000
```

4-4-2 矩陣對數和指數

在 MATLAB 中，分別使用指令 **logm(A)** 和 **expm(A)** 計算矩陣 A 的自然對數與矩陣 A 的指數。矩陣 A 必須是方陣，其呼叫格式如下：

➤ L=logm(A)：計算矩陣 A 的對數，它是 expm(A)的反函數。

➤ E=expm(A)：計算矩陣 A 的指數。可以先使用指令 eig 對矩陣進行特徵值分解，即[V,D]=eig(A)，得到 A 的特徵向量組成的矩陣 V 和特徵值組成的矩陣 D。矩陣的指數指令可以使用 expm(A)=V*diag(exp(diag(D)))/V 計算。

範例 4-32 計算矩陣的對數和指數

```
A=[1 2 -3;-4 5 -6;7 8 -9]      %矩陣 A 必須是方陣
E=expm(A)                       %矩陣的指數
L=logm(A)                       %矩陣的對數
Y=expm(L)                       %驗證
[V,D]=eig(A)
V*diag(exp(diag(D)))/V          %驗證
```

▶ 執行結果

```
A =

    1     2    -3
   -4     5    -6
    7     8    -9

E =

    1.0362   -0.3369   -0.0695
   -7.9492    2.3744    1.0108
   -5.5866    1.5266    0.8046

L =

    2.2403    0.9284   -1.0058
    3.9451    2.7433   -2.7852
    6.2147    1.7796   -1.1124

Y =

    1.0000    2.0000   -3.0000
   -4.0000    5.0000   -6.0000
    7.0000    8.0000   -9.0000

V =

  -0.2217 - 0.1220i   -0.2217 + 0.1220i   -0.1040 + 0.0000i
  -0.4482 - 0.4049i   -0.4482 + 0.4049i    0.8210 + 0.0000i
  -0.7557 + 0.0000i   -0.7557 + 0.0000i    0.5614 + 0.0000i

D =

  -2.2021 + 5.4162i    0.0000 + 0.0000i    0.0000 + 0.0000i
   0.0000 + 0.0000i   -2.2021 - 5.4162i    0.0000 + 0.0000i
```

```
        0.0000 + 0.0000i   0.0000 + 0.0000i   1.4042 + 0.0000i

ans =      % 同義於 expm(A)

    1.0362 - 0.0000i  -0.3369 - 0.0000i  -0.0695 + 0.0000i
   -7.9492 + 0.0000i   2.3744 + 0.0000i   1.0108 - 0.0000i
   -5.5866 + 0.0000i   1.5266 + 0.0000i   0-8046 - 0.0000i
```

4-4-3 矩陣的超越函數值

在 MATLAB 中，使用指令 **funm** 計算方陣的超越函數值，其呼叫格式如下：

➤ funm(A,'fun')：矩陣 A 為方陣。計算由'fun'指定的超越函數值。fun 可以是任意函數，如：sin、cos、log、exp 等。

範例 4-33 計算矩陣的超越函數值

```
A=[1  2  -3;-4  5  -6;7  8  -9]      %矩陣 A 必須是方陣
X1=funm(A,@sin)                      %矩陣的正弦
X2=funm(A,@cos)                      %矩陣的餘弦
X3=funm(A,@log)                      %矩陣的對數
Y1=logm(A)                           %矩陣的對數
X4=funm(A,@exp)                      %矩陣的指數
Y2=expm(A)                           %矩陣的指數
```

▶ 執行結果

```
A =

    1    2   -3
   -4    5   -6
    7    8   -9

X1 =

  -96.0660  -34.7726   32.8830
 -219.5932  -98.1456  104.3178
 -269.4860  -42.7110   13.5441

X2 =

  -11.1823   33.0783  -50.4812
  -79.1128   57.9974  -99.2349
```

```
   109.1519  136.6319  -179.4529

X3 =

     2-2403    0.9204    -1.0058
     3.9451    2.7433    -2.7852
     6.2147    1.7796    -1.1124

Y1 =    %與 X3 結果相同

     2.2403    0.9284    -1.0058
     3.9451    2.7433    -2.7852
     6.2147    1.7796    -1.1124

X4 =

     1.0362   -0.3369    -0.0695
    -7.9492    2.3744     1.0108
    -5.5866    1.5266     0.8046

Y2 =    %與 X4 結果相同

     1.0362   -0.3369    -0.0695
    -7.9492    2.3744     1.0108
    -5.5866    1.5266     0.8046
```

4-5　稀疏矩陣

在 MATLAB 中，矩陣的儲存有兩種方式：完全儲存和稀疏儲存。完全儲存是將矩陣的全部元素按照矩陣的「行」儲存。然而，稀疏儲存僅儲存非零元素及其下標，而不儲存「0」元素。對於含有較多「0」元素的大型矩陣，這種儲存方式所需的儲存空間將會顯著的減少。本節將介紹在稀疏矩陣中常用的指令，如下表所示：

指令	功能	指令	功能
sparse	將完全矩陣(full matrix)轉換為稀疏矩陣	full	將稀疏矩陣轉換為完全矩陣
sparse(i,j,s,m,n)	i、j 非零元素所在的列和行；s 是非零元素值；m、n 是矩陣的列數和行數	nnz	矩陣中非零元素的個數
nonzeros	矩陣中非零元素值	nzmax	非零元素的儲存空間

speye(n)	產生 $n \times n$ 的單位稀疏矩陣	spy	繪製稀疏矩陣的圖形
spones	產生 $n \times n$ 的單位稀疏矩陣	sprand	繪製稀疏矩陣的圖形
sprandn	產生 $n \times n$ 的單位稀疏矩陣	spdiags	以對角線方式建立稀疏矩陣

4-5-1 建立稀疏矩陣

在 MATLAB 中，透過 **sparse** 指令可以將一個完全矩陣轉換為稀疏矩陣。

範例 4-34 建立稀疏矩陣

```
A=[0 0 0 1;0 2 0 0;0 0 0 0;3 0 0 0]        % 4*4 完全矩陣 A
S1=sparse(A)            %建立稀疏矩陣 S1
S2=sparse([4 2 1],[1 3 4],[4 3 2],4,4)    %直接輸入建立稀疏矩陣 S2
n1=nnz(S1)              %矩陣 S1 中非零元素的個數
n2=nonzeros(S1)         %矩陣 S1 中非零元素的值
n3=nzmax(S1)            %矩陣 S1 中非零元素的儲存空間
```

▶ 執行結果

```
A =
    0    0    0    1
    0    2    0    0
    0    0    0    0
    3    0    0    0

S1 =
   (4,1)        3
   (2,2)        2
   (1,4)        1

S2 =
   (4,1)        4
   (2,3)        3
   (1,4)        2

n1 =
    3
n2 =
    3
    2
    1
n3 =
    3
```

範例 4-35 建立稀疏矩陣

```
A=speye(4)           %輸入 4 階單位矩陣 A
B=speye(3,5)         %輸出矩陣 A 的非零元素，以及對應的列和行
C=sprand(4)          %輸出矩陣 A 的非零元素，以及對應的列和行
D=spdiags(4)         %輸出矩陣 A 的非零元素，以及對應的列和行
E=full(A)
```

▶ 執行結果

```
A =

   (1,1)        1
   (2,2)        1
   (3,3)        1
   (4,4)        1

B =
   (1,1)        1
   (2,2)        1
   (3,3)        1

C =
   (1,1)        0.9058

D =
   4

E =
   1    0    0    0
   0    1    0    0
   0    0    1    0
   0    0    0    1
```

4-5-2 以對角線方式建立稀疏矩陣

使用 **spdiags** 指令用來將矩陣 B 的每一行，按照整數向量 d 所對應的元素值，寫入矩陣 S 的對角線上，以建立稀疏矩陣，其格式為：

➤ S=spdiags(B,d,m,n)：m、n 分別是矩陣 S 的列數和行數。矩陣 B 的行數必需與整數向量 d 的行數相等。如果整數向量 d 的某一行元素為零，則寫入矩陣 S 的對角線上。

範例 4-36 以對角線方式建立稀疏矩陣

```
A=[2 1 0 -4; -2 0 3 -5; -1 6 2 0]
S=spdiags(A,-1:1,3,2)              %建立稀疏對角矩陣 S
F=full(S)                          %以完全矩陣表示
```

▶ 執行結果

```
A =
    2    1    0   -4
   -2    0    3   -5
   -1    6    2    0

S =
   (1,1)        1
   (2,1)        2
   (1,2)        3
   (3,2)       -2

F =
    1    3
    2    0
    0   -2
```

4-5-3 稀疏矩陣中非零元素的下標和元素值

find 指令係用來尋找一個稀疏矩陣中非零元素的下標和元素值，其指令格式如下：

➤ [i,j,x]=find(S)：i 為非零元素的列下標向量，j 為非零元素的行下標向量，向量 x 為非零元素的值。

範例 4-37 使用 find 指令輸出稀疏矩陣的下標和非零元素的值

```
clear all;
A=[0 -1 0 2;0 0 1 0;0 3 0 0;-5 0 0 0]
S=sparse(A)
k=find(S)              %求稀疏矩陣 S 中非零元素的一維下標索引
[i,j,x]=find(S)        %求稀疏矩陣 S 中非零元素的二維下標索引和對應的元素值
[m,n]=size(S)          %求稀疏矩陣 S 的大小
```

▶ 執行結果

```
A =
     0    -1     0     2
     0     0     1     0
     0     3     0     0
    -5     0     0     0

S =
   (4,1)      -5
   (1,2)      -1
   (3,2)       3
   (2,3)       1
   (1,4)       2

k =
     4
     5
     7
    10
    13

i =
     4
     1
     3
     2
     1

j =
     1
     2
     2
     3
     4

x =
    -5
    -1
     3
     1
     2

m =
     4

n =
     4
```

4-5-4 稀疏矩陣的圖形表示

在 MATLAB 中，使用 **spy** 指令以圖形方式來顯示稀疏矩陣中非零元素的分布情形。

範例 4-38 稀疏矩陣的圖形表示

```
clear all;
A=magic(4)>10              %檢測 4 階魔術方陣，大於 10 的元素設為 1，小於
                            或等於 10 的元素設為 0，然後指定給矩陣 A
S=spdiags(A,-1:1,5,4)      %建立稀疏對角矩陣 S
```

▶ 執行結果

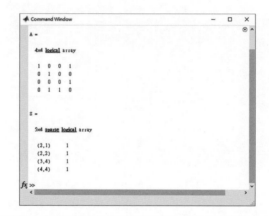

```
spy(S)      %畫出稀疏矩陣 S 的圖形
```

▶ 執行結果

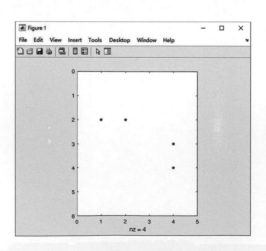

MATLAB 數值分析

學習單元：

　　本章介紹 MATLAB 在數值分析中的應用。首先介紹多項式的運算與操作；接著介紹曲線的擬合與內插，它在許多工程領域的應用十分廣泛；接著介紹數值計算，提供諸如：函數極值、函數零點、常微分方程(組)與數值積分等問題的解決方法。

5-1　多項式及其函數

　　MATLAB 提供了標準多項式運算的函數，如：求多項式的根、多項式的值和多項式微分。另外，還提供一些用於更高階運算的函數，如：曲線擬合和部分分式展開。下表列出關於多項式運算的一些常用函數。

函數	功能	函數	功能
roots	求多項式的所有根	poly	由根建立多項式
polyval	求多項式的值	polyvalm	求矩陣多項式的值
residue	求部分分式展開	polyfit	求多項式曲線擬合
polyder	求多項式導數	conv	求多項式乘法
deconv	求多項式除法		

5-1-1 多項式的建立

　　在 MATLAB 中，將多項式 $P(x) = a_0 x^n + a_1 x^{n-1} + \cdots + a_{n-1} x + a_n$ 的係數按照降冪次序存放在係數列向量 $P = [a_0, a_1, \cdots, a_{n-1}, a_n]$ 之中。從最右邊算起，第一個元素為 0 次方，第二個元素為 1 次方，依此類推。如果有缺項，則補零。在 MATLAB 中，可以使用直接輸入多項式係數來建立多項式，也可以使用多項式的根來建立多項式。

範例 5-1　使用係數向量建立並顯示多項式 $x^3 - 2x^2 - 3$

```
p=[1 -2 0 -3]          %缺 x¹ 項
y=poly2sym(p)          %由向量建立多項式
disp(y)                %顯示多項式
```

▶ 執行結果

```
p =

     1    -2     0    -3

y =

x^3 - 2*x^2 - 3

x^3 - 2*x^2 - 3
```

範例 **5-2** 已知多項式的根為 2、-3、4，求該多項式。

```
r=[2,-3,4];          %已知根向量
p=poly(r)            %由多項式的根向量 r 建立多項式 p
y=poly2sym(p)        %顯示多項式 p
```

▶ 執行結果

```
p =
     1    -3   -10    24

y =

x^3 - 3*x^2 - 10*x + 24
```

5-1-2 求多項式的根

我們可以使用 **roots** 函數來求多項式的根。在 MATLAB 中，多項式是列向量，根是行向量。

範例 **5-3** 求多項式 $y = x^3 - 3x^2 - 2x - 5$ 的根

```
p=[1 -3 -2 -5];      %係數列向量
r=roots(p)           %求多項式 p 的根
```

▶ 執行結果

```
r =              %根是行向量
   3.8552 + 0.0000i
  -0.4276 + 1.0555i
  -0.4276 - 1.0555i
```

5-1-3 求多項式的值

在 MATLAB 中，可以使用 **polyval** 函數來求代數多項式的值；也可以使用 **polyvalm** 函數求矩陣多項式的值。

範 例 5-4 求多項式 $y = x^3 - 3x^2 - 2x - 5$ 在點 $x = 2, 3, 4$ 的值

```
p=[1 -3 -2 -5];        %已知多項式 p
x=2:4;
y=polyval(p,x)         %計算多項式在 x 處的值
```

▶ 執行結果

```
y =                          % y(2)=-13, y(3)=-11, y(4)=3
   -13    -11      3
```

範 例 5-5 已知 $x = \begin{bmatrix} 1 & 3 \\ 2 & 4 \end{bmatrix}$，求多項式 $y = 2x^2 - 3x + 4$ 的值。

```
x=[1 3;2 4];            %矩陣 x
p=[2 -3 4];             %多項式係數向量 p
y1=polyvalm(p,x)        %以矩陣爲計算單位
y2=polyval(p,x)         %以矩陣的元素爲計算單位
```

▶ 執行結果

```
y1 =
    15    21
    14    36

y2 =
     3    13
     6    24
```

5-1-4 多項式的加減法

我們可以使用陣列的加減法運算來實現多項式的加減運算，但是兩個列向量必須大小相同。如果兩個列向量大小不同，則低階的多項式必須在高次項補零，使其與高階多項式有相同的階數。

範例 5-6 求多項式 $p(x) = x^3 + 2x^2 + 3x + 4$ 和 $q(x) = 2x + 4$ 的和

```
p=[1 2 3 4];        %多項式 p 的係數向量
q=[2 4];            %多項式 q 的係數向量
s=p+[0 0 q]         %將 q 的 x^3, x^2 }項係數補零
```

▶ 執行結果

```
s =
    1    2    5    8        %結果是 x^3 + 2x^2 + 5x + 8
```

5-1-5 多項式的乘法

在 MATLAB 中，使用 **conv** 函數來實現多項式的乘法運算，其呼叫格式為 **conv(a,b)**，a 和 b 為多項式的係數向量。對於兩個以上的多項式乘法必需重複使用 **conv** 函數。

範例 5-7 求多項式 $f(x) = x^3 + 2x^2 + 3x + 4$ 和 $g(x) = 2x^2 - 3x + 4$ 的乘積

```
f=[1 2 3 4];        %多項式 f 的係數向量
g=[2 -3 4];         %多項式 g 的係數向量
c=conv(f,g)         %多項式相乘
y=poly2sym(c)       %顯示多項式 c
```

▶ 執行結果

```
c =
    2    1    4    7    0    16

y =
2*x^5 + x^4 + 4*x^3 + 7*x^2 + 16
```

範例 5-8 求多項式 $(x^2 - 2x + 3)(x + 2)(x - 1)$ 的乘積

```
c=conv([1,-2,3],conv([1,2],[1,-1]))    %重複使用 conv 函數
y=poly2sym(c)                          %顯示多項式 c
```

▶ 執行結果

```
c =
     1    -1    -1     7    -6

y =

x^4 - x^3 - x^2 + 7*x - 6
```

5-1-6 多項式的除法

在 MATLAB 中，使用 **deconv** 函數來實現多項式的除法，其呼叫格式為 **[q,r]=deconv(a,b)**，相當於多項式 a 除以多項式 b，得到「商(quotient)」向量 q 和「餘數(remainder)」向量 r。

範 例 5-9 求多項式 $\dfrac{5x^5+14x^4-10x^3+31x^2-24x+35}{3x^3-3x^2+16}$ 的商(q)和餘數(r)

```
a=[5 14 -10 31 -24 35];    %多項式 a 的係數向量
b=[3 -3 0 16];             %多項式 b 的係數向量
 [q,r]=deconv(a,b)         %多項式 a 除以 b
y1=poly2sym(q)             %商
y2=poly2sym(r)             %餘數
```

▶ 執行結果

```
q =
  1.6667    6.3333    3.0000

r =
        0        0        0   13.3333  -125.3333   -13.0000

y1 =
(5*x^2)/3 + (19*x)/3 + 3

y2 =
(40*x^2)/3 - (376*x)/3 - 13
```

5-1-7 多項式的微分

　　polyder 函數用來求 n 次多項式的一階導數，傳回長度為 n-1 的列向量。**polyder** 函數也可以用來計算兩個多項式乘法 $p(x) \times q(x)$ 和除法 $p(x)/q(x)$ 的導數，其使用格式如下：

➤ y=polyder(p)：對以向量 p 為係數的多項式求一階導數 y

➤ y=polyder(a,b)：對以 a 和 b 為係數的多項式乘積求一階導數 y

➤ [q,d]=polyder(a,b)：傳回以 a 和 b 為係數的多項式 a 除以 b 的商的導數，第一個輸出參數為分子，第二個輸出參數為分母。

範 例 5-10 分別求多項式 $(x^2+3x+5) \times (2x^2+4x+6)$ 和 $\dfrac{x^2+3x+5}{2x^2+4x+6}$ 的導數

```
a=[1 3 5];              %建立多項式 a
b=[2 4 6];              %建立多項式 b
y=polyder(a,b)          %計算 a*b 的導數
 [q,d]=polyder(a,b)     %計算 a/b 的導數
```

▶ 執行結果

```
y =
    8    30    56    38

q =
   -2    -8    -2

d =
    4    16    40    48    36
```

5-1-8 多項式的積分

　　polyint 函數用來對多項式進行積分運算，其呼叫格式如下：

➤ y=polyint(p)：傳回以向量 p 為係數的多項式的積分，積分的常數項為預設值 0。

➤ y=polyint(p,k)：傳回以向量 p 為係數的多項式的積分，積分的常數項為 k。

範 例 5-11 對多項式 $2x^2+3x+5$ 進行積分運算，常數項分別設為 0 和 2。

```
p=[2 3 5];                 %建立多項式 p
y1=polyint(p);             %對多項式 p 進行積分，常數項為 0
y1=poly2sym(y1)            %將多項式係數向量轉換為函符號變數的多項式
y2=polyint(p,2);           %對多項式 p 進行積分，常數項為 2
y2=poly2sym(y2)            %將多項式係數向量轉換為函符號變數的多項式
```

▶ 執行結果

```
y1 =

(2*x^3)/3 + (3*x^2)/2 + 5*x

y2 =

(2*x^3)/3 + (3*x^2)/2 + 5*x + 2
```

5-1-9 有理多項式展開

當多項式 $b(x)$ 和 $a(x)$ 沒有重根時，$b(x)/a(x)$ 的比值可以表示成：

$$\frac{b(x)}{a(x)} = \frac{r_1}{x-p_1} + \frac{r_2}{x-p_2} + \cdots + \frac{r_n}{x-p_n} + k_s$$

其中 r 是餘數的行向量，p 是極點的行向量，k 是常數項。

在 MATLAB 中，使用 residue 函數對有理多項式進行部份分式展開，其呼叫格式如下：

➤ [r,p,k]=residue(b,a)：函數的傳回值 r 是餘數，p 是部份分式的極點，k 是常數項。

範 例 5-12 求多項式 $\dfrac{x^3-x^2-5x+3}{x^4-3x^3+2x^2+3x+5}$ 的部分分式展開

```
a=[1,-3,2,3,5];           %分母多項式
b=[1,-1,-5,3];            %分子多項式
[r,p,k]=residue(b,a)      %對有理多項式進行部份分式展開
```

▶ 執行結果

```
r =                       %留數行向量
   0.4462 + 0.2420i
   0.4462 - 0.2420i
   0.0538 - 0.05559i
   0.0538 + 0.5559i

p =                       %極點行向量
   2.0649 + 1.2412i
   2.0649 - 1.2412i
  -0.5649 + 0.7364i
  -0.5649 - 0.7364i

k =                       %常數項
   []
```

範例 5-13 　求轉換函數 $\dfrac{3(x-2)}{(x+1)(x+3)(x-4)}$ 的部分分式展開

```
n=3*[1 -2];               %分子多項式
d=poly([-1;-3;4]);        %分母多項式
[r,p,k]=residue(n,d)      %對有理多項式進行部份分式展開
```

▶ 執行結果

```
r =                       %留數行向量
    0.1714
   -1.0714
    0.9000

p =                       %極點行向量
    4.0000
   -3.0000
   -1.0000

k =                       %常數項
    []
```

5-2　多項式曲線擬合

　　多項式曲線擬合(curve fitting)是使用一個多項式去逼近一組離散的數據。在 MATLAB 中，使用 **polyfit** 函數採用最小平方建構出 n 階多項式去逼近已知的數據 x 和 y，使 $p(x)$ 與已知數據間函數值之最小平方差最小。其呼叫格式為：

➤　p=polyfit(x,y,n)：x、y 為數據向量，n 為多項式階次，p 是多項式係數向量。

範例 **5-14** 使用不同階數的多項式擬合曲線

```
x=1:0-1:2;                                              %輸入向量 x
y=[2-2 3-2 2-1 2-5 3-2 3-5 3-4 4-1 4-7 5-0 4-8];        %輸入向量 y
p2=polyfit(x,y,2)
p3=polyfit(x,y,3)
p7=polyfit(x,y,7)
```

　　為了比較，以下把原始數據和擬合得到的曲線畫出

```
x1=1:0.01:2;
y1=polyval(p2,x1);
y3=polyval(p3,x1);
y7=polyval(p7,x1);

plot(x,y,'o',x1,y1,'r.-',x1,y3,'b',x1,y7,'k-');
legend('擬合數據點','二階擬合','三階擬合','七階擬合');
```

▶ 執行結果

```
p2 =    %二階擬合多項式為 1.5618x² − 1.8308x + 2.5942
   1.5618    -1.8308    2.5942

p3 =    %三階擬合多項式為 −5.7498x³ + 27.4359x² − 39.6185x + 20.4646
  -5.7498   27.4359   -39.6185    20.4646

p7 =
  1.0e+05 *
   0.0284   -0.3038    1.3818   -3.4597    5.1478   -4.-5505
   2.2121   -0.4561
```

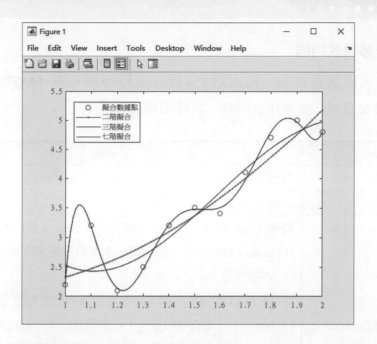

一般而言，n個數據可以決定一個$n-1$階多項式，可以做$n-1$階擬合。當增大n，則計算誤差就減小，多項式函數越接近實際值，但是計算工作量隨之增加。

5-3　多項式內插

在實際應用上，如果要在已知數據中得到這些數據點之外的其他數據點，就要根據這些已知的數據進行估算稱為內插(interpolation)。內插和擬合有相同的地方，都是要找到一條平滑的曲線將已知的數據點連接起來；其不同處是，擬合曲線不要求一定要通過數據點，而內插的曲線要求一定要通過數據點。MATLAB 提供了多種內插方法來平滑數據，最簡單的內插就是對兩個相鄰資料點進行「線性內插」。常用的有一維內插(1-D interpolation)和二維內插(2-D interpolation)。

5-3-1 一維多項式內插

一維多項式內插就是對一維函數 $y = f(x)$ 進行內插。在 MATLAB 中，使用 **interp1** 函數來實現一維多項式內插，其呼叫格式如下：

函數	功能
yi=interp1(x,y,xi)	對已知數據 x、y 在 xi 處內插，其對應值傳回 yi。
yi=interp1(y,xi)	xi 預設 1:length(y)，其他同上。
yi=interp1(x,y,xi,method)	使用不同的內插方法進行一維內插，method 包括： (1) linear：線性內插。把相鄰的兩個數據點用直線連接，爲預設的內插方法。 (2) nearest：最近點內插。在已知數據的最近點設定內插點。 (3) next：下一鄰近點內插。在已知數據的下一鄰近點設定內插點。 (4) spline：三次樣條內插。採用三次樣條函數獲得內插點。 (5) pchip：分段三次 Hermite 內插。在已知數據的最近點設定內插點。 (6) cubic：與分段三次 Hermite 內插相同。

範 例 5-15 對已知數據採用不同的內插方法

```matlab
x-0:10;                                      %已知數據
y=sin(x);                                    %一維函數
xi=0:0.1:10;                                 %要內插的數據
yi_linear=interp1(x,y,xi,'linear');         %線性內插
yi_nearest=interp1(x,y,xi,'nearest');       %最近點內插
yi_spline=interp1(x,y,xi,'spline');         %三次樣條內插
yi_pchip=interp1(x,y,xi,'pchip');           %分段三次 Hermite 內插
yi_next=interp1(x,y,xi,'next');             %下一鄰近點內插
subplot(231)
plot(x,y,'ko');
title('original');
hold on;
subplot(232)
plot(x,y,'ko',xi,yi_linear,'r-');
title('linear');
```

```matlab
subplot(233)
plot(x,y,'ko',xi,yi_nearest,'r-');
title('nearest');
subplot(234)
plot(x,y,'ko',xi,yi_spline,'r-');
title('spline');
subplot(235)
plot(x,y,'ko',xi,yi_pchip,'r-');
title('pchip');
subplot(236)
plot(x,y,'ko',xi,yi_next,'r-');
title('next');
```

執行結果

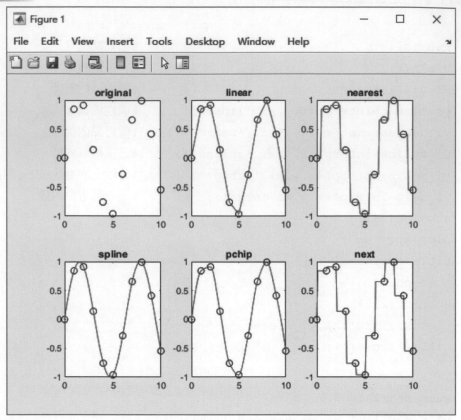

　　上圖中，可以看出三次樣條(spline)內插的效果最好，可以得到最平滑的結果，但是它所需要的時間最長；其次為分段三次 Hermite 內插(pchip)，其所需記憶體空間最多，也頗耗時；最近點(nearest)內插和下一鄰近點(next)內插的速度最快，但是得到的數據不連續。

5-3-2 二維多項式內插

二維內插是對函數 $z = f(x, y)$ 進行內插。MATLAB 提供了函數 interp2 實現二維內插，其常用指令格式如下：

➤ zi=interp2(x,y,z,xi,yi,method)：透過 x、y 和 z 產生內插函數 $z = f(x, y)$，傳回值 zi 是(xi,yi)在函數 $f(x, y)$ 上的值。method 包括：linear、nearest、spline 和 cubic。

範例 5-16 四種二維多項式內插方法的比較

```
[x,y]=meshgrid(-4:0.8:4);                %原始數據
z=peaks(x,y);                            %畫出數據點
[xi,yi]=meshgrid(-4:0.2:4);             %決定內插數據點
zi_nearest=interp2(x,y,z,xi,yi,'nearest');    %最鄰近內插
zi_linear=interp2(x,y,z,xi,yi,'linear');      %雙線性內插
zi_spline=interp2(x,y,z,xi,yi,'spline');      %三次樣條內插
zi_cubic=interp2(x,y,z,xi,yi,'cubic');        %雙三次內插
subplot(321)
surf(x,y,z);
title('original');
hold on;
subplot(322)
surf(xi,yi,zi_nearest);
title('nearest');
subplot(323)
surf(xi,yi,zi_linear);
title('linear');
subplot(324)
surf(xi,yi,zi_spline);
title('spline');
subplot(325)
surf(xi,yi,zi_cubic);
title('cubic');
```

▶ 執行結果

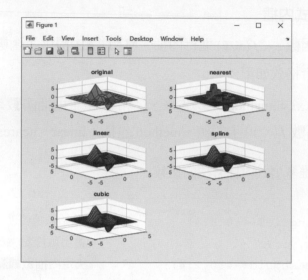

5-3-3 樣條內插

在 MATLAB 中，使用 **spline** 函數可以求得三次樣條的近似值，其呼叫格式如下：

➤ yi=spline(x,y,xi)：透過初始數據(x,y)產生內插函數 $y = f(x)$，然後對數據 xi 進行內插，函數傳回值 $yi = f(xi)$。此函數同義於 interp1(x,y,xi,'spline')。

➤ pp=spline(x,y)：透過對初始數據 x 和 y 產生內插函數，並進行傳回。然後利用函
° 數 ppval 對數據 xi 進行內插計算，其呼叫格式為 yi=ppval(pp,xi)，其中，pp(piecewise polynomial)為內插函數。

範 例 5-17 使用 spline 函數對 $y = \sin(x)$ 進行三次樣條內插。

```
x=0:10;                          %原始數據
y=sin(x);
xi=0:0.25:10;                    %內插數據
yi=spline(x,y,xi);               %採用三次樣條進行內插
pp=spline(x,y);                  %產生內插函數
y1=ppval(pp,xi);                 %y1=yi
y2=interp1(x,y,xi,'spline');     %y2=yi
figure;                          %畫圖顯示
plot(x,y,'ko',xi,yi)
legend('original','spline');
```

▶ 執行結果

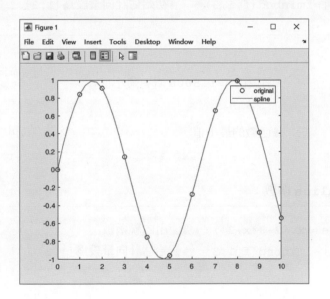

5-4   函數的最小值

求函數的最小值和零點是工程上常見的問題。MATLAB 提供一些函數來求函數 f 的最小值和零點。在 MATLAB 中,沒有求函數 f 最大值的指令,我們可以透過求函數 h=-f 的最小值來求得函數 f 的最大值。

5-4-1 單變數函數的最小值

在 MATLAB 中,使用 **fminbnd** 函數來求單變數函數在給定區間內的最小值,其呼叫格式如下:

➤ fminbnd(fun,x1,x2):求單變數函數 fun 在區間[x1,x2]內的最小值。

➤ fminbnd(fun,x1,x2,options):求單變數函數 fun 在區間[x1,x2]內的最小值,變數 options 用於指定演算法的最佳化參數。

➤ [x,fval]=fminbnd(...):輸出最小值 fval。

範 例 **5-18** 求函數 $f(x) = x^2 - 3x + 2$ 在區間[1,3]內的最小值

```
f=@(x)x.^2-3*x+2;            %使用匿名函數
[x,fval]=fminbnd(f,1,3)      %初始估計向量設爲[1,3]
```

▶ 執行結果

```
x =                %函數在 x=1.5000 處有最小值
    1.5000

fval =             %函數的最小值
  -0.2500
```

也可以使用 **inline** 函數:

```
f=inline('x.^2-3*x+2');   %使用內聯函數
[x,fval]=fminbnd(f,1,3)    %初始估計向量設爲[1,3]
```

▶ 執行結果

```
x =                %函數在 x=1.5000 處有最小值
    1.5000

fval =             %函數的最小值
  -0.2500
```

5-4-2 多變數函數的最小值

在 MATLAB 中，使用 **fminsearch** 函數來求多變數函數的最小值，該函數需要指定一個起始點 x0，然後得到在點 x0 附近的局部最小值，其呼叫格式如下：

➤ fminsearch(fun,x0)：求多變數函數 fun 在點 x0 附近的最小值。

➤ fminsearch(fun,x0,options)：含最佳化參數 options 求函數 fun 的最小值。

➤ [x,fval]=fminsearch(...)：輸出最小值 fval。

範例 5-19 求多變數函數 $f(x_1, x_2) = x_1^2 + x_2^2 - 0.8x_1x_2 - \sin x_1$ 在區間[1,0]的最小值

```
f=@(x)x(1).^2+x(2).^2-0.8.*x(1).*x(2)-sin(x(1));   %使用匿名函數
[x,fval]=fminsearch(f,[1,0])                        %初始估計向量設為[1,0]
```

▶ **執行結果**

```
x =         %函數在 x=0.5174 和 x=0.2069 處有最小值
   0.5174    0.2069

fval =      %最小值
   -0.2698
```

也可以使用 **inline** 函數：

```
f=inline('x(1).^2+x(2).^2-0-8.*x(1).*x(2)-sin(x(1))');
[x,fval]=fminsearch(f,[1,0])                        %初始估計向量設為[1,0]
```

▶ **執行結果**

```
x =
   0.5174    0.2069

fval =

   -0.2698
```

5-5　函數的零點

求函數 $f(x)$ 的零點相當於求方程式 $f(x)=0$ 的解。在 MATLAB 中，使用 **fzero** 函數來求單變數函數的零點，其呼叫格式如下：

➤　fzero(fun,x0)：求單變數函數 fun 在 x0 附近的零點。

➤　fzero(fun,x0,options)：含最佳化參數 options 求函數 fun 在 x0 附近的零點。

➤　[x,fval]=fzero(...)：輸出自變數為 x 時的函數值 fval。

範例 5-20　求函數 $f(x)=x^2-0.8x-2$ 在 $x=2$ 附近的零點

```
f=@(x)x.^2-0.8*x-2;          %使用匿名函數
[x,fval]=fzero(f,2)          %輸出零點 x 和零值 fval
```

▶ 執行結果

```
x =          %函數在 x=1.8697 處 f(x)=0
   1.8697

fval =       %輸出零值 fval=0
   0
```

5-6　常微分方程的數值解

很多實際工程與科學研究問題都可以歸結為解微分方程問題。若微分方程中的未知函數是一元函數，則該微分方程稱為常微分方程。普通常微分方程是指可以化為標準形式的常微分方程。本節主要介紹利用 MATLAB 解普通常微分方程的初值問題。

5-6-1 解常微分方程的常用指令

MATLAB 提供多個求解常微分方程初值問題的 **ode** 指令。各種 ode 指令是基於求解不同階數的常微分方程的 Runge-Kutta 法編寫的，同階數的 Runge-Kutta 法求解常微分方程時，所花費的時間和取得的精確度是有所不同的，MATLAB 中常用的 **ode** 指令如下表所示。

指令	含義	指令	含義
ode23	普通 2-3 階解法	ode23s	變階剛性解法
ode45	普通 4-5 階解法	ode23t	適度剛性解法
ode113	普通變階解法	ode23tb	低階剛性解法

在 MATLAB 中，各種 **ode** 指令都是針對一階常微分方程組的初值問題編寫的。對於高階常微分方程的初值問題，可以先將其轉換為一階常微分方程組的初值問題，然後再利用 **ode** 指令進行求解。

假設 n 階微分方程：

$$f(y, y', y'', \cdots, y^{(n)}, x) = 0$$

的初值條件為

$$y(0) = y_0 \text{ , } y_2 = y' \text{ , } \dots \text{ , } y_n = y^{(n-1)}$$

將上述高階微分方程的初值問題，轉換為一階常微分方程組的初值問題，再應用 **ode** 指令求解的過程為：

首先運用變數替換，把 n 階常微分方程寫成一階常微分方程組，令

$$y_1 = y \text{ , } y_2 = y' \text{ , } \dots \text{ , } y_n = y^{(n-1)}$$

於是可以將 n 階常微分方程及初值條件改寫為

$$DY = \begin{Bmatrix} y'_1 \\ y'_2 \\ \vdots \\ y'_n \end{Bmatrix} = \begin{Bmatrix} f_1 = (y_1, y_2, \cdots, y_n, x) \\ f_2 = (y_1, y_2, \cdots, y_n, x) \\ \vdots \\ f_n = (y_1, y_2, \cdots, y_n, x) \end{Bmatrix}$$

和

$$Y_0 = \begin{Bmatrix} y_1(0) \\ y_2(0) \\ \vdots \\ y_n(0) \end{Bmatrix} = \begin{Bmatrix} y_0 \\ y'_0 \\ \vdots \\ y_0^{(n-1)} \end{Bmatrix}$$

然後根據方程組 DY 編寫函數 M 檔案，呼叫 **ode** 指令解微分方程。在 MATLAB 中，各種 **ode** 指令格式的用法大致相同，下面以 **ode23** 和 **ode45** 為例介紹 **ode** 指令的應用。

5-6-2 指令 ode23 的應用

在 MATLAB 中，指令 **ode23** 使用普通 2-3 階 Runge-Kutta 法解常微分方程，其常用的指令格式如下：

➤ [X,Y]=ode23('dfun', xspan, Y0)：求微分方程的解。

➤ [X,Y]=ode23(@dfun, xspan, Y0)：求微分方程的解。

➤ ode23('dfun', xspan, Y0)：畫出微分方程的數值解曲線。

➤ ode23(@dfun, xspan, Y0)：畫出微分方程的數值解曲線。

其中，dfun 對應於描述微分方程的函數 M 檔案 dfun.m；xspan 為求解區間；Y0 為初值。若 xspan=[xi, xf]，表示微分方程的積分的上下限分別爲 xi 和 xf；若 xspan=[xl, x2, …, xn]，表示列出微分方程在離散點 xl，x2，…，xn 處的解。

範例 **5-21** 求常微分方程 $y' = y - 4x/y$, $y(0) = 4$ 在區間 $x \in [0,5]$ 內的數值解和數值解曲線。

```
%ch0521.m
function dy=ch0521(x,y)
dy=y-4*x/y;
end
```

在指令視窗中執行下列敘述：

```
clear all;
X12=linspace(0,5,20);
ode23('ch0521',X12,4);
[X,Y]=ode23('ch0521',X12,4);
XY=[X,Y]
```

得到如下數值解和數值解曲線：

```
XY =

        0    4.0000
   0.2632    5.1714
   0.5263    6.6476
   0.7895    8.5428
   1.0526   10.9982
```

```
1.3158    14.1920
1.5789    18.3523
1.8421    23.7728
2.1053    30.8338
2.3684    40.0289
2.6316    52.0003
2.8947    67.5824
3.1579    87.8602
3.4211   114.2451
3.6842   148.5729
3.9474   193.2310
4.2105   251.3239
4.4737   326.8882
4.7368   425.1736
5.0000   553.0821
```

▶ 執行結果

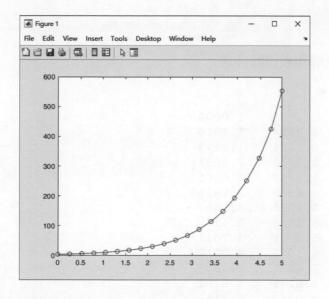

範例 **5-22**　求二階常微分方程 $z'' = 2 - \sin x$, $z'(0) = 1$, $z(0) = 0$ 在區間 $x \in [0,5]$ 內的數值

和數值解曲線。

【說明】設 $y_1 = z$, $y_2 = z'$，則二階常微分方程的初值問題，可以轉換為如下標準形式的常

微分方程初值問題：

$$y'_1 = y_2, \ y'_2 = 2 - \sin x, \ y_1(0) = 0, \ y_2(0) = 1$$

```
%ch0522.m
function dy=ch0522(x,y)
dy(1,1)=y(2);
dy(2,1)=2-sin(x);
end
```

在指令視窗中執行下列敘述：

```
clear all;
X12=linspace(0,5,20);
ode23('ch0522',X12,[0,1]);
[X,Y]=ode23('ch0522',X12,[0,1]);
XY=[X,Y]
```

得到如下數值解和數值解曲線：

```
XY =

         0          0     1.0000
    0.2632     0.3294     1.4919
    0.5263     0.7794     1.9173
    0.7895     1.3332     2.2831
    1.0526     1.9767     2.6005
    1.3158     2.6989     2.8838
    1.5789     3.4930     3.1497
    1.8421     4.3566     3.4162
    2.1053     5.2926     3.7011
    2.3684     6.3077     4.0212
    2.6316     7.4133     4.3905
    2.8947     8.6238     4.8201
    3.1579     9.9560     5.3163
    3.4211    11.4279     5.8814
    3.6842    13.0573     6.5126
    3.9474    14.8608     7.2029
    4.2105    16.8525     7.9407
    4.4737    19.0430     8.7117
    4.7368    21.4390     9.4989
    5.0000    24.0422    10.2844
```

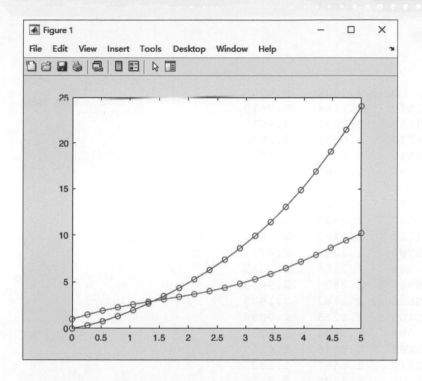

範例 5-23 求一階常微分方程組在區間[0,3]內的數值解和數值解曲線：

$$u' = -2u + v + 2\sin x$$

$$v' = 10u - 9v + 9\cos x$$

$$u(0) = 2, \ v(0) = 6$$

```
%ch0523.m
function dy=ch0523(x,y)
dy(1,1)=-2*y(1)+y(2)+2*sin(x);
dy(2,1)=10*y(1)-9*y(2)+9*cos(x);
end
```

在指令視窗中執行下列敘述：

```
clear all;
X12=linspace(0,3,20);
ode23('ch0523',X12,[2,6]);
[X,Y]=ode23('ch0523',X12,[2,6]);
XY=[X,Y]
```

▶ 執行結果

XY =

```
        0    2.0000    6.0000
   0.1579    2.1164    3.9618
   0.3158    2.1031    3.4617
   0.4737    2.0951    3.2876
   0.6316    2.1096    3.2031
   0.7895    2.1441    3.1353
   0.9474    2.1901    3.0680
   1.1053    2.2389    2.9949
   1.2632    2.2829    2.9069
   1.4211    2.3148    2.8020
   1.5789    2.3289    2.6739
   1.7368    2.3196    2.5247
   1.8947    2.2836    2.3495
   2.0526    2.2182    2.1473
   2.2105    2.1215    1.9236
   2.3684    1.9934    1.6775
   2.5263    1.8346    1.4119
   2.6842    1.6467    1.1321
   2.8421    1.4326    0.8416
   3.0000    1.1958    0.5464
```

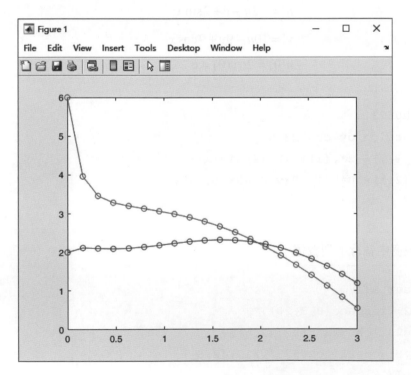

5-6-3 指令 ode45 的應用

在 MATLAB 中，指令 **ode45** 使用普通 4-5 階 Runge-Kutta 法求解常微分方程，常用的指令格式如下：

➤ [X,Y]=ode45('dfun', xspan, Y0)：求微分方程的解。

➤ [X,Y]=ode45(@dfun, xspan, Y0)：求微分方程的解。

➤ ode45('dfun', xspan, Y0)：畫出微分方程的數值解曲線。

➤ ode45(@dfun, xspan, Y0)：畫出微分方程的數值解曲線。

其中，dfun 對應於描述微分方程的函數 M 檔案 dfun.m；xspan 為求解區間；Y0 為初值。在上述指令格式中，xspan 為求解區間，若 xspan=[xi, xf]，表示微分方程的積分的上下限分別為 xi 和 xf；若 xspan=[xl, x2, ..., xn]，表示列出微分方程在離散點 xl，x2，...，xn 處的解。

範 例 5-24 求解常微分方程 $y' = 4 + y/100, y(0) = 4$ 在區間[0,5]內的數值解和數值解曲線。

```
%ch0524.m
function dy=ch0524(x,y)
dy=4+y/100;
end
```

在指令視窗中執行下列敘述：

```
clear all;
X12=linspace(0,5,20);
ode45('ch0524',X12,4);
[X,Y]=ode45('ch0524',X12,4);
XY=[X,Y]
```

▶ 執行結果

XY =

```
         0     4.0000
    0.2632     5.0646
    0.5263     6.1319
    0.7895     7.2021
    1.0526     8.2751
    1.3158     9.3509
    1.5789    10.4296
    1.8421    11.5111
    2.1053    12.5954
    2.3684    13.6826
    2.6316    14.7727
    2.8947    15.8656
    3.1579    16.9615
    3.4211    18.0602
    3.6842    19.1618
    3.9474    20.2663
    4.2105    21.3737
    4.4737    22.4841
    4.7368    23.5973
    5.0000    24.7135
```

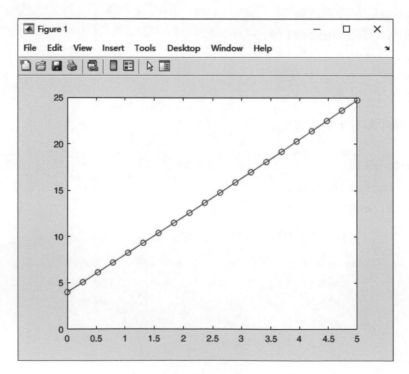

範例 5-25 求二階常微分方程 $z'' = 2 - \sin x,\ z'(0) = 1,\ z(0) = 0$ 在區間[0,3]內的數值解和數值解曲線。

【說明】設 $y_1 = z,\ y_2 = z'$，將二階常微分方程的初值問題轉換為如下標準形式的常微分方程初值問題

$$y'_1 = y_2,\ y'_2 = 2 - \sin x,\ y_1(0) = 0,\ y_2(0) = 1$$

```
%ch0525-m
function dy=ch0525(x,y)
dy(1,1)=y(2,1);
dy(2,1)=2-sin(x);
end
```

在指令視窗中執行下列敘述：

```
clear all;
X12=linspace(0,3,20);
ode45('ch0525',X12,[0,1]);
[X,Y]=ode45('ch0525',X12,[0,1]);
XY=[X,Y]
```

得到如下數值解和數值解曲線：

XY =

0	0	1.0000
0-1579	0-1822	1-3033
0-3158	0-4103	1-5821
0-4737	0-6805	1-8373
0-6316	0-9893	2.0703
0-7895	1-3333	2-2832
0-9474	1-7094	2-4786
1-1053	2-1152	2-6594
1-2632	2-5486	2-8291
1-4211	3.0082	2-9913
1-5789	3-4930	3-1497
1-7368	4.0029	3-3084
1-8947	4-5380	3-4712
2.0526	5-0994	3-6419
2-2105	5-6887	3-8241
2-3684	6-3078	4.0211

```
2-5263      6-9595      4-2360
2-6842      7-6466      4-4712
2-8421      8-3726      4-7287
3.0000      9-1411      5-0100
```

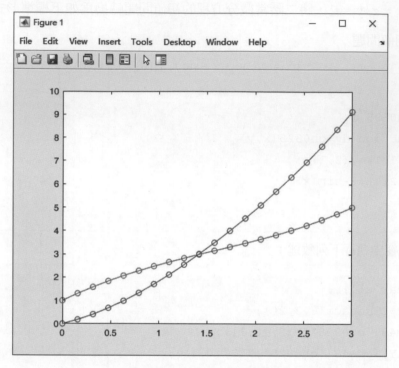

範例 5-26 求下列常微分方程組在區間[0,10]內的數值解和數值解曲線：

$$y'_1 = \sin x + x \cos x$$

$$y'_2 = \cos x - x \sin x$$

$$y_1(0) = 0, \ y_2(0) = 0$$

```
%ch0526.m
function dy=ch0526(x,y)
dy(1,1)=sin(x)+x.*cos(x);
dy(2,1)=cos(x)-x.*sin(x);
end
```

在指令視窗中執行下列敘述：

```
clear all;
X12=linspace(0,10,20);
ode45('ch0526',X12,[0,0]);
[X,Y]=ode45('ch0526',X12,[0,0]);
XY=[X,Y]
```

得到如下數值解和數值解曲線：

XY =

```
        0         0         0
   0.5263    0.2644    0.4551
   1.0526    0.9149    0.5214
   1.5789    1.5786   -0.0128
   2.1053    1.8119   -1.0728
   2.6316    1.2846   -2.2964
   3.1579   -0.0517   -3.1578
   3.6842   -1.9023   -3.1549
   4.2105   -3.6916   -2.0255
   4.7368   -4.7354    0.1158
   5.2632   -4.4849    2.7546
   5.7895   -2.7436    5.0981
   6.3158    0.2058    6.3125
   6.8421    3.6283    5.8009
   7.3684    6.5165    3.4390
   7.8947    7.8882   -0.3220
   8.4211    7.1030   -4.5230
   8.9474    4.1107   -7.9473
   9.4737   -0.4626   -9.4620
  10.0000   -5.4402   -8.3907
```

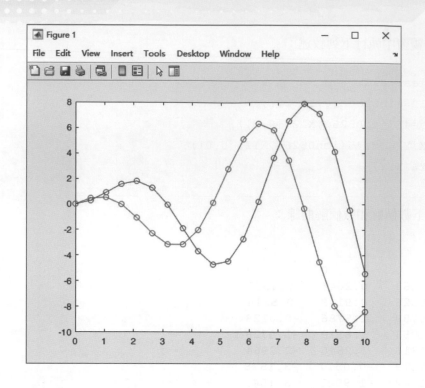

5-7 數值定積分

在很多實際問題中，經常需要計算定積分 $I = \int_a^b f(x)dx$ 的值。根據微積分基本定理，如果被積函數 $f(x)$ 在區間 $[a,b]$ 上連續，只需要找到被積函數的一個原函數 $F(x)$，就可以使用牛頓-萊布尼茲公式求出積分值。但是在工程應用上，有些定積分被積函數的原函數可能無法求出，例如 $\int_0^1 e^{-x^2} dx$。計算這種類型的定積分只能使用數值方法求出近似結果。

基本上，數值積分可以用於計算各種被積函數的定積分，其基本原理都是使用多項式函數近似代替被積函數，用對多項式的積分結果近似代替對被積函數的積分。由於所選取的多項式形式的不同，數值積分方法也有多種，以下將介紹最常用的幾種數值積分方法。

5-7-1 矩形法求面積

在 MATLAB 中，使用 **sum** 函數來求定積分的近似值，其呼叫格式如下：

➤ sum(x)：對於向量 x，傳回一個向量，該向量的第 i 個元素是向量 x 的前 i 個元素的和。若 x 是矩陣，則傳回每一「行」累加和的矩陣。

範例 5-27 使用 sum 函數求定積分 $\int_0^1 x^2 dx$ 的近似值

```matlab
x=linspace(0,1,21);        %將 x 值等距劃分為 20 個子區間
y=x.^2;                    %被積函數
y1=y(1:20);                %取區間的左端點
s1=sum(y1)/20              %取區間的左端點乘以區間長度，再全部加起來
```

▶ 執行結果

```matlab
s1 =                       %∫₀¹ x² dx 的近似值
   0.3087
```
$\int_0^1 x^2 dx$ 的近似值

以下畫出選取左端點的圖形

```matlab
plot(x,y,'r-'); hold on
for i=1:20
fill([x(i),x(i+1),x(i+1),x(i),x(i)],[0,0,y(i),y(i),0],'b')
end
```

▶ 執行結果

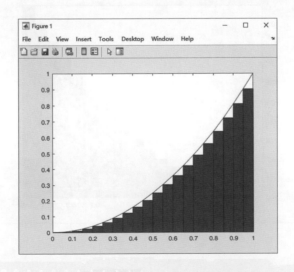

如果選取右端點可以使用下列程式碼來實現：

```
x=linspace(0,1,21);        %將 x 值等距劃分為 20 個子區間
y=x.^2;                    %被積函數
y2=y(2:21);                %取區間的右端點
s2=sum(y2)/20              %取區間的右端點乘以區間長度，再全部加起來
```

▶ 執行結果

s2 = $\%\int_0^1 x^2 dx$ 的近似值

0.3587

以下畫出選取右端點的圖形

```
for i=1:20
fill([x(i),x(i+1),x(i+1),x(i),x(i)],[0,0,y(i+1),y(i+1),0],'b')
hold on
end
plot(x,y,'r-')
```

▶ 執行結果

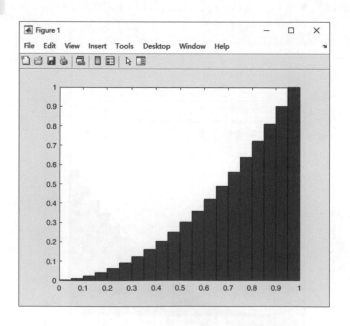

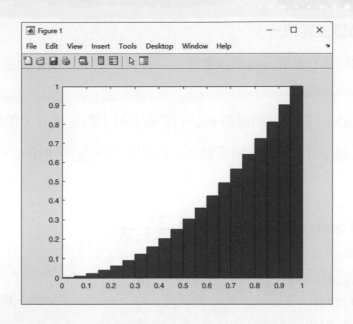

5-7-2 梯形法解定積分

在 MATLAB 中，使用 **trapz** 函數來直接採用梯形法求定積分的近似值，其呼叫格式如下：

➤ Z=trapz(Y)：若 Y 是向量，則傳回其積分值 Z；若 Y 是矩陣，則傳回一列向量 Z，其每一個元素是矩陣 Y 的對應「行」元素的積分。

➤ Z=trapz(X,Y)：由梯形公式計算 Y 對 X 的定積分，被積函數由向量 X 和 Y 決定。

範例 5-28 使用 **trapz** 函數計算積分 $\int_0^1 e^{-x^2}dx$

```
x=linspace(0,1,11);        %將 x 值等距劃分爲 10 個子區間
y=exp(-x.^2);              %計算端點處的函數值
format long;
z=trapz(x,y)               %計算出積分值
```

▶ 執行結果

```
z =
   0.746210796131749
```

5-7-3 單變數數值定積分

在 MATLAB 中，使用 **quad** 函數採用辛普森規則求定積分的近似值，其呼叫格式如下：

➤ q=quad(fun,a,b)：計算被積函數 fun 在區間 $[a,b]$ 上的定積分，預設誤差為 10^{-6}。

➤ q=quad(fun,a,b,tol)：計算被積函數 fun 在區間 $[a,b]$ 上的定積分，其誤差由 tol 決定。

範例 5-29 使用 quad 函數計算定積分 $\int_0^2 \dfrac{-5x^2}{x^3-3x^2+8}dx$

```
f=inline('-5*x.^2./(x.^3-3*x.^2+8)');
q=quad(f,0,2)                                %使用內聯函數計算出積分值
q1=quad(@(x)  -5*x.^2./(x.^3-3*x.^2+8),0,2)
                                             %使用匿名函數計算出積分值
```

▶ 執行結果

```
q =
   -2.8605

q1 =
   -2.8605
```

範例 5-30 使用 quad 函數計算定積分 $\int_0^{1.5}\left(\sin(x)+e^{-x^2}\right)dx$

```
f=inline('sin(x)+exp(-x.^2)');
q=quad(f,0,1.5)                              %使用內聯函數計算出積分值
q1=quad(@(x)sin(x)+exp(-x.^2),0,1.5)    %使用匿名函數計算出積分值
```

▶ 執行結果

```
q =
    1.7855

q1 =
    1.7855
```

5-7-4 雙重積分

在 MATLAB 中，使用 **dblquad** 函數求雙重積分的數值解，其呼叫格式如下：

➤ q=dblquad(fun,xmin,xmax,ymin,ymax)：計算被積函數 fun(x,y) 在矩形區間 $[x_{min}, x_{max}, y_{min}, y_{max}]$ 上的雙重積分，預設誤差為 10^{-6}。

➤ q=dblquad(fun,xmin,xmax,ymin,ymax,tol)：計算被積函數 fun(x,y) 在矩形區間 $[x_{min}, x_{max}, y_{min}, y_{max}]$ 上的雙重積分，其誤差由 tol 決定。

範例 5-31 使用 dblquad 函數計算雙重積分 $q = \int_0^\pi \int_\pi^{2\pi} (x\cos(y) + y\sin(x))dxdy$

```
f=inline('x*cos(y)+y*sin(y)');
q=dblquad(f,pi,2*pi,0,pi)            %使用內聯函數計算出積分值
q1=dblquad(@(x,y) x*cos(y)+y*sin(y),pi,2*pi,0,pi)
                                     %使用匿名函數
```

▶ 執行結果

```
q =
   9.8696

q1 =
   9.8696
```

範例 5-32 使用 dblquad 函數計算雙重積分 $q = \int_0^1 \int_0^1 e^{-x^2-y^2} dxdy$

```
f=inline('exp(-x.^2-y.^2)');
q=dblquad(f,0,1,0,1)                      %使用內聯函數計算出積分值
q1=dblquad(@(x,y) exp(-x.^2-y.^2),0,1,0,1)
                                          %使用匿名函數計算出積分值
```

▶ 執行結果

```
q =
   0.5577

q1 =
   0.5577s
```

MATLAB 二維圖形

學習單元：

　　MATLAB 不僅具有強大的數值運算功能，還具有非常強大的繪圖功能，尤其擅長各種科學運算結果的視覺化(visualization)表示。MATLAB 的繪圖指令格式簡單，可以使用不同的顏色、不同的線條型式、圖形的標記和註釋文字等來加以修飾圖形。本章將介紹 MATLAB 的二維曲線繪圖以及使用特殊繪圖指令繪製二維曲線圖形。

6-1　圖形視窗的建立和控制

　　通常，在 MATLAB 函數視窗中執行第一個繪圖指令後，就自動建立一個「Figure 1」的圖形視窗。此後，它就被視為目前視窗。這表示爾後繪圖指令所畫的圖形都將出現在這個「Figure 1」的圖形視窗。

　　若使用者在保留原先圖形的同時，希望畫出一個新圖形，那麼就需要使用繪圖指令來對圖形視窗操作。如果要清除目前圖形視窗中的所有內容，可使用 **clf** 指令。若只清除目前圖形視窗中所畫的圖形，而保留其座標，則可用 **cla** 指令。這些圖形視窗指令的呼叫格式如下：

指令	功能	指令	功能
figure	顯示目前圖形視窗	clc	清除函數視窗
clf	清除目前圖形視窗	cla	清除目前圖形視窗，但保留其座標。

範例 6-1　使用繪圖指令 figure 顯示目前圖形視窗

```
t=linspace(0,2*pi,100);        %在[0,2π]建立 100 個資料點
x=sin(t);                      %對應的 y 座標
y=cos(t);                      %對應的 y 座標
figure(1);                     %圖形視窗 Figure 1
plot(t,x);                     %畫出 sin(t)圖形
figure(2);                     %圖形視窗 Figure 2
plot(t,x,t,y);                 %分別畫出 sin(t)和 cos(t)圖形
```

▶ 執行結果

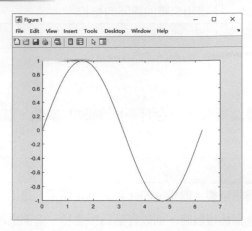 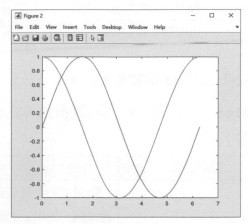

範例 6-2　使用 cla 指令清除圖形視窗中的所有內容，但保留其座標。

▶ 執行結果

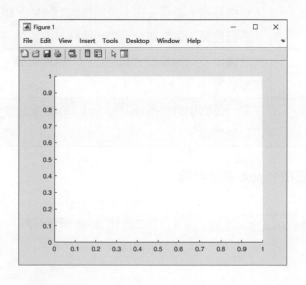

6-2　基本二維繪圖指令

　　二維圖形的繪製是其他繪圖操作的基礎，本節主要介紹直角座標系下的常用繪圖指令，使用它們可以在二維平面上畫出不同的曲線。下表列出常用的二維繪圖指令：

指令	功能	指令	功能
plot	畫出二維曲線圖	subplot	分區畫出子圖
loglog	畫出雙對數刻度曲線圖	semilogx	畫出半對數刻度曲線圖

指令	功能	指令	功能
semilogy	畫出半對數刻度曲線圖	grid	畫出二維曲線圖的格線
plotyy	畫出雙 y 軸曲線圖	box	顯示座標軸的邊界

6-2-1 二維曲線繪圖指令 plot

plot 是最常用的二維繪圖指令，該繪圖指令可以含有不同個數的參數，其呼叫格式如下表所示：

指令	功能
plot(y)	以向量 y 的下標值為橫坐標，向量 y 的元素值為縱座標，畫出二維曲線圖。如果 y 的元素為複數時，則以實部為橫座標、虛部為縱座標畫出二維曲線圖形。
plot(x,y)	如果 x 和 y 是長度相等的向量時，以 x 為橫座標，y 為縱座標畫出二維曲線圖。如果 x 和 y 是同維的矩陣時，以 x 和 y 對應「行」元素為橫座標、縱座標分別畫出曲線，曲線數等於矩陣的行數。
plot(x,y,s)	用於畫出不同線條型式和顏色的二維曲線圖，s 為不同的線條型式和顏色等。
plot(x1,y1,s1,x2,y2,s2,...)	在同一視窗中畫出多條曲線，x1 和 y1、x2 和 y2 等可以是向量，也可以是矩陣。

範 例 6-3 使用繪圖指令 plot 畫出直線

```
x=linspace(0,2*pi,50);    %在[0,2π]建立 50 個資料點
plot(x)                   %畫出直線
```

▶ 執行結果

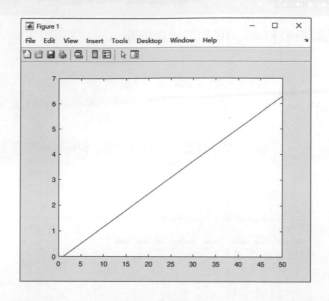

範例 6-4 使用繪圖指令 plot(x,y)畫出二維曲線

```
x=linspace(0,2*pi,100);      %在[0,2π]建立 100 個資料點的向量 x
y=sin(x);                    % y 是和向量 x 長度相同的向量
plot(x,y)                    %以 x 為橫座標、y 為縱座標畫出二維曲線
```

▶ 執行結果

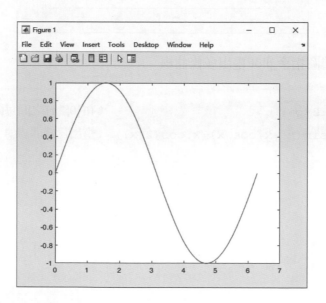

範例 **6-5**　使用繪圖指令 plot(x,y)畫出二維曲線圖

```
x=1:7;          %輸入參數 x 為向量
y=magic(7);     % y 為矩陣
figure;
plot(x,y);      %以 x 為橫座標、y 的每一行元素為縱座標畫出二維曲線
```

▶ 執行結果

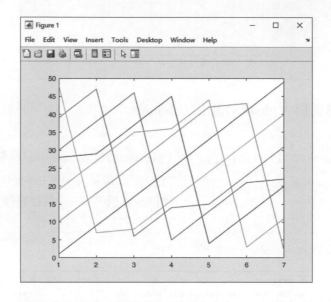

範例 **6-6**　使用繪圖指令 plot 畫出多條曲線

```
x=0:0.1:2*pi;                          %在[0,2π]之間每隔 0.1 建立資料點
plot(x,sin(x),x,cos(x),x,cos(2*x))     %畫出三條曲線
```

▶ 執行結果

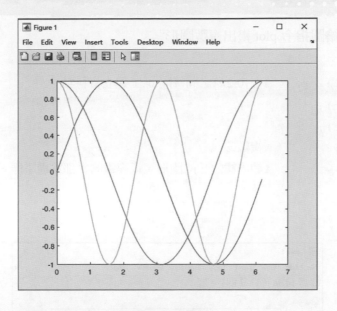

範例 6-7 使用繪圖指令 plot 畫出複數的實部圖形

```
t=0:0.1:2*pi;    %在[0,2π]之間每隔 0.1 建立資料點
x=sin(t);
y=cos(t);
z=x+i*y;         %複數 z
plot(t,z)        %只繪出複數 z 的實部資料 sin(t)
```

▶ 執行結果

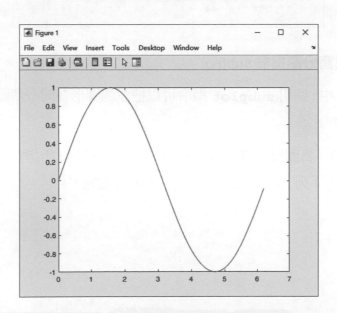

範 例 **6-8** 使用繪圖指令 plot 畫出複數圖形

```
t=0:0.1:2*pi;    %在[0,2π]之間每隔 0.1 建立資料點
x=sin(t);
y=cos(t);
z=x+i*y;          %複數 z
plot(z)           %繪出複數 z 的圖形，以複數的實部爲橫座標、虛部爲縱座標
```

▶ 執行結果

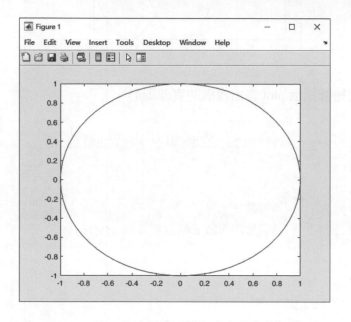

6-2-2　圖形視窗分割指令 subplot

　　在 MATLAB 中，使用 **subplot** 指令可以把多個圖形在同一個圖形視窗中繪製出來，其呼叫格式如下：

➤ subplot(m,n,i)：將圖形視窗分割成 m 列 n 行，並設定 i 所指定的子視窗爲目前視窗。子視窗按「列」由左至右，由上至下進行編號。

範 例 6-9 使用指令 subplot 把兩條二維曲線畫在同一個圖形視窗

```
x=0:0.1:4*pi;        %在[0,4π]之間每隔 0.1 建立資料點
subplot(2,1,1)       %將圖形視窗分割成 2 列 1 行，子視窗 1 是目前視窗
plot(x,sin(x))       %畫出 sin(x) 曲線
subplot(2,1,2)       %將圖形視窗分割成 2 列 1 行，子視窗 2 是目前視窗
plot(x,cos(x))       %畫出 cos(x) 曲線
```

▶ 執行結果

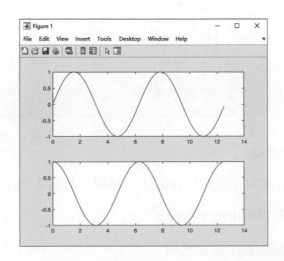

範 例 6-10 使用指令 subplot 把四種不同的曲線畫在同一個圖形視窗

```
x=0.1:0.01:4*pi;         %在[0,4π]之間每隔 0.01 建立資料點
subplot(2,2,1)           %第 1 列第 1 行(編號 1)子視窗是目前視窗
plot(x,sin(x))           %畫出 sin(x) 曲線
title('subplot(2,2,1)')  %圖形標題，參見 6-4 節
subplot(2,2,2)           %第 1 列第 2 行(編號 2)子視窗是目前視窗
plot(x,cos(x))           %畫出 cos(x) 曲線
title('subplot(2,2,2)')
subplot(2,2,3)           %第 2 列第 1 行(編號 3)子視窗是目前視窗
plot(x,sin(-2*x))        %畫出 sin(-2x) 曲線
title('subplot(2,2,3)')
subplot(2,2,4)           %第 2 列第 2 行(編號 4)子視窗是目前視窗
plot(x,cos(-2*x))        %畫出 cos(-2x) 曲線
title('subplot(2,2,4)')
```

▶ 執行結果

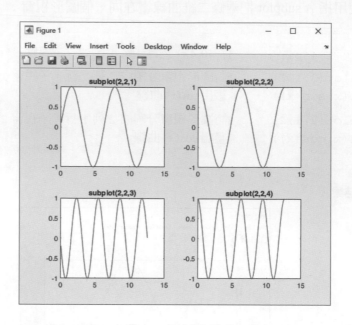

6-2-3 格線指令 grid

使用 **grid** 指令可以在圖形視窗中加上格線，其基本用法如下：

➤ grid on：在圖形視窗中加上格線；

➤ grid off：在圖形視窗中去掉格線。

範 例 6-11 使用 grid 指令在圖形視窗中加上格線

```
x=linspace(0,2*pi,50);              %在[0,2π]建立 50 個資料點
y=sin(x);
z=cos(x);
plot(x,y,'or-',x,z,'sk-');          %不同的曲線使用不同的線條樣式和顏色
grid on;                            %顯示格線
legend('y=sin(x)','z=cos(x)');      %圖形說明，參見 6-4 節
```

▶ 執行結果

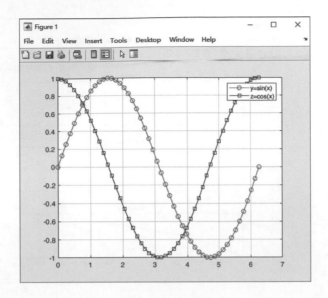

6-2-4 對數座標圖形

在雙對數座標系中，x 軸和 y 軸都採用以 10 為底的對數座標，這類似於 **plot(log10(x),log10(y))**，而在半對數座標系中，則是 x 軸或是 y 軸分別使用以 10 為底的對數座標。MATLAB 提供下列繪圖指令來畫雙對數(半對數)座標圖形：

➤ loglog(x,y)：在雙對數座標系中繪圖，橫座標和縱座標均為對數座標。

➤ semilogx(x,y)：在半對數橫座標系中繪圖，橫座標為對數座標。

➤ semilogy(x,y)：在半對數縱座標系中繪圖，縱座標為對數座標。

範例 6-12 在雙對數和半對數座標系中畫出曲線

```
x=linspace(1,2*pi,1000);        %在[1,2π]建立 1000 個資料點
subplot(3,1,1);loglog(x);       %畫出雙對數曲線
title('loglog'), grid
subplot(3,1,2);semilogx(x);     %畫出半對數橫座標曲線
title('semilogx'), grid
subplot(3,1,3);semilogy(x);     %畫出半對數縱座標曲線
title('semilogy'), grid
```

▶ 執行結果

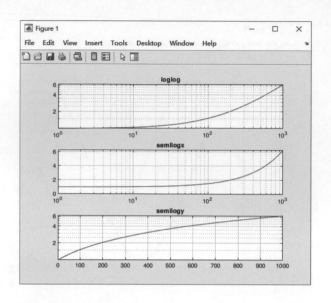

6-2-5 雙 y 軸圖形繪圖指令 plotyy

MATLAB 提供雙 y 軸座標繪圖指令 **plotyy** 來觀察兩組數據的變化趨勢，該繪圖指令有下列幾種常用的格式：

➤ plotyy(x1,y1,x2,y2)：在一個圖形視窗同時畫出兩條曲線(x1,y1)和(x2,y2)。曲線 (x1,y1)採用左側 y 軸，曲線(x2,y2)採用右側 y 軸。

➤ plotyy(x1,y1,x2,y2,fun)：採用 *fun* 方式繪圖，*fun* 可以是 plot、semilogx、semilogy、loglog 等。

➤ plotyy(x1,y1,x2,y2,fun1,fun2)：以 *fun1* 畫出曲線(x1,y1)，以 *fun2* 畫出曲線(x2,y2)。

範例 **6-13** 使用繪圖指令 plotyy 畫出 $y_1(x) = 3x^2$, $y_2(x) = 5\sin^2 x$, $x \in [0,10]$ 的曲線

```
x=0:0.1:10;          %在[0,10]之間每隔 0.1 建立資料點
y1=3*x.^2;
y2=5*sin(x).^2;
plotyy(x,y1,x,y2)    %兩條曲線的橫坐標刻度相同
```

▶ 執行結果

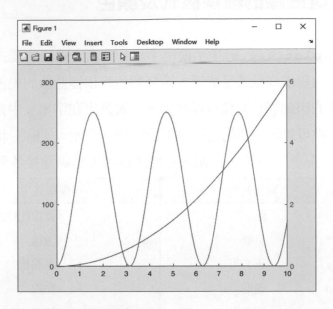

範例 **6-14**　使用繪圖指令 plotyy 畫出函數 $y = 2e^x$, $x \in [-5,5]$ 的二維曲線圖

```
x=-5:0.5:5;                            %在[–5,5]之間每隔 0.5 建立資料點
y=2*exp(x);
plotyy(x,y,x,y,'plot','stem')          %分別使用 plot 和 stem 畫出 2e^x 圖形
```

▶ 執行結果

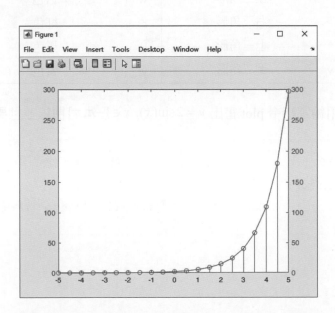

6-3　二維曲線的線條樣式及顏色

　　在繪圖指令 **plot(x,y,s)** 中，使用字串 s 來指定線條的樣式和顏色。MATLAB 系統預設的二維曲線線條樣式是實線，線條顏色將根據曲線的先後順序依次選擇。符號的大小、線條的粗細等也同樣可以改變。下表列出在字串 s 中允許使用的線條樣式和顏色。這些參數可以組合使用且順序不受限制，例如："b+"和"+b"都表示一個藍色的加號，而"r-.*"和"-.r*"都表示使用紅色虛點線連接各個"*"號資料節點。

資料符號		線條樣式	
.	點	-	實線(預設)
*	星號	--	虛線
s	正方形	-.	虛點線
d	菱形	:	點線
p	五角形	none	無線
h	六角形	**顏色**	
none	無點	g	綠色
o	圓圈	m	紫色
+	+號	b	藍色
×	×號	c	青色
<	左三角形	w	白色
>	右三角形	r	紅色
^	上三角形	k	黑色
v	倒三角形	y	黃色

範例 6-15　使用繪圖指令 plot 畫出 $y = 2\sin(x),\ x \in [-\pi, \pi]$ 曲線並且標示資料符號

```
x=-pi:0.1:pi;        %在[-π,π]之間每隔 0.1 建立資料點
y=2*sin(x);
plot(x,y,':ok')      %使用黑色點線連接各個圓圈"o"資料節點
```

▶ 執行結果

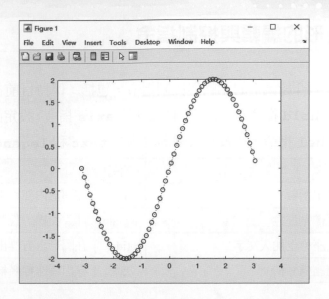

範 例 6-16 (續上例)，以實線連接每一筆資料符號

```
x=-pi:0.1:pi;        %在[-π,π]之間每隔 0.1 建立資料點
y=2*sin(x);
plot(x,y,'-ok')      %以實線將每一筆標示圓圈的資料符號連接
```

▶ 執行結果

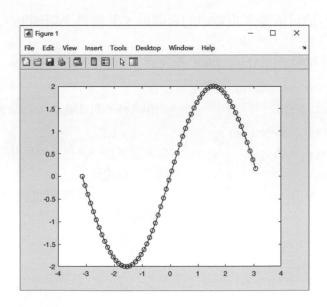

6-4　圖形的編輯與控制指令

在本節中我們介紹圖形的編輯與控制指令，包括：保持目前視窗內的圖形並在該視窗繼續畫圖的 **hold** 指令，設定座標軸屬性的 **axis** 指令，設定圖形標記的 **title**、**xlabel** 和 **ylabel** 指令，以及加入圖形說明的 **text** 和 **legend** 指令。

指令	功能	指令	功能
hold	重疊畫出函數	fill	在圖形內部塗滿指定的顏色
axis	設定座標軸屬性	legend	加入曲線的說明
text	在指定座標上加入文字	title	在圖形上方標出圖形標題
xlabel	標出橫座標名稱	ylabel	標出縱座標名稱

6-4-1 重疊畫出指令 hold

在 MATLAB 中，使用 **hold** 指令保持目前視窗內的圖形並畫出其他的曲線，如此，圖形視窗中可以同時畫出多條不同屬性的圖形。其呼叫格式如下：

➤ hold on：保持目前圖形視窗中的圖形。允許在目前圖形狀態下，使用同樣的縮放比例加入另一個圖形。

➤ hold off：取消目前圖形視窗中的舊圖形，然後畫上新圖形。

範例 6-17 使用 hold 指令在同一圖形視窗畫出三個函數曲線圖形

```
x=0:0.1:2*pi;              %在[0,2π]之間每隔 0.1 建立資料點
y=sin(x); z=cos(x);
plot(x,y,'-h')            %以實線將每一筆標示六角形的資料符號連接
hold on                   %開啓重疊畫圖
plot(x,z,'-o')            %以實線將每一筆標示圓圈的資料符號連接
plot(x,y-2*z,'-*')        %以實線將每一筆標示星號的資料符號連接
hold off                  %取消重疊畫圖
```

▶ 執行結果

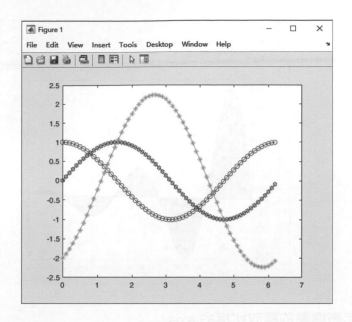

6-4-2 圖形著色指令 fill

著色指令 **fill** 是用來將多邊形的內部塗滿指定的顏色，其呼叫格式如下：

➤ fill(x,y,c)：使用 c 定義的顏色填滿由向量 x 和 y 定義的多邊形。

範例 6-18 使用 fill 指令畫出 $y = \sin(x/2)e^{-x/10}$ 著色圖，顏色設定為藍色。

```
x=linspace(0,30,50);          %在[0,30]建立50個資料點
y=sin(x/2).*exp(-x/10);
fill(x,y,'b');                %在圖形內部塗滿藍色
```

▶ 執行結果

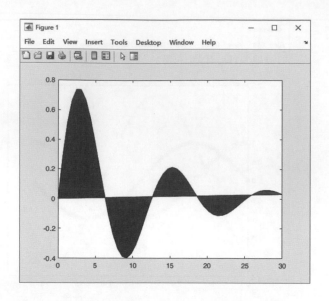

6-4-3 設定座標軸的縮放比指令 axis

axis 指令最主要的功能是設定座標軸的刻度範圍和外觀特性等屬性，其常用格式如下：

指令	功能	指令	功能
axis auto	座標軸範圍能容納所有圖形	axis equal	使各座標軸刻度增量相同
axis tight	限定座標刻度等於數據範圍	axis fill	使座標軸填滿邊框
axis square	設定正方形座標系	axis([x1,x2, y1,y2])	指定二維圖形的橫、縱座標刻度範圍

範例 **6-19** 使用 axis 指令來設定座標軸的刻度

```
t=0:0.2:(2*pi+0-2);      %在[0,2π+0.2]之間每隔 0.2 建立資料點
x=sin(t);
y=cos(t);
z=x+i*y;                 %複數 z
plot(z);                 %繪出複數 z 的圖形，為一個圓
axis square;             %座標軸設為正方形
grid on;
```

▶ 執行結果

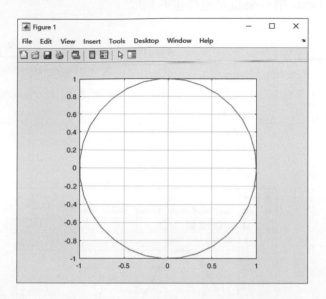

範 例 6-20 畫出函數 $y = \sin x \cos 3x$，$x \in [0, 2\pi]$ 的曲線圖，並將數據範圍設定為座標範圍。

```
x=linspace(0,2*pi,360);    %在[0,2π]建立 360 個資料點
y=sin(x).*cos(3*x);        %y 的值
plot(x,y,'.r:');           %畫出紅色虛線圓點的曲線
axis tight                 %將數據範圍設定為座標刻度範圍
grid on
```

▶ 執行結果

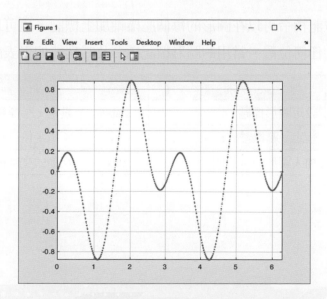

範例 **6-21** 使用 axis 指令來設定座標軸的刻度

```
t=0:0.2:2*pi;              %在[0,2π]之間每隔 0.2 建立資料點
plot(t,sin(t),'-ko');      %畫出黑色實線圓點的曲線
axis([0 2*pi -1 1]);       %橫、縱座標刻度範圍分別設爲[0,2π]和[-1,1]
grid on;
```

▶ 執行結果

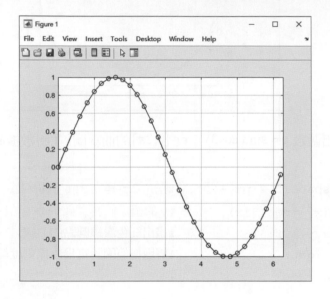

6-4-4 圖形的標記指令

利用圖形標記指令可以在圖形的每個座標軸加上標記，也可以把說明文字、註釋文字放到圖形的任何位置。常用的圖形標記指令及其功能如下表所示：

指令	功能	指令	功能
title	設定圖形標題	xlabel	設定 x 座標軸的標記
ylabel	設定 y 座標軸的標記	text	於指定位置加入文字
legend	加入圖形曲線說明	gtext	互動式文字標記

1. 圖形標題

在 MATLAB 中,使用 **title** 指令在圖形上方標記標題,其呼叫格式如下:

➤ title('text','s'):在圖形視窗頂端的中間位置輸出字串 text 作為標題,參數's'用來設定字串的屬性包括:"FontWeight"(字體粗細)、"FontName"(字體名稱)、"FontSize"(字體大小)等。

範例 6-22 使用 title 指令在圖形上加入標題

```
x=0:0.1:2*pi;    %                在[0,2π]之間每隔 0.1 建立資料點
y=cos(x);
plot(x,y)                                    %畫出二維曲線圖
axis([0,2*pi,-1,1])                          %設定座標軸範圍
title('cos(x)','FontName','Times New Roman') %加入標題
grid on
```

▶ 執行結果

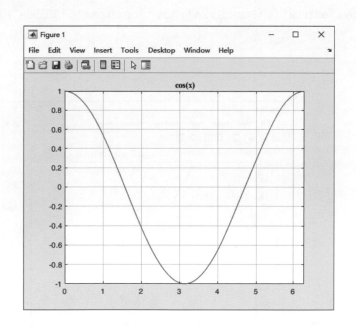

2. 座標軸標題

在 MATLAB 中，使用 **xlabel**、**ylabel**、**zlabel** 指令在圖形加入座標軸標題，其呼叫格式如下：

➤ xlabel('text','s')：在圖形的 x 座標軸輸出字串 text 作爲標題，參數's'用來設定字串的屬性包括："FontWeight"(字體粗細)、"FontName"(字體名稱)、"FontSize"(字體大小)等。

ylabel、zlabel 指令的呼叫格式和 xlabel 指令完全一樣。

範 例 6-23 標題標記和座標軸標記的使用

```
x=0:0.1:2*pi;          %在[0,2π]之間每隔 0.1 建立資料點
y=sin(x);
plot(x,y)              %畫出二維曲線圖
xlabel('x(rad)','FontWeight','bold');        %加入 x 座標軸標題
ylabel('sin(x) value','FontWeight','bold')   %加入 y 座標軸標題
title('sin(x)','FontSize',11,'FontName','Times New Roman')
                                              %加入圖形標題
```

▶ 執行結果

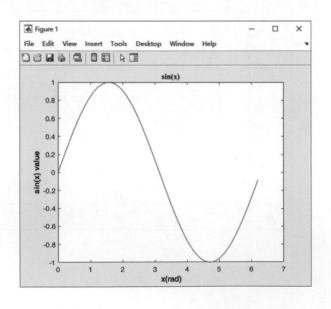

3. 文字標記

　　在 MATLAB 中，使用 text 指令在圖形視窗的任何位置中加入文字。字串中也可以加入由 "\" 引導的特徵字串來表示特殊符號。其呼叫格式如下：

➤　text(x,y,'s')：x、y 用於指定加入字串的位置，'s'是要加入的字串

範 例 6-24 使用 text 指令在圖形視窗中加入文字

```
x=0:0.1*pi:4*pi;            %在[0,4π]之間每隔0.1π建立資料點
y=sin(x);
plot(x,y)                   %畫出二維曲線圖
xlabel('x(0-4\pi)','FontWeight','bold');
                           %字串中的"\pi"顯示到 x 座標軸上是字元" π "
ylabel('y=sin(x)','FontWeight','bold')    %加入 y 座標軸標題
title('正弦函數 ','FontSize',11,'FontName','細明體')  %圖形標題
text(3*pi/4, sin(3*pi/4), '\leftarrow sin(3\pi/4)=0.707')
                %在圖形視窗(3π/4,sin(3π/4))位置上加入文字3π/4=0.707
text(4*pi-3.5,0.8,'Example of Sine Wave')
                %在圖形視窗(4π-3.5,0.8)位置上加入文字"Example of Sine Wave
```

▶ 執行結果

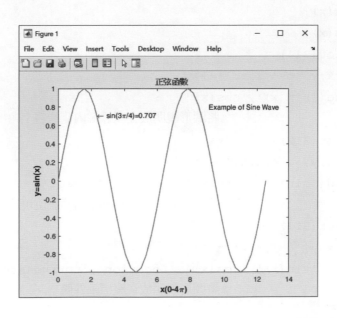

4. 圖形說明

在 MATLAB 中,使用 **legend** 指令在圖形上加入圖形說明,其常用格式如下:

➤ legend('s1','s2','s3',...):在目前座標軸上顯示指定的文字字串,以說明各種資料曲線。

➤ legend('s1','s2',...,location):按照 location 指定的位置放置圖形說明,不同的 location 參數值對應的位置如下:

'northeastoutside':將圖形說明放在座標軸外的右側。

'best':將圖形說明放在座標軸內側,使被覆蓋的點最少。

'northeast':將圖形說明放在座標軸內側右上角。(預設)

'northwest':將圖形說明放在座標軸內側左上角。

'southwest':將圖形說明放在座標軸內側左下角。

'southeast':將圖形說明放在座標軸內側右下角。

範 例 6-25 將多條曲線圖形並且在不同位置加上圖形說明

```
x=0:0-1:2*pi;        %在[0,2π]之間每隔0.1建立資料點
y=sin(x);
z=cos(x);
subplot(311)
plot(x,y,'o-',x,z,'*-')
legend('sin(x)','cos(x)')
                    %將圖形說明放在座標軸內側的右上角
subplot(312)
plot(x,y,'o-',x,z,'*-')
legend('sin(x)','cos(x)','Location','best')
                    %將圖形說明放在座標軸內側並使覆蓋的資料點最少
subplot(313)
plot(x,y,'o-',x,z,'*-')
legend('sin(x)','cos(x)','Location','northeastoutside')
                    %將圖形說明放在座標軸外側
```

▶ 執行結果

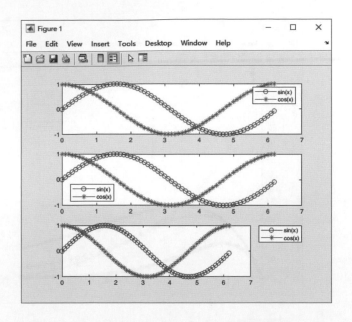

範 例 6-26 使用指定的符號和不同的線條寬度,在同一圖形視窗中畫出多條曲線圖,並
且加上圖形說明。

```
x=[0:0.1:3];
f1=exp(-x);
f2=sin(x).*exp(-x);
f3=x.*exp(-x);
f4=sin(x).*exp(-2*x);
plot(x,f1,':o',x,f2,'-*',x,f3,'--s',x,f4,'-.d')
hold on;                    %保持目前圖形,在同一圖形視窗中畫出多條曲線
plot(x,f1,'linewidth',1);      %f1 線條最細
plot(x,f2,'linewidth',2);
plot(x,f3,'linewidth',3);
plot(x,f4,'linewidth',4);      %f4 線條最粗
hold off;       %關閉圖形
legend('f1','f2','f3','f4')      %將圖形說明放在座標軸內側的右上角
```

▶ 執行結果

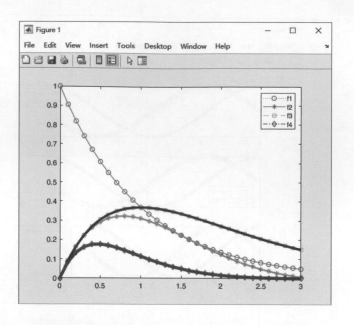

6-5　實用二維繪圖指令

本節中我們介紹 MATLAB 的實用二維繪圖指令，包括：函數繪圖指令、簡易二維繪圖指令和互動式繪圖指令等。

6-5-1 函數繪圖指令 fplot

使用 **fplot** 繪圖指令可以畫出二維圖形，其呼叫格式如下：

▶ fplot(f,lims,'LineSpec')：畫出單變數函數 f 的圖形。參數 lims 表示自變數的範圍，參數'LineSpec'用來設定圖形的線條樣式和顏色等。

範 例 6-27 使用繪圖指令 fplot 畫出 $y = 3\sin(x) \cdot \cos(x),\ x \in [0,10]$ 的二維曲線圖

```
y='3*sin(x).*cos(x)';
fplot(y,[0,10],'ko-')
```

或

```
fplot(@(x)3*sin(x).*cos(x),[0,10],'ko-')
```

▶ 執行結果

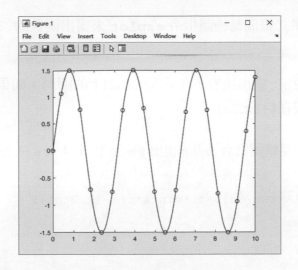

範 例 **6-28** 使用繪圖指令 fplot 畫出下列函數的曲線圖：

$$y = \frac{1}{(x-2)^2+1} + \frac{1}{(x-6)^2+3}, \; x \in [-15,15]$$

```
y='1./((x-2).^2+1)+1./((x-6).^2+3)';
fplot(y,[-15,15],'k*-.')
```

或

```
fplot(@(x)1./((x-2).^2+1)+1./((x-6).^2+3),[-15,15])
```

▶ 執行結果

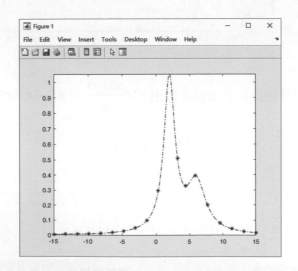

6-5-2 簡易繪圖指令 ezplot

MATLAB 提供二維簡易繪圖指令 **ezplot** 來畫出函數的二維曲線圖,其常用的呼叫格式如下:

➤ ezplot(f,[x1,x2]):畫出函數 f 在區間[x1,x2]上的圖形。如果省略 x1 和 x2 參數,區間將大概取在$[-2\pi, 2\pi]$。

範 例 6-29 使用簡易繪圖指令 ezplot 畫出 $y = 3e^{-0.5t}\sin 4t$, $t \in [0, 2\pi]$的二維曲線圖

```
ezplot('3*exp(-0-5*t)*sin(4*t)',[0,2*pi])
grid on
```

▶ 執行結果

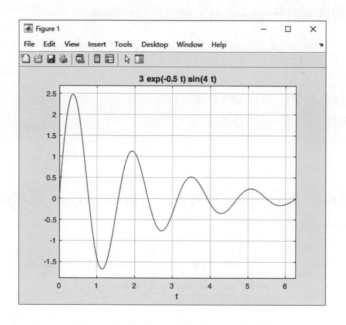

範 例 6-30 使用簡易繪圖指令 ezplot 畫出 $y = \dfrac{\sin(x)}{x}$, $x \in [-4\pi, 4\pi]$的二維曲線圖

```
ezplot('sin(x)./x',[-4*pi,4*pi])
```

或

```
ezplot(@(x)sin(x)./x,[-4*pi,4*pi])
```

▶ 執行結果

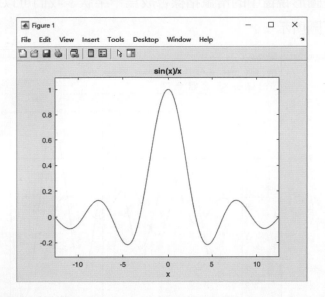

6-5-3 互動式繪圖指令 gtext

　　MATLAB 提供 **gtext** 繪圖指令，透過使用滑鼠移動圖形視窗中的十字指標來進行定位，指標移動到適當的位置後，在滑鼠指標處加入指定的字串。其呼叫格式為：

➤ gtext('s','屬性名稱',屬性值,…)：透過使用滑鼠或方向鍵，移動圖形視窗中的十字游標，讓使用者將字串放置在圖形視窗中。其中的"s"可以是一個字串，也可以是字串陣列。

範例 **6-31**　在同一圖形視窗畫出下列兩個函數，然後在曲線附近加上函數的名稱。

$$y = 0.5x\sin 4x,\ x \in [0, 2\pi]$$

$$z = 3e^{-0.5x}\cos 4x,\ x \in [0, 2\pi]$$

```
x=linspace(0,2*pi,360);        %在[0,2π]建立 360 個資料點
y=0.5*x.*sin(4*x);
z=3*exp(-0.5*x).*cos(4*x);
plot(x,y,'r-')
hold on
plot(x,z,'b--')
axis tight
gtext({'0.5xsin(4x)';'3exp(-0.5x)cos(4x)'})
```

　　執行後，在圖形視窗中的滑鼠指標會成為十字狀。我們可以透過移動十字指標來進行定位，如下圖所示：

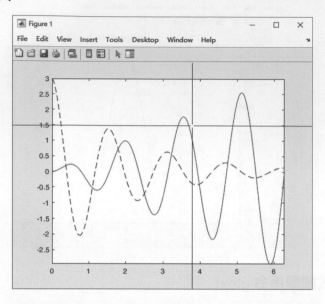

　　分別將指標移動到兩條曲線附近，按下滑鼠就會加入函數的名稱，如下圖所示：

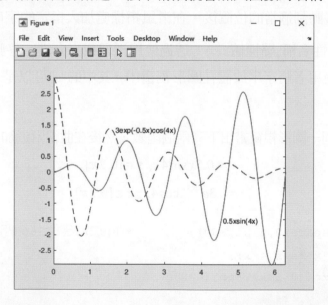

CHAPTER **7**

MATLAB 三維圖形

學習單元：

在使用 MATLAB 繪圖中，三度空間的立體圖是一個非常重要的技巧。本章將介紹 MATLAB 基本三度空間的各項繪圖指令，其中除了三維曲線和三維網狀的直接繪圖外，還包括一系列的圖形操作和色彩調製指令。下面我們分幾部分來介紹這些指令在三維繪圖中的應用。

建立三維圖形的基本繪圖指令如下表所示：

指令	功能	指令	功能
plot3	繪製三維線條圖	meshgrid	建立二維和三維空間中的網格矩陣
mesh	繪製三維網狀圖	meshc	繪製具有等高線的三維網狀圖
meshz	繪製具有高度(z 方向)顯示的三維網狀圖	surf	繪製曲面圖
surfc	繪製含有等高線的曲面圖	surfl	繪製含有光照的曲面圖
contour3	繪製三維等高線圖	fill3	繪製三維實心多邊形
surfc	繪製含有等高線的曲面圖	surfl	繪製含有指定方向照明的曲面圖

7-1　三維曲線圖

在 MATLAB 中，可以使用指令 **plot3** 來繪製三維圖形。該指令與 **plot** 類似，但是 **plot3** 需要 3 個向量或矩陣參數。與 **plot** 一樣，線條樣式和顏色可以用一個字串 s 來決定。其呼叫格式如下：

指令	功能	指令	功能
plot3(x,y,z)	繪製三維曲線圖。向量 x、y 和 z 必須長度相等。	plot3(X,Y,Z)	對相同維數的矩陣 X、Y 和 Z 的每一行畫出一條曲線。
plot3(x,y,z,s)	使用字串 s 設定線條樣式和顏色來畫出三維曲線圖形。	plot3(x1,y1,z1,s1, x2,y2,z2,s2,...)	用字串 s1 決定的線條樣式和顏色對 x1,y1,z1 繪圖；用字串 s2 決定的線條樣式和顏色對 x2,y2,z2 繪圖，...。

範 例 **7-1** 畫出下列函數的三維曲線圖：

$$x = \sin(t) \text{，} y = \cos(t) \text{，} z = t \text{，} t \in [0, 8\pi]$$

```
t=0:pi/100:8*pi;            %建立[0,8π]間隔 π/100的等距向量
x=sin(t);
y=cos(t);
z=t;
plot3(x,y,z,'*b-')          %畫出藍色實線星號三維曲線
grid on                     %顯示格線
```

▶ 執行結果

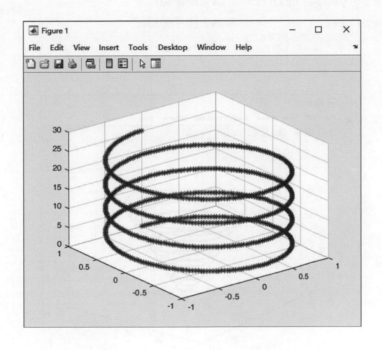

範例 7-2　畫出下列函數的三維曲線圖

$$x = 0.1\,t\cos t \;,\quad y = 0.1\,t\sin t \;,\quad z = t \;,\quad t \in [0, 24\pi]$$

```
t=0:pi/100:24*pi;          %建立[0,24π]間隔π/100的等距向量
x=0.1*t.*cos(t);
y=0.1*t.*sin(t);
z=t;
plot3(x,y,z,'.b:')         %畫出藍色點線連接各個資料點"."的三維曲線
grid on                    %顯示格線
xlabel('x=0.1 tcos(t)')    %x座標軸標記
ylabel('y=0.1 tsin(t)')    %y座標軸標記
zlabel('z=t')              %z座標軸標記
```

▶ 執行結果

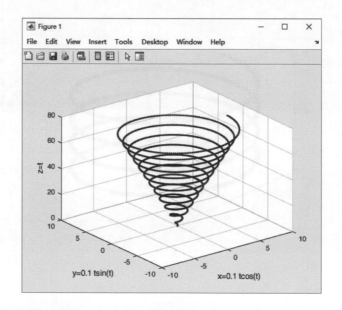

7-2　三維網狀圖

　　所謂「網狀圖」是指把相鄰的資料點連接起來形成網狀曲面。建立網狀圖的常用指令是 **mesh**，還有兩個建立特殊網狀圖的指令：**meshc** 和 **meshz**。使用 **meshgrid** 指令同樣可以產生柱狀網狀和球狀網狀。

7-2-1 網格矩陣指令 meshgrid

meshgrid 指令是用來產生二元函數 $z = f(x,y)$ 中 xy 平面上的矩形定義域中資料矩陣 X 和 Y，或是產生二元函數 $u = f(x,y,z)$ 中立方體定義域中資料矩陣 X、Y 和 Z。下表列出其呼叫格式：

指令	功能
[X,Y]=meshgrid(x,y)	輸入向量 x 和 y 為矩形分割線在 x 軸和 y 軸的值。輸出向量 X 和 Y 分別為矩形分割點的橫座標值和縱座標值矩陣。
[X,Y,Z]=meshgrid(x,y,z)	輸入向量 x、y 和 z 為立方體分割平面在 x、y 和 z 軸的值。輸出向量 X、Y 和 Z 分別為立方體定義域中分割點的 x、y 和 z 軸座標值矩陣。

範例 7-3 使用 meshgrid 指令在區間 $[-2\pi, 2\pi]$ 建立網格矩陣 X、Y

```
x=-2*pi:2*pi;          %在[-2π,2π]之間建立向量
y=-2*pi:2*pi;          %在[-2π,2π]之間建立向量
 [X,Y]=meshgrid(x,y);   %使用 meshgrid 指令建立網格矩陣 X、Y
plot(X,Y,'o')          %使用圓圈繪製網格點
```

▶ 執行結果

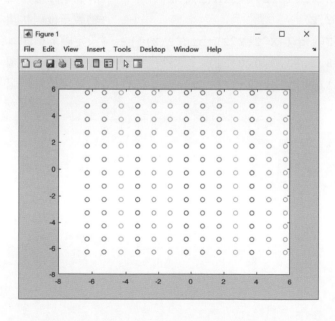

7-2-2 三維網狀指令 mesh

在不需要畫出特別精細的三維網狀結構時，可以透過 **mesh** 指令畫出三維網狀圖來表示三維網狀。下表列出其呼叫格式：

指令	功能
mesh(X,Y,Z)	畫出彩色的三維網狀圖。網狀圖的顏色由矩陣 Z 定義。圖形的顏色隨著高度按比例變化。
mesh(X,Y,Z,C)	在 X 和 Y 決定的網狀區域上畫出 Z 的網狀圖。網狀的顏色由矩陣 C 定義。
mesh(Z)或 mesh(Z,C)	在系統預設網狀區域畫出 Z 的網狀圖。網狀的顏色由矩陣 C 定義。
meshc	在三維網狀圖的下面繪製等高線圖。
meshz	在三維網狀圖加上窗簾(curtain)。

範 例 7-4 畫出下列函數的三維網狀圖：

$$z = e^{(-x^2-y^2)} \sin^2 x \text{ , } x \in [-3,3] \text{ , } y \in [-3,3]$$

```
[X,Y]=meshgrid(-3:0.2:3);            %建立網格矩陣 X、Y
Z=exp(-X.^2-Y.^2).*sin(X).^2;        %計算矩陣 Z
mesh(X,Y,Z)                          %繪製三維網狀圖
title('Z=exp(-X^2-Y^2)*sin^2(X)');   %設定圖形標題
axis([-3,3,-3,3,0,0.3])              %設定座標軸範圍
xlabel('X'),ylabel('Y'),zlabel('Z') %設定座標軸標記
```

▶ 執行結果

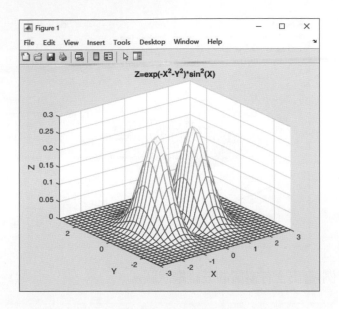

範例 7-5 畫出下列函數含有等高線的三維網狀圖：

$$z = e^{(-x^2-y^2)} \sin x \; , \; -3 \le x \le 3 \; , \; -3 \le y \le 3 \; , \; 間隔 0.2 字$$

```
[X,Y]=meshgrid(-3:0.2:3);              %建立網格矩陣 X、Y
Z=exp(-X.^2-Y.^2).*sin(X);             %計算矩陣 Z
subplot(211)
meshc(X,Y,Z)                           %繪製含有等高線的三維網狀圖
title('Z=exp(-X^2-Y^2)*sin(X)');       %設定圖形標題
axis([-3,3,-3,3,-0.4,0.4])             %設定座標軸範圍
xlabel('X'),ylabel('Y'),zlabel('Z')    %設定座標軸標記
```

▶ 執行結果

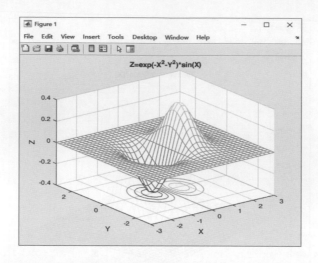

範例 7-6 (續上例)畫出含有窗簾的三維網狀圖。

```
[X,Y]=meshgrid(-3:0.2:3);              %建立網格矩陣 X、Y
Z=exp(-X.^2-Y.^2).*sin(X);             %計算矩陣 Z
meshz(X,Y,Z)                           %繪製含有窗簾的三維網狀圖
title('Z=exp(-X^2-Y^2)*sin(X)');       %設定圖形標題
axis([-3,3,-3,3,-0.4,0.4])             %設定座標軸範圍
xlabel('X'),ylabel('Y'),zlabel('Z')    %設定座標軸標記
```

▶ 執行結果

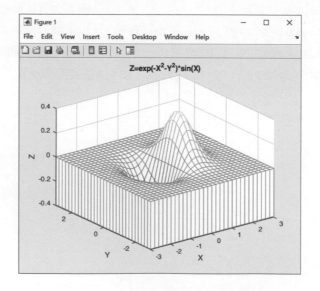

7-3 三維曲面圖

在 MATLAB 中,使用 **surf** 指令來繪製三維曲面圖。MATLAB 還提供兩個類似的指令:**surfc** 和 **surfl**。**surf** 和 **mesh** 有相同的參數形式。其呼叫格式如下:

指令	功能
surf(X,Y,Z)	畫出彩色的三維曲面圖。曲面圖的顏色由矩陣 Z 定義。圖形的顏色隨著高度按比例變化。
surf(X,Y,Z,C)	在 X 和 Y 決定的曲面區域上畫出 Z 的曲面圖。圖形的顏色由矩陣 C 中的元素定義。如果省略參數 C,則預設值為 C=Z。
surfc	繪製三維曲面圖,並在其下面畫等高線,其用法與 surf 相同。
surfl	繪製有光照效果的三維曲面圖。

範例 7-7 畫出下列函數的三維曲面圖:

$$z = x^2 + y^2 \ , \ -4 \le x \le 4 \ , \ -4 \le y \le 4 \ ,間隔 0.5$$

```
x=-4:0.5:4;                              %建立[−4,4]間隔 0.5 的向量 x
y=x;
[X,Y]=meshgrid(x,y);                     %建立網格矩陣 X、Y
Z=X.^2+Y.^2;                             %計算矩陣 Z
surf(X,Y,Z)                              %繪製三維曲面圖
xlabel('x'), ylabel('y'), zlabel('z')    %設定座標軸標記
title('z=x^2+y^2')                       %設定圖形標題
```

▶ 執行結果

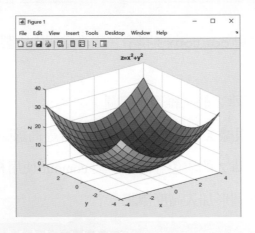

範例 7-8 畫出下列函數的三維曲面圖並含有等高線：

$$z = e^{(-(0.15x)^2 - (0.15y)^2)} \sin x \sin y，0 \le x \le 10，0 \le y \le 10，間隔 0.5$$

```
[X,Y]=meshgrid([0:0.5:10]);            %建立網格矩陣 X、Y
Z=exp(-(0.15*X).^2-(0.15*Y).^2).*sin(X).*sin(Y);   %計算矩陣 Z
surfc(X,Y,Z)                           %繪製含有等高線的三維曲面圖
title('z=exp(-(0.15*x)^2-(0.15*y)^2)*sin(x)*sin(y)');
xlabel('X'),ylabel('Y'),zlabel('Z')    %設定座標軸標記
```

▶ 執行結果

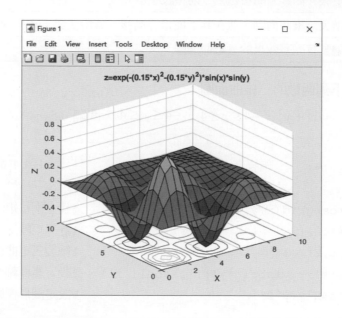

7-4　三維等高線圖

在 MATLAB 中，使用 **contour3** 指令在三維空間中繪製等高線圖，其呼叫格式如下：

➤ contour3(Z)：繪製矩陣 Z 的三維等高線圖

➤ contour3(X,Y,Z,n)：根據 X、Y、Z 畫出 n 條三維等高線圖

➤ contourf(Z)：繪製矩陣 Z 的填色等高線。與 contour 使用相同的參數

➤ clabel(C)：在等高線圖形加入高度標記

7-4-1 等高線圖

在 MATLAB 中，使用繪圖指令 **contour** 在二維空間中繪製等高線圖，其呼叫格式如下：

指令	功能	指令	功能
contour(Z)	繪製矩陣 Z 的二維等高線圖。	contour(Z,n)	繪製矩陣 Z 的 n 條二維等高線圖。
contour(X,Y,Z,n)	根據 X、Y、Z 畫出 n 條二維等高線圖。	contour3(Z)	繪製矩陣 Z 的三維等高線圖。

範例 7-9 畫出下列函數的二維等高線圖並標示出等高線的高度：

$$z = 3\sin(x)\cos(y) \ , \ -\pi/2 \le x \le \pi/2 \ , \ -\pi/2 \le y \le \pi/2 \ , 間隔 0.2 字$$

```
[X,Y]=meshgrid(-pi/2:0.2:pi/2);      %建立網格點矩陣 X、Y
Z=3*sin(X).*cos(Y);                  %計算矩陣 Z
contour(Z,10,'ShowText','on')
                              %畫出 10 條二維等高線並標示等高線的高度
```

▶ 執行結果

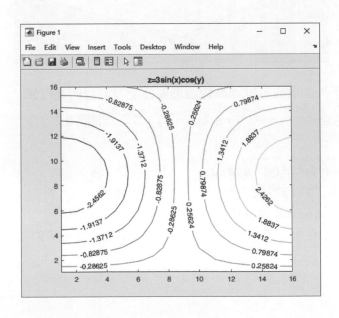

範例 7-10 畫出下列函數的三維等高線圖形

$$z = xe^{(-x^2-y^2)} \text{ , } -2 \le x \le 2 \text{ , } -2 \le y \le 2 \text{ , 間隔 0.25}$$

```
[X,Y]=meshgrid([-2:0.25:2]);          %建立網格矩陣 X、Y
Z=X.*exp(-X.^2-Y.^2);                 %計算矩陣 Z
contour3(X,Y,Z,10,'ShowText','on')    %繪製 10 條三維等高線
```

▶ 執行結果

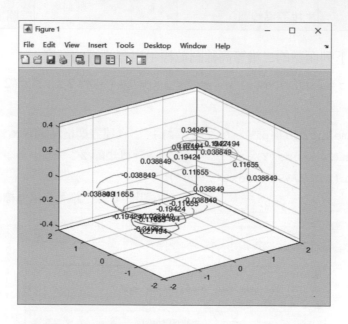

範例 7-11 畫出下列函數的二維等高線圖形並標記等高線的高度值

$$z = e^{-x^2-y^2} \text{ , } -2 \le x \le 2 \text{ , } -2 \le y \le 2 \text{ , 間隔 0.2}$$

```
[X,Y]=meshgrid(-2:0.2:2);     %建立網格矩陣 X、Y
Z=exp(-X.^2-Y.^2);            %計算矩陣 Z
[C,H]=contour(X,Y,Z);         %畫出二維等高線圖
clabel(C,H)                   %在等高線圖形加入高度標記
```

▶ 執行結果

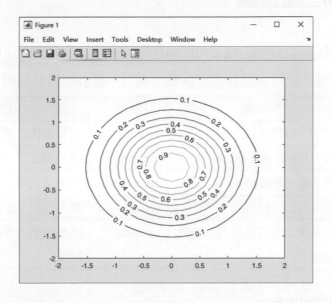

範例 7-12　畫出下列函數的填色二維等高線圖：

$$z = 3\sin(x)\cos(y)，-\pi/2 \leq x \leq \pi/2，-\pi/2 \leq y \leq \pi/2，間隔 0.2$$

```
[X,Y]=meshgrid(-pi/2:0.2:pi/2);        %建立網格矩陣 X、Y
Z=3*sin(X).*cos(Y);                    %計算矩陣 Z
contourf(Z)                            %填滿線與線之間的區域
```

▶ 執行結果

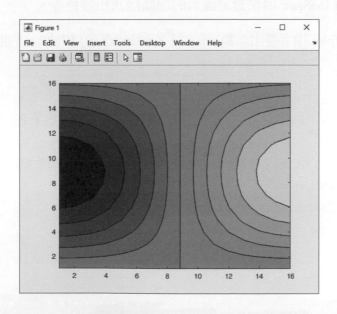

7-5　簡易三維繪圖

在 MATLAB 中，可以使用「**ez**」開頭的簡易繪圖指令來畫出運算式的圖形，這些指令不需要提供數據，便可以直接畫出函數的圖形。常用的簡易繪圖指令如下表所示。

指令	功能	指令	功能
fplot	畫出二維曲線圖	Ezplot	簡易畫出二維曲線圖
ezplot3	簡易畫出三維曲線圖	ezcontour	簡易畫出等高線圖
ezpolar	簡易畫出極座標圖	ezcontourf	簡易畫出填色等高線圖
ezsurf	簡易畫出三維曲面	ezmesh	簡易畫出三維網狀圖
ezsurfc	簡易畫出含等高線的三維曲面圖	ezmeshc	簡易畫出含等高線的三維網狀圖

7-5-1 簡易繪製曲線指令

對於單變數函數，可以使用 **fplot** 指令畫出曲線圖形；對於多變數函數，可以使用 **ezplot** 指令畫出二維曲線圖形，也可以使用 **ezpolar** 指令畫出極座標圖形。

1. **fplot** 指令

在 MATLAB 中，使用 **fplot** 指令來畫出單變數函數的曲線圖形，其呼叫格式如下：

➤ fplot(f,lims,'LineSpec')：直接畫出單變數函數 f 的圖形。參數 lims 表示自變數的範圍，參數 LineSpec 用來設定圖形的線條樣式和顏色等。

範 例 7-13 使用 fplot 指令畫出函數 $\sin(x-\frac{\pi}{2})$、$\sin(x+\frac{\pi}{2})$ 和 $\sin(x)$ 的圖形

```
clear all;
fplot(@(x) sin(x-pi/2),'Linewidth',2);  %使用匿名函數
hold on
fplot(@(x) sin(x+pi/2),'-.ob');         %x 軸座標的預設範圍為[-5 5]
fplot(@(x) sin(x),'--*r')
legend('sin(x-pi/2)','sin(x+pi/2)','sin(x)')
hold off
grid on
```

▶ 執行結果

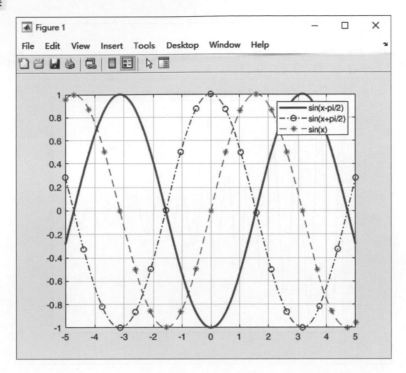

2. **ezplot** 指令

在 MATLAB 中，使用 **ezplot** 指令可以用來畫出雙變數函數的曲線圖形，其呼叫格式如下：

➤ ezplot(f,lims,'LineSpec')：畫出單變數或雙變數函數 f 的圖形。參數 lims 表示自變數的範圍，參數 LineSpec 用來設定圖形的線條樣式和顏色等。

範例 **7-14**　使用 ezplot 指令畫出 $f(x)=2e^{-0.5x\cos(4\pi x)}$ ，$x\in[0,2\pi]$ 的圖形

```
clear all;
f=2*exp(-0.5*x).*cos(4*pi*x);     %函數 f(x)
ezplot(f,[0,2*pi])        %畫出單變數函數 f(x)在[0,2*pi]之間的圖形
```

也可以使用匿名函數：

```
ezplot(@(x) 2*exp(-0.5*x).*cos(4*pi*x),[0,2*pi])
```

▶ 執行結果

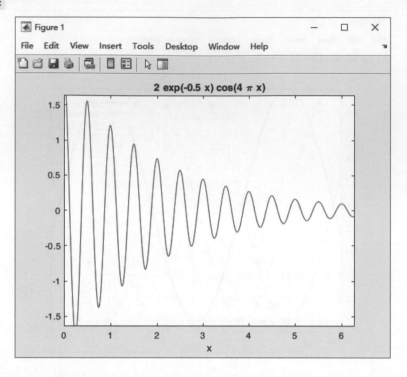

範例 **7-15** 使用 ezplot 指令畫出 $x^2 + 2y^2 = 8$ 的圖形

```
clear all;
ezplot(x.^2+2*y.^2==8,[-4 4])
                        %畫出雙變數函數 f(x,y)在[-4,4]之間的圖形
axis tight
```

也可以使用匿名函數：

```
ezplot(@(x,y) x.^2+2*y.^2-8,[-4 4])
```

▶ 執行結果

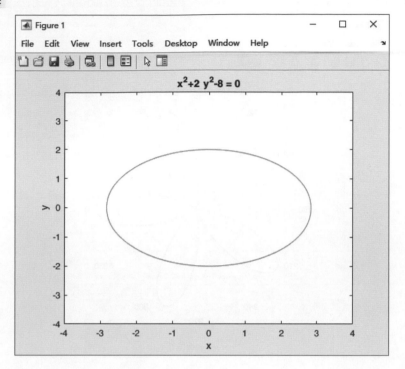

3. **ezpolar** 指令

在 MATLAB 中，使用 **ezpolar** 指令來畫出函數的極座標圖形，其呼叫格式如下：

➤ ezpolar(f,a,b)：在區間 $\theta \in [a,b]$ 畫出函數 $r = f(\theta)$ 的圖形。θ 的預設範圍為 $0 < \theta < 2\pi$。

範例 7-16 使用 ezpolar 指令畫出 $r = 1 + \cos(5t)$, $t \in [0, 2\pi]$ 的極座標圖

```
clear all;
ezpolar(1+cos(5*t),[0,2*pi])   %畫出[0,2*pi]之間的極座標圖
```

也可以使用匿名函數：

```
ezpolar(@(t)1+cos(5*t),[0,2*pi])
```

▶ 執行結果

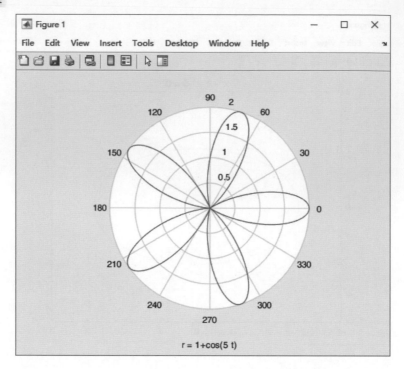

4. **ezplot3** 指令

在 MATLAB 中，使用 **ezplot3** 指令可以用來畫出函數的三維曲線圖形，其呼叫格式如下：

➤ ezplot3(x,y,z,[tmin,tmax])：畫出由 $x = x(t)$、$y = y(t)$、$z = z(t)$ 所描述的三維圖形，參數 t 的區間為 $[t_{min}, t_{max}]$。

範例 **7-17** 使用 ezplot3 指令畫出下列函數的三維圖形
$$\begin{cases} x = t\sin(t) \\ y = t\cos(t),\ t \in [0, 20\pi] \\ z = t \end{cases}$$

```
clear all;
ezplot3(t*sin(t),t*cos(t),t,[0,20*pi]) %畫出三維曲線圖
```

▶ 執行結果

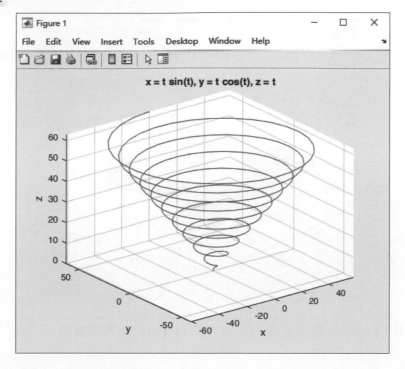

7-5-2 簡易繪製三維網狀圖指令

　　在 MATLAB 中，可以使用 ezmesh 指令畫出三維網狀圖形；也可以使用 ezmeshc 指令畫出含等高線的三維網狀圖形。下面分別說明：

1. ezmesh 指令

　　在 MATLAB 中，使用 **ezmesh** 指令來畫出函數的三維網狀圖形，其呼叫格式如下：

➤ ezmesh(f,domain)：在指定的 domain 上畫出 $f(x, y)$ 的三維網狀圖形，參數 domain 可以是 $[x_{min}, x_{max}, y_{min}, y_{max}]$，也可以是 $[a,b]$，其中 $a < x < b$、$a < y < b$。domain 的預設值為 $[-2\pi, 2\pi, -2\pi, 2\pi]$。

範 例 7-18 使用 ezmesh 指令畫出 $f(x, y) = xe^{-x^2-y^2}$ 的三維網狀圖

```
clear all;
ezmesh(x.*exp(-x.^2-y.^2))          %畫出三維網狀圖
```

▶ 執行結果

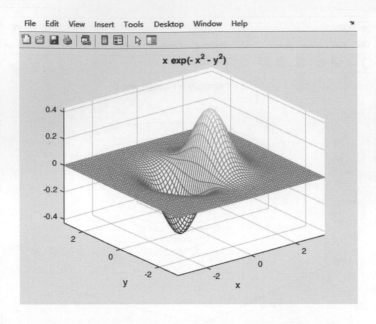

範 例 **7-19** 使用 ezmesh 指令畫出 $f(x,y) = e^{-x}\cos(y)$ 的三維網狀圖

```
clear all;
ezmesh(exp(-x)*cos(y))          %畫出三維網狀圖
```

▶ 執行結果

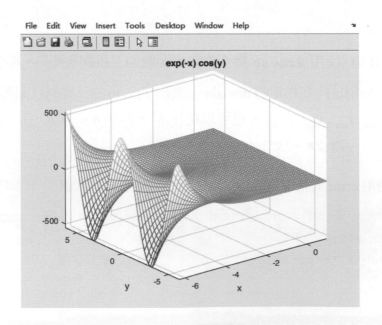

2. **ezmeshc** 指令

在 MATLAB 中，使用 **ezmeshc** 指令來畫出含等高線的三維網狀圖形，其呼叫格式如下：

➤ ezmeshc(f,domain)：在指定的 domain 上畫出 $f(x, y)$ 的含等高線三維網狀圖形，參數 domain 可以是 $[x_{\min}, x_{\max}, y_{\min}, y_{\max}]$，也可以是 $[a, b]$，其中 $a < x < b$、$a < y < b$。domain 的預設值為 $[-2\pi, 2\pi, -2\pi, 2\pi]$。

範 例 7-20 畫出函數 $f(x, y) = xe^{-5x^2 - 8y^2}$ 的含等高線三維網狀圖

```
clear all;
ezmeshc(x.*exp(-5*x.^2-8*y.^2))        %畫出含等高線的三維網狀圖
```

▶ 執行結果

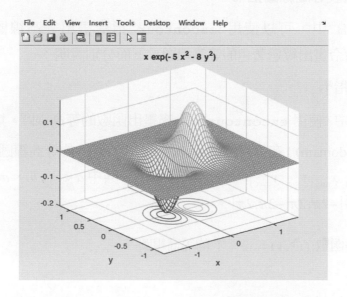

範 例 7-21 畫出函數 $f(x, y) = x^2 - y^2$ 的含等高線三維網狀圖

```
clear all;
ezmeshc(x.^2-y.^2)                      %畫出含等高線的三維網狀圖
```

▶ 執行結果

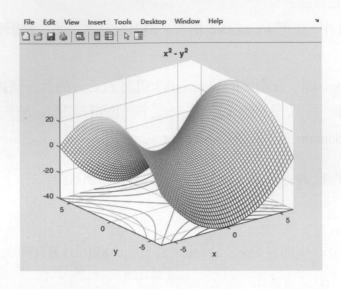

7-5-3 簡易繪製等高線圖指令

在 MATLAB 中，可以使用 **ezcontour** 指令畫出等高線圖；也可以使用 **ezcontourf** 指令畫出經過著色的等高線圖。下面分別說明：

1. **ezcontour** 指令

在 MATLAB 中，使用 **ezcontour** 指令來畫出函數的等高線圖，其呼叫格式如下：

➤ ezcontour(f,domain)：在指定的 domain 上畫出 $f(x,y)$ 的等高線圖形，參數 domain 可以是 $[x_{min}, x_{max}, y_{min}, y_{max}]$，也可以是 $[a,b]$，其中 $a < x < b$、$a < y < b$。domain 的預設值為 $[-2\pi, 2\pi, -2\pi, 2\pi]$。

範例 7-22 畫出函數 $f(x,y) = xe^{-x^2-y^2}$ 的等高線圖

```
clear all;
ezcontour(x.*exp(-x.^2-y.^2))            %畫出等高線圖
```

▶ 執行結果

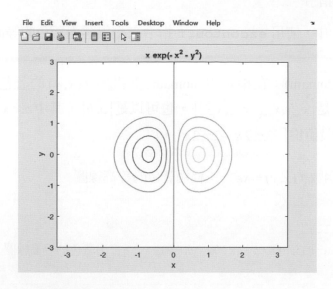

範 例 7-23 畫出下列函數的等高線圖：

$$f(x,y) = x\sin(y) \text{，} x \in [-5\ 5] \text{，} y \in [-5\ 5]$$

```
clear all;
ezcontour(x*sin(y),[-5 5 -5 5]) %在區間[-5 5 -5 5]畫出等高線圖
```

▶ 執行結果

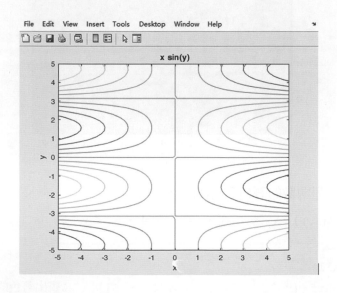

2. **ezcontourf** 指令

在 MATLAB 中,使用 **ezcontourf** 指令來畫出經過著色的等高線圖,其呼叫格式如下:

➤ ezcontourf(f,domain):在指定的 domain 上畫出 $f(x,y)$ 的著色等高線圖,參數 domain 可以是$[x_{min}, x_{max}, y_{min}, y_{max}]$,也可以是$[a,b]$,其中$a < x < b$、$a < y < b$。domain 的預設值為$[-2\pi, 2\pi, -2\pi, 2\pi]$。

範 例 7-24 畫出函數 $f(x,y) = xe^{-x^2-y^2}$ 經過著色的等高線圖

```
clear all;
ezcontourf(x.*exp(-x.^2-y.^2))    %畫出著色的等高線圖
```

▶ 執行結果

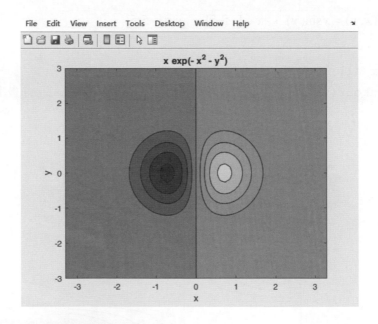

範 例 7-25 畫出下列函數的著色等高線圖

$$f(x,y) = x^2 - y^2 - 1 \quad, \quad -4 < x < 4 \quad, \quad -5 < y < 5$$

```
clear all;
ezcontourf((x.^2-y.^2-1),[-4 4 -5 5])    %畫出著色的等高線圖
```

▶ 執行結果

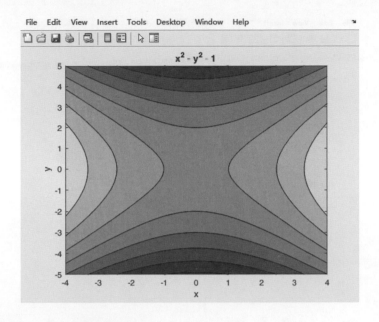

7-5-4 簡易繪製三維曲面圖指令

在 MATLAB 中，可以使用 ezsurf 指令畫出三維曲面圖；也可以使用 ezsurfc 指令畫出含等高線的三維曲面圖。下面分別說明：

1. ezsurf 指令

在 MATLAB 中，使用 **ezsurf** 指令來畫出函數的三維曲面圖形，其呼叫格式如下：

➤ ezsurf(f,domain)：在指定的 domain 上畫出 $f(x,y)$ 的三維曲面圖形，參數 domain 可以是 $[x_{min}, x_{max}, y_{min}, y_{max}]$，也可以是 $[a,b]$，其中 $a<x<b$、$a<y<b$。domain 的預設值為 $[-2\pi, 2\pi, -2\pi, 2\pi]$。

範例 7-26 畫出函數 $f(x,y) = \dfrac{xy^2}{x^2 + y^4}$ 的三維曲面圖

```
clear all;
ezsurf(x.*y.^2/(x.^2+y.^4))          %畫出三維曲面圖
```

▶ 執行結果

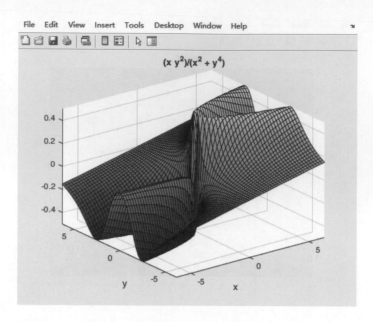

範例 7-27 畫出函數 $f(x, y) = 3xe^{-4x^2 - 6y^2}$ 的三維曲面圖

```
clear all;
ezsurf(3*x.*exp(-4*x.^2-6*y.^2))          %畫出三維曲面圖
```

▶ 執行結果

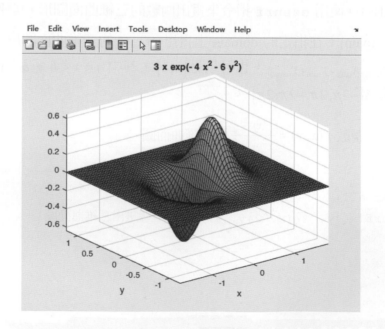

2. **ezsurfc** 指令

在 MATLAB 中，使用 **ezsurfc** 指令來畫出含等高線的三維曲面圖形，其呼叫格式如下：

➤ ezsurfc(f,domain)：在指定的 domain 上畫出 $f(x,y)$ 的含等高線三維曲面圖形，參數 domain 可以是 $[x_{min}, x_{max}, y_{min}, y_{max}]$，也可以是 $[a,b]$，其中 $a < x < b$、$a < y < b$。domain 的預設值為 $[-2\pi, 2\pi, -2\pi, 2\pi]$。

範例 7-28 畫出函數 $f(x,y) = xe^{-2x^2-3y^2}$ 的具等高線三維曲面圖

```
clear all;
ezsurfc(x.*exp(-2*x.^2-3*y.^2))          %畫出具等高線的三維曲面圖
```

▶ 執行結果

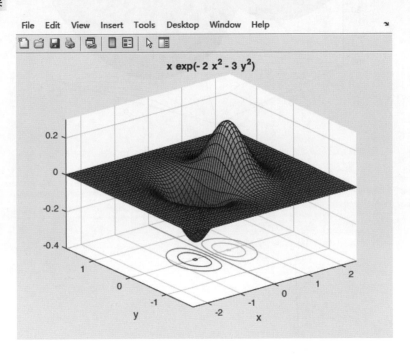

範 例 7-29 畫出函數 $f(x,y) = x^2 - y^2 - 1$ 的具等高線三維曲面圖

```
clear all;
ezsurfc(x.^2-y.^2-1)              %畫出具等高線的三維曲面圖
```

▶ 執行結果

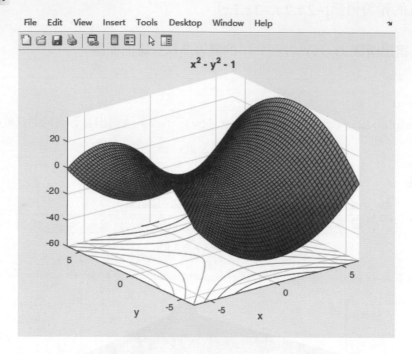

CHAPTER *8*

MATLAB 的特殊圖形

學習單元：

　　MATLAB 在 MATLAB 中，除了可以使用 **plot** 指令和 **plot3** 指令畫出二維和三維圖形外，還有一些特殊繪圖指令可以用來畫出特殊的二維和三維圖形。本章將分別介紹常用的特殊二維和三維繪圖指令。

8-1　特殊二維圖形

　　本節將介紹幾種為滿足特殊要求而採用的二維圖形，在某些研究領域，這幾種圖形是很常用的。下表列出常用的特殊二維繪圖指令：

指令	功能	指令	功能
bar	畫出長條圖	hist	在直角座標中繪製直方圖
rose	在極座標中畫出玫瑰圖	pie	畫出二維扇形圖
polar	在極座標中繪圖	errorbar	畫出誤差條狀圖
stairs	畫出階梯圖	stem	畫出針頭圖
feather	畫出羽毛圖	compass	畫出羅盤圖
quiver	畫出切線圖	comet	畫出二維彗星圖

8-1-1 長條圖

　　長條圖用來將向量或矩陣中的值顯示為垂直或水平的柱狀圖。在 MATLAB 中，使用繪圖指令 **bar** 或 **barh** 來畫出二維長條圖，其呼叫格式如下所示：

指令	功能	指令	功能
bar(x)	畫出向量或矩陣 x 的垂直長條圖	bar(x,y)	畫出向量 x 和 y 的垂直長條圖
barh(x)	畫出向量或矩陣 x 的水平長條圖	barh(x,y)	畫出向量 x 和 y 的水平長條圖
bar(x,'stack')	畫出向量或矩陣 x 的垂直堆疊長條圖	bar(x,y,'stack')	畫出向量 x 和 y 的垂直堆疊長條圖
bar(x,y,width)	用 width 指定垂直長條的寬度，預設寬度是 0.8。	bar(…,'grouped')	產生組合的垂直長條圖
barh(x,'stack')	畫出向量或矩陣 x 的水平堆疊長條圖	barh(x,y,'stack')	畫出向量 x 和 y 的水平堆疊長條圖

範例 8-1 畫出下列衰減餘弦函數的二維垂直長條圖：

$$y = e^{-0.5x} \cos x \text{ , } 0 \leq x \leq 3\pi \text{ , 間隔 } \pi/20$$

```
x=0:pi/20:3*pi;            %設定自變數 x 向量
y=exp(-0.5*x).*cos(x);     %設定函數向量 y，與向量 x 維度相同
bar(x,y);                  %畫出垂直長條圖
xlabel('x'),ylabel('y')    %設定座標軸標記
```

▶ 執行結果

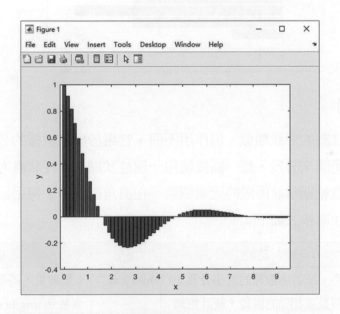

範例 8-2 畫出下列函數的二維水平堆疊長條圖：

$$y = e^{x \sin x} \text{ , } -3 \leq x \leq 3 \text{ , 間隔 } 0.5$$

```
x=-3:0.5:3;                %設定自變數 x 向量
y=exp(x.*sin(x));          %設定函數向量 y，與向量 x 維度相同
barh(y,'stack');           %畫出水平堆疊長條圖
xlabel('x'),ylabel('y')    %設定座標軸標記
```

▶ 執行結果

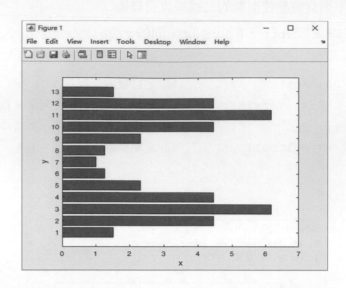

8-1-2 直方圖

　　直方圖和長條圖的形狀類似，但作用不同，它用於顯示數據的分佈情形。所有的元素是根據數值範圍來分段，每一區段使用一個柱狀顯示。柱狀直方圖的橫軸顯示元素數值的範圍，縱軸顯示該區段的元素個數。在直角座標中，使用繪圖指令 **hist** 來建立直方圖，其呼叫格式如下：

指令	功能	指令	功能
N=hist(y)	將 y 按其中數據的大小分為 10 個長度相等的區段，統計每區段中的元素個數並傳回給 N。	hist(y,x)	x 是向量，將參數 y 中的元素放到 length(x)個由 x 中元素指定的位置為中心的直方圖。
hist(y,m)	m 是純量，用來設定區段的個數。		

範例 8-3 使用直方圖顯示常態分佈隨機矩陣

```
x=-4:0.1:4;           %設定自變數 x 向量
y=randn(500,1);       %設定 500*1 常態分佈隨機矩陣
subplot(121)          %設 S 定子圖
hist(y)               %畫出直方圖
subplot(122)          %設定子圖
y=randn(1000,1);      %設定 1000*1 常態分佈隨機矩陣
hist(y,x)             %畫出直方圖
```

▶ 執行結果

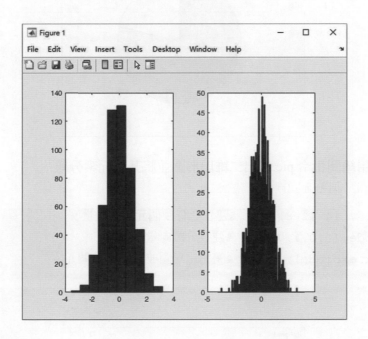

8-1-3 扇形圖

　　扇形圖用於顯示向量中的元素所佔總和的百分比。在 MATLAB 中,使用繪圖指令 **pie(x)** 來繪製二維扇形圖;使用 **pie(x,explode)** 可以將 **explode** 參數所對應的部分從扇形圖中分離出來,要分離出來的元素標為 1,否則標為 0。

範 例 8-4 使用繪圖指令 pie 畫出二維扇形圖

```
x=[5 12 24 26 18];        %建立含有 5 個元素的向量 x
pie(x)                    %畫出二維扇形圖
```

▶ 執行結果

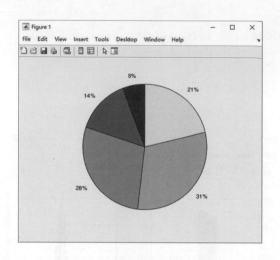

範 例 8-5 使用繪圖指令 pie 畫出二維扇形圖並將某個元素分離

```
x=[15 7 14 12 8];       %建立含有 5 個元素的向量 x
explode=[0,0,1,0,0];    %建立分離向量
pie(x,explode);         %畫出扇形圖並分離第 3 個元素
```

▶ 執行結果

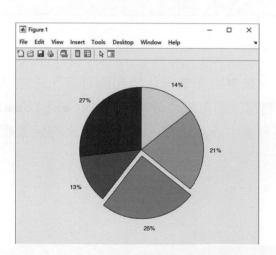

8-1-4 極座標曲線圖

繪圖指令 **plot** 使用的是直角座標系，若要產生極座標圖可以使用 **polar** 指令，其呼叫格式如下：

➤ polar(theta,r)：根據弧度向量 theta 和極半徑向量 r，畫出極座標曲線圖。

範 例 8-6 畫出下列函數的極座標曲線圖：

$$r = \sin 3\theta，0 \le \theta \le 6\pi，間隔 0.01\pi$$

```
theta=0:pi/100:6*pi;        %設定角度向量 theta
r=sin(3*theta);             %設定函數向量 r
polar(theta,r)              %畫出極座標曲線圖
```

▶ 執行結果

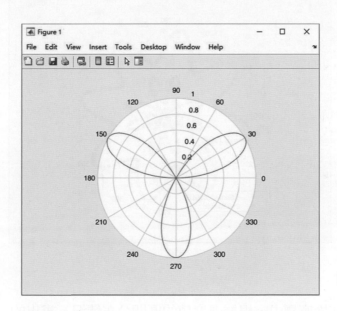

範 例 8-7 在同一圖形視窗中畫出下列函數的極座標曲線圖：

$$r_1 = 1.5\sin 4t \cos 2t，0 \le x \le 2\pi$$

$$r_2 = 2 + 0.5\sin 8t，0 \le x \le 2\pi$$

```
t=linspace(0,2*pi,180);          %[0,2π]之間等分為 180 個點
r1=1.5*sin(4*t).*cos(2*t);       %設定函數向量 r1
r2=2+0.5*sin(8*t);               %設定函數向量 r2
t=[t',t'];
r=[r1',r2'];
polar(t,r,'*')                   %畫出極座標曲線圖，資料符號為'*'號
legend('1.5sin(4t)cos(2t)','2+0.5sin(8t)',...
'Location','best')               %設定圖形說明
```

▶ 執行結果

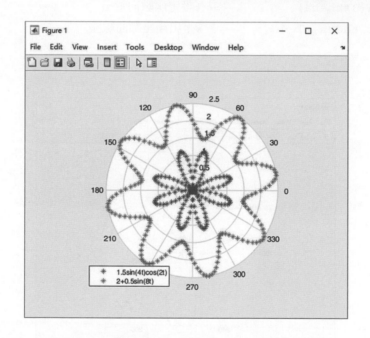

8-1-5 玫瑰圖

　　玫瑰圖是指在極座標中，根據弧度值的區間分布情況，畫出的一系列等腰三角形所組成的圖形，其中，兩邊的腰代表角度的區間分布，而底邊高代表區間內角度值的個數。在 MATLAB 中，使用繪圖指令 **rose** 來實現玫瑰圖的繪製，其呼叫格式如下：

➤ rose(theta,n)：在 $[0,2\pi]$ 間根據弧度向量 theta 畫出 n 個等距的小扇形，預設為 20 個。

範例 8-8 使用繪圖指令 rose 繪圖

```
x=-3:0.1:3;              %設定自變數 x 向量
y=randn(10000,1);        %設定 10000*1 常態分佈隨機矩陣 y
rose(y,x)
```

▶ 執行結果

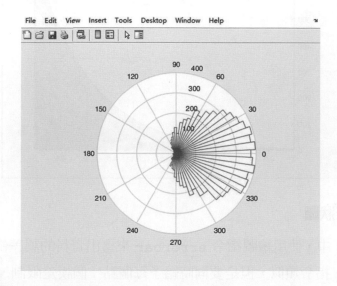

8-1-6 面積圖

　　繪圖指令 **area** 係先根據矩陣各列中的元素畫出曲線，然後填滿曲線下方和 x 軸上方的區域，其格式如下：

➤　area(x,y)：在曲線與橫軸之間的區域填滿顏色

範例 8-9 使用繪圖指令 area 畫出三條曲線

```
x=0:0.1:5;                      %設定自變數 x 向量
y=[exp(x);x.^3;3*exp(x)+sin(x)]';          %設定繪圖指令向量 y
clf;
a=area(x,y);
hold on;  %保持圖形
title('area plot');        %設定標題標記
legend(a,'exp(x)','x^3','3exp(x)+sin(x)');  %設定圖形說明
```

▶ 執行結果

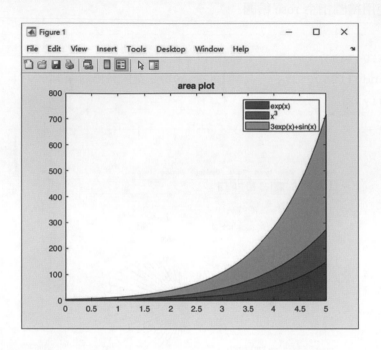

8-1-7 誤差條狀圖

在 MATLAB 中，使用繪圖指令 **errorbar** 來畫出資料的誤差條狀圖。該繪圖指令的用法與 **plot** 指令類似，但是要同時給予每個點一個誤差限制，其用法如下：

➤　errorbar(x,y,e)：畫出向量 y 對 x 的曲線圖及向量 y 的誤差 e。

範例 **8-10**　畫出函數 $y = e^{\cos x}$ ，$x \in [0, 4\pi]$，間隔 0.1π 的誤差條狀圖

```
x=0:pi/10:4*pi;      %設定自變數 x 向量
y=exp(cos(x));       %設定函數向量 y
delta=0.15*y;        %每個點的誤差限制為 15%
errorbar(x,y,delta);
```

▶ 執行結果

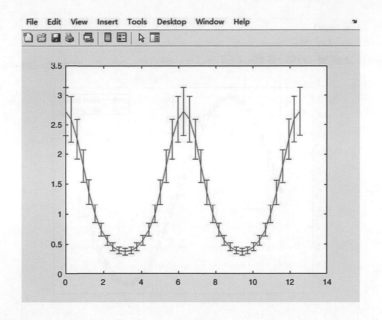

8-1-8 階梯圖

在實際的數據分析中經常需要用到階梯形曲線圖。在 MATLAB 中使用繪圖指令 **stairs** 來實現階梯圖的繪製，其常用呼叫格式如下：

➤ stairs(x,y)：根據向量 x 和 y 畫出階梯曲線圖

範例 8-11 在同一圖形視窗中畫出下列函數的階梯圖和二維曲線圖：

$$y = \sin x \ , \ 0 \le x \le 2\pi \ , \ \text{間隔 } 0.2$$

```
x=0:0.2:2*pi;                    %設定自變數 x 向量
y=sin(x);                        %設定函數向量 y
stairs(x,y,'*r-')
hold on;                         %保持圖形
plot(x,y,'b--o')
axis([-1,7,-1.1,1.1])            %設定座標軸範圍
legend('stairs graph','plot graph')      %設定圖形說明
grid on                          %加入格線
```

▶ 執行結果

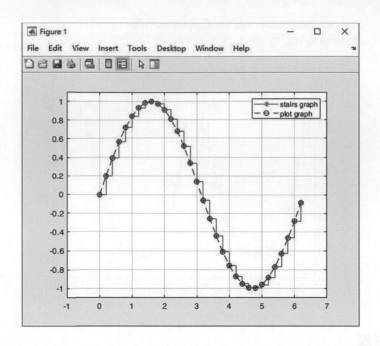

8-1-9 針頭圖

資料點用類似針頭的符號畫出，並畫出資料點到橫座標軸垂直線，這樣得到的圖形稱為「針頭圖」。在 MATLAB 中，使用繪圖指令 **stem** 來畫出二維針頭圖形，也可以用選項"**fill**"來畫實心的針頭圖，其呼叫格式如下表所示：

指令	功能	指令	功能
stem(x,y)	根據向量 x 和 y 畫出針頭圖	stem(y)	根據向量 x 畫出針頭圖
stem(…,'fill')	畫出實心的針頭圖		

範例 8-12 畫出下列函數的針頭圖：

$$y = \sin x，0 \le x \le 2\pi，間隔 0.2$$

```
x=0:0.2:2*pi;              %設定自變數 x 向量
y=sin(x);                  %設定函數向量 y
subplot(211)               %設定子圖
stem(x,y)                  %根據向量 x 和 y 畫出針頭圖
grid on                    %加入格線
subplot(212)               %設定子圖
stem(x,y,'fill')           %根據向量 x 和 y 畫出實心針頭圖
grid on                    %加入格線
```

▶ 執行結果

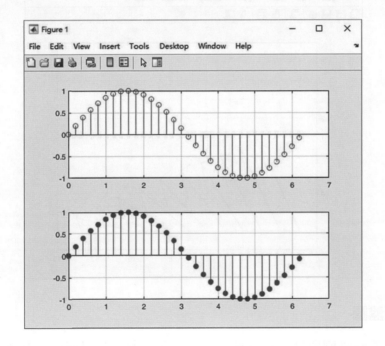

8-1-10 羽毛圖

羽毛圖是由從橫座標軸上的等分點出發，畫出一系列含箭頭線段組成的圖形。在 MATLAB 中，使用 **feather** 繪圖指令來畫出二維羽毛圖形，其呼叫格式如下：

➤ feather(u,v)：畫出從橫座標等分點出發沿(u,v)方向的羽毛圖

範例 **8-13** 畫出下列函數的羽毛圖：

$$y = \sin x \text{ , } 2 \leq x \leq 3$$

```
x=linspace(2,3,10);              %設定自變數 x 向量
y=sin(x);                        %設定函數向量 y
feather(x,y)                     %畫出二維羽毛圖形
grid on                          %加入格線
xlabel('x'),ylabel('y')          %設定座標軸標記
axis([0,14,-0.2,2])              %設定座標軸範圍
```

▶ 執行結果

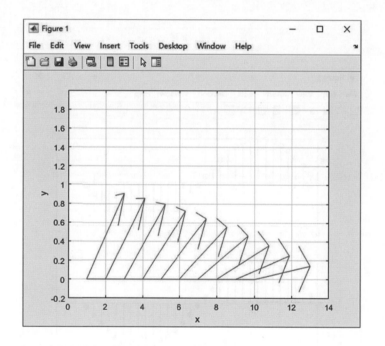

8-1-11 羅盤圖

羅盤圖是透過座標原點和資料點的一系列含箭頭直線段組成。在 MATLAB 中，使用 **compass** 繪圖指令來畫出羅盤圖，其常用格式如下：

➤ compass(x,y)：根據向量 x 和 y 畫出羅盤圖

範例 **8-14** 畫出下列函數的羅盤圖：

$$\begin{cases} x = (1+t)\cos t \\ y = (1+t)\sin t \end{cases} , \quad 0 \le t \le \frac{11}{6}\pi$$

```
t=linspace(0,11/6*pi,18);        %設定自變數 t 向量
x=(1+t).*cos(t);                 %設定函數向量 x
y=(1+t).*sin(t);                 %設定函數向量 y
compass(x,y,'r-')
```

▶ 執行結果

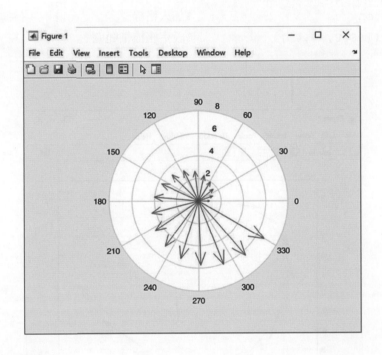

8-1-12　切線圖

在 MATLAB 中，使用繪圖指令 **quiver** 來實現二維切線圖(或稱速度圖)。切線圖主要用於描述函數 z=f(x,y)在點(x,y)的梯度大小和方向，其呼叫格式為：

➤ quiver(x,y,u,v)：畫出從資料點(x,y)出發沿(u,v)方向的二維切線圖

範例 **8-15** 畫出下列函數的沿資料點切線方向的二維切線圖：

$$\begin{cases} x=(1+t)\cos t \\ y=(1+t)\sin t \end{cases} , \quad 0 \le t \le \frac{11}{6}\pi$$

```
t=linspace(0,11/6*pi,18);      %設定自變數 t 向量
x=(1+t).*cos(t);               %設定函數向量 x
y=(1+t).*sin(t);               %設定函數向量 y
u=gradient(x);
v=gradient(y);
quiver(x,y,u,v,'r-')
grid on                        %加入格線
axis([-6,9,-7,4])              %設定座標軸範圍
```

▶ 執行結果

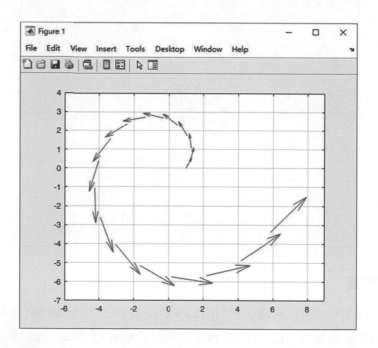

8-1-13 彗星圖形

彗星圖形是一個動態的繪圖過程。在 MATLAB 中，使用繪圖指令 **comet** 來繪製二維彗星圖形，其常用呼叫格式如下：

➤ comet(x,y)：畫出向量 y 對向量 x 的彗星軌跡

範例 **8-16** 畫出下列函數所描述的二維彗星圖：

$$y = e^{-0.1x} \sin x \text{，} 0 \le x \le 8\pi$$

```
x=linspace(0,8*pi,3600);        %設定自變數 x 向量
y=exp(-0.1*x).*sin(x);          %設定函數向量 y
comet(x,y);
title('comet')                  %設定標題標記
```

▶ 執行結果

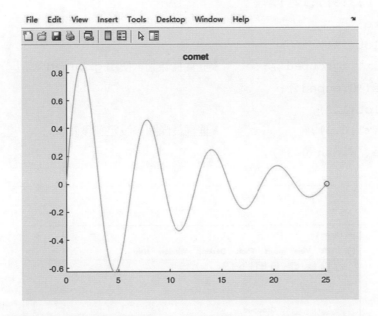

8-2　特殊三維圖形

本節將介紹一些特殊的三維圖形繪製。常用的特殊三維繪圖指令如下表所示：

指令	功能	指令	功能
bar3	畫出三維垂直長條圖	pie3	畫出三維扇形圖
cylinder	畫出柱面圖	comet3	畫出三維彗星圖
ribbon	畫出帶狀圖形	pol2cart	將極座標轉換為直角座標
scatter3	畫出三維散點圖	stem3	畫出三維針頭圖
waterfall	畫出瀑布圖	quiver3	畫出切線圖
slice	畫出立體切片圖	sphere	畫出球體圖

8-2-1 三維長條圖

在 MATLAB 中，使用繪圖指令 **bar3** 來畫出三維長條圖，其呼叫格式如下：

➤ bar3(x,y)：根據向量 x 和二維陣列 y 畫出三維長條圖

➤ bar3(z)：根據二維陣列 z 畫出三維長條圖

範 例 8-17 使用繪圖指令 bar3 畫出三維長條圖

```
clear all;
x=[1:6;3:8;7:12];
figure;
subplot(121)
bar3(x','grouped');          %垂直長條圖，使用 grouped 類型
title('Grouped');
subplot(122)
bar3(x',0.3);                %垂直長條圖，設定寬度為 0.3
title('Width=0.3');
```

▶ 執行結果

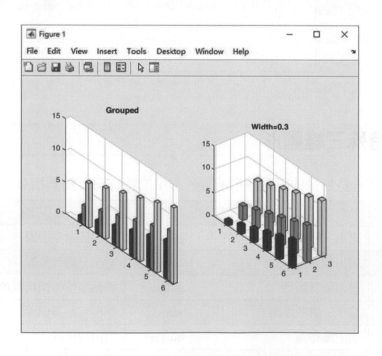

8-2-2 三維扇形圖

三維扇形圖用來顯示各個資料項與資料總和的比例關係，是實際應用中經常用到的圖形表示方式。在 MATLAB 中，透過繪圖指令 **pie3** 實現三維扇形圖的繪製，其常用的呼叫格式如下：

➤ pie3(x)：畫出向量 x 的三維扇形圖，x 中的每一個元素對應一個扇形。

➤ pie3(x,explode)：將 explode 參數所對應的部分從扇形圖中分離出來，要分離出來的元素標為 1，否則標為 0。

範例 8-18 使用繪圖指令 pie3 畫出三維扇形圖，並且將某部分分離

```
x=[11 14;12 15;13 16];
subplot(211)              %設定子圖 1
pie3(x);
hold on;                  %保持圖形
subplot(212)              %設定子圖 2
pie3(x,[0,1,0,0,0,0]);
hold off
```

▶ 執行結果

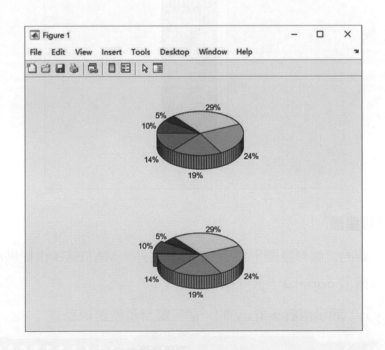

8-2-3 柱面圖

基本上，柱面圖形是一種特殊的三維曲面圖。在 MATLAB 中使用繪圖指令 **cylinder** 來繪製柱面圖，其呼叫格式如下：

➤ [X,Y,Z]=cylinder(r,n)：建立半徑為 r 的圓柱座標矩陣。圓柱體半徑來自向量 r，包含沿圓柱周圍 n 個等距離的點。n 值預設為 20。

範例 8-19 使用繪圖指令 surf 畫出三維曲面柱面圖

```
r(1:20)=1;                  %底面半徑為 1
[X,Y,Z]=cylinder(r,36);     %圓柱沿其周長有 36 個等距離的點
Z=6*Z;                      %高度為 6
surf(X,Y,Z)                 %畫出三維曲面圖
axis equal                  %設定縱、橫座標為等長度刻度
```

▶ 執行結果

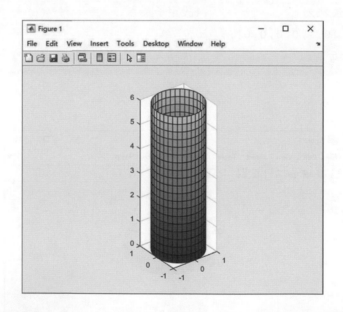

8-2-4 三維彗星圖

除了前面介紹的二維彗星圖形指令 **comet** 之外，MATLAB 也提供用來繪製三維彗星圖形的繪圖指令 **comet3**，其呼叫格式如下：

➤ comet3(x,y,z)：顯示函數 z=f(x,y)的一個三維彗星軌跡線動畫

範 例 **8-20**　畫出下列函數的三維彗星圖：

$$x = t\cos(t)，y = t\sin(t)，z = t，0 \le t \le 8\pi$$

```
t=linspace(0,8*pi,3600);  %設定自變數 t 向量
x=t.*cos(t);              %設定函數向量 x
y=t.*sin(t);              %設定函數向量 y
z=t;
comet3(x,y,z);           %畫出彗星圖形通過數據 x、y、z 決定的三維曲線
```

▶ 執行結果

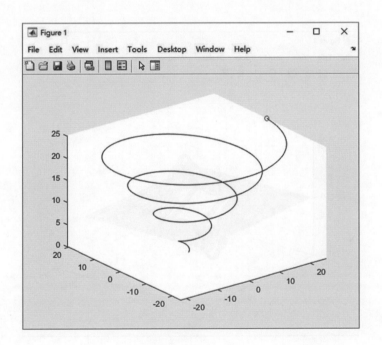

8-2-5　帶狀圖形

MATLAB 提供 **ribbon** 指令來繪製帶狀圖，其呼叫格式如下：

➤ ribbon(z)：根據二維陣列 z 畫出帶狀圖

範例 **8-21** 畫出下列函數的帶狀圖：

$$z = 3xe^{-x^2-y^2} \ , \ -3 \le x \le 3 \ , \ -4 \le y \le 4$$

```
x=linspace(-3,3,20);                    %設定自變數 x 向量
y=linspace(-4,4,30);                    %設定自變數 y 向量
[X,Y]=meshgrid(x,y);                    %建立網格矩陣
Z=3*X.*exp(-X.^2-Y.^2);                 %設定函數向量 Z
ribbon(Z);                              %畫出函數 z 的帶狀圖
xlabel('x'),ylabel('y'),zlabel('z')     %設定座標軸標記
```

▶ 執行結果

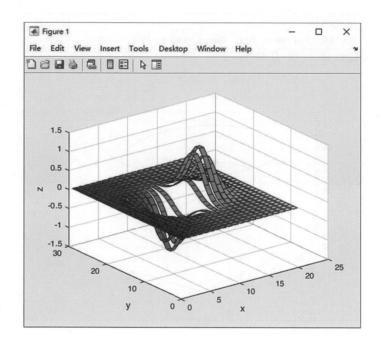

8-2-6 圓柱座標圖形

在實際應用中，有時需要在圓柱座標下繪製三維網狀圖或三維曲面圖。在 MATLAB 中，透過將圓柱座標系的座標值轉換為直角座標系的座標值，然後利用繪圖指令 **mesh** 或 **surf** 繪製圓柱座標系的三維網狀圖或三維曲面圖。在 MATLAB 中使用 **pol2cart** 繪圖指令來將圓柱座標系的座標值轉換為直角座標系的座標值，其呼叫格式如下：

➤ [X,Y,Z]=pol2cart(t,r,z)：將極座標陣列 t、r、z 轉換為直角座標陣列 X、Y、Z

範例 8-22 畫出下列函數在圓柱座標系的三維曲面圖：

$$r = \sin t \ , \quad z = \frac{t}{3\pi}\sin t \ , \quad 0 \le t \le 3\pi$$

```
t=linspace(0,3*pi,36);              %設定自變數 t 向量
r=sin(t);                           %設定函數向量 r
[T,R]=meshgrid(t,r);                %建立網格矩陣
Z=R.*T/3/pi;
[X,Y,Z]=pol2cart(T,R,Z);            %將極座標陣列轉換為直角座標陣列
surf(X,Y,Z);         %畫出三維曲面圖
xlabel('x'),ylabel('y'),zlabel('z') %設定座標軸標記
axis equal                          %設定縱、橫座標為等長度刻度
```

▶ 執行結果

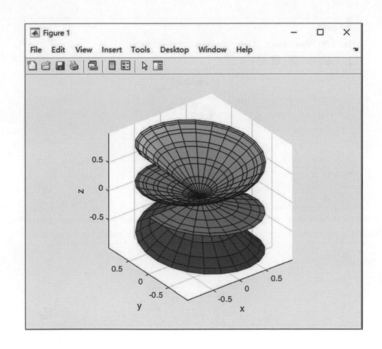

8-2-7 三維散點圖

在 MATLAB 中，使用 **scatter3** 指令繪製三維散點圖，該繪圖指令的呼叫格式和二維散點圖指令 **scatter** 非常相近，其呼叫格式如下：

➤ scatter3(x,y,z)：根據陣列 x、y、z 畫出三維散點圖

➤ scatter3(x,y,z,c)：以 c 設定三維散點圖中的散點顏色

範例 8-23 畫出下列函數的三維散點圖：

$$x = 2\sin t \cos 3t \text{，} y = 2\sin t \sin 3t \text{，} z = 0.5t \text{，} 0 \le t \le 4\pi$$

```
t=linspace(0,4*pi,30*4);              %設定自變數 t 向量
x=2*sin(t).*cos(3*t);                 %設定散點 x 軸座標
y=2*sin(t).*sin(3*t);                 %設定散點 y 軸座標
z=0.5*t;                              %設定散點 z 軸座標
scatter3(x,y,z,'b');                  %設定散點顏色為藍色
title('scatter3')                    %設定標題標記
xlabel('x'),ylabel('y'),zlabel('z')  %設定座標軸標記
axis equal                           %設定縱、橫座標為等長度刻度
```

▶ 執行結果

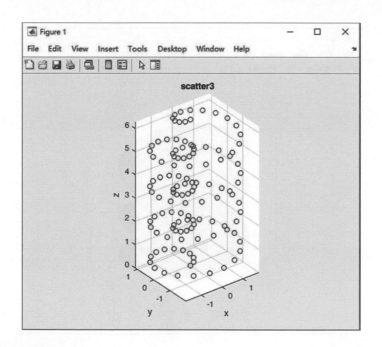

8-2-8 三維針頭圖

在 MATLAB 中，使用繪圖指令 **stem3** 繪製三維針頭圖，該繪圖指令的呼叫格式和二維針頭圖 **stem** 指令非常相近，其呼叫格式如下：

➤ stem3(x,y,z)：根據陣列 x、y、z 畫出三維針頭圖

➤ stem3(x,y,z,'filled')：設定為實心針頭

範 例 **8-24** 畫出下列函數的三維針頭圖：

$$x = 2\sin t \ , \quad y = 2\cos t \ , \quad z = 3+\sin 4t \ , \quad 0 \le t \le 2\pi \ , \text{間隔 } 0.2$$

```
t=0:0.2:2*pi;                                    %設定自變數 t 向量
stem3(2*sin(t),2*cos(t),3+sin(4*t),'filled')     %設定為實心針頭
title('stem3')                                   %設定標題標記
xlabel('x'),ylabel('y'),zlabel('z')              %設定座標軸標記
axis equal                                       %設定縱、橫座標為等長度刻度
```

▶ 執行結果

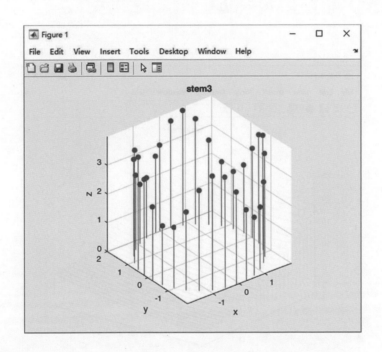

8-2-9 瀑布圖

在 MATLAB 中，使用繪圖指令 **waterfall** 繪製瀑布圖，該繪圖指令類似於 **meshz** 指令繪製三維曲面圖，但是它並不沿著矩陣的「行」的方向畫出線條，所畫的圖形具有瀑布的效果，其呼叫格式如下：

➤ waterfall(X,Y,Z)：根據二維陣列 X、Y 和 Z 畫出瀑布圖，圖形顏色由 Z 決定

➤ waterfall(X,Y,Z,C)：瀑布圖顏色由 C 決定

範例 8-25 畫出下列函數的瀑布圖：

$$z = 3 + x^2 + y^2 \text{，} 0 \le x \le 2 \text{，} 0 \le y \le 4$$

```
x=linspace(0,2,20);              %設定自變數 x 向量
y=linspace(0,4,30);              %設定自變數 y 向量
[X,Y]=meshgrid(x,y);             %建立網格矩陣
Z=3+X.^2+Y.^2;                   %設定函數向量 Z
waterfall(X,Y,Z);                %畫出瀑布圖
title('waterfall');              %設定標題標記
xlabel('x'),ylabel('y'),zlabel('z')   %設定座標軸標記
```

▶ 執行結果

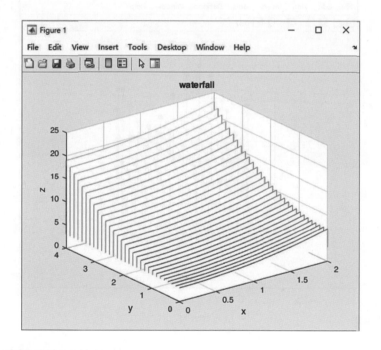

8-2-10 三維切線圖

三維切線圖是由繪圖指令 **quiver3** 來實現的，其呼叫格式為：

➤ quiver3(x,y,z,u,v,w)：畫出從資料點(x,y,z)出發，沿方向(u,v,w)的三維切線圖

➤ quiver3(x,y,z,u,v,w,s)：設定線條樣式和顏色

範例 8-26 畫出下列函數的三維切線圖：

$$\begin{cases} x = 5\cos t \\ y = 5\sin t \\ z = t \end{cases}, \quad 0 \le t \le 6\pi$$

```
t=linspace(0,6*pi,36);        %設定自變數 x 向量
x=5*cos(t);
y=5*sin(t);
z=t;
u=gradient(x);                % x 方向的梯度
v=gradient(y);                % y 方向的梯度
w=gradient(z);                % z 方向的梯度
quiver3(x,y,z,u,v,w);         %在點(x,y,z)處畫出分量為(u,v,w)的向量
hold on;                      %保持圖形
plot3(x,y,z,'*r-');           %畫出三維曲線圖
axis equal
legend('quiver3','plot3')
```

▶ 執行結果

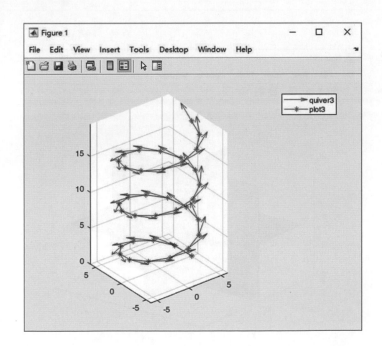

8-2-11 立體切片圖

MATLAB 使用繪圖指令 **slice** 來顯示三維函數的切片圖，其呼叫格式如下：

➤ slice(F,sx,sy,sz)：根據三維陣列 F 畫出 x=sx、y=sy 和 z=sz 指定面上的切片圖

➤ slice(X,Y,Z,F,sx,sy,sz)：根據三維陣列 X、Y、Z、F 畫出 x=sx、y=sy 和 z=sz 指定面上的切片圖

範例 **8-27** 畫出下列函數在 $x=0$、$y=0$、$z=0$ 指定面上的切面圖：

$$f = ye^{-x^2-y^2-z^2} \ , \ -2 \le x \le 2 \ , \ -3 \le y \le 3 \ , \ -4 \le z \le 4$$

```
x=linspace(-2,2,21);                  %設定自變數 x 向量
y=linspace(-3,3,31);                  %設定自變數 y 向量
z=linspace(-4,4,41);                  %設定自變數 z 向量
[X,Y,Z]=meshgrid(x,y,z);             %建立網格矩陣
F=Y.*exp(-X.^2-Y.^2-Z.^2);           %設定函數向量 F
slice(X,Y,Z,F,0,0,0);                 %切面圖由平面 x=0, y=0 和 z=0 定義
title('slice');                       %設定標題標記
xlabel('x'),ylabel('y'),zlabel('z')  %設定座標軸標記
```

▶ 執行結果

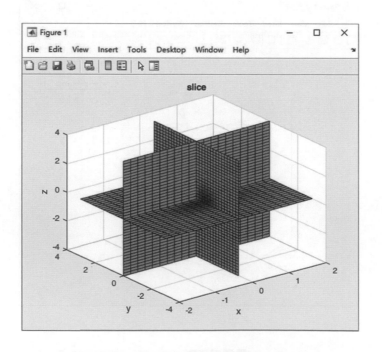

8-2-12 球體圖形

繪圖指令 **sphere** 係用來繪製球體圖形，其呼叫格式如下：

➤ sphcrc(n)：畫出 20×20 個面的單位球體

➤ sphere(n)：畫出 n×n 個面的球體

➤ [X,Y,Z]=sphere(n)：產生三個(n+1) × (n+1)階的矩陣，然後利用繪圖指令 surf(X,Y,Z) 或 mesh(X,Y,Z)來繪製球體

範例 8-28 使用繪圖指令 sphere 直接畫出單位球體圖

```
sphere(30);                              %畫出 30×30 個面的單位球體
axis equal                               %設定縱、橫座標爲等長度刻度
title('sphere');                         %設定標題標記
xlabel('x'),ylabel('y'),zlabel('z')      %設定座標軸標記
```

▶ 執行結果

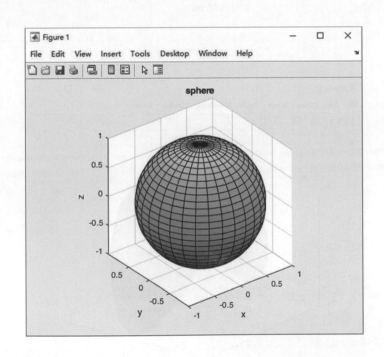

8-2-13 三維填色圖

使用繪圖指令 **fill3** 可以畫出三維多邊形並對其進行填色，基本用法如下：

➤ fill3(x,y,z,c)：使用 c 定義的顏色填滿由 x、y 和 z 決定的立體多邊形

範例 8-29 畫出下列函數的三維填色圖：

$$\begin{cases} x = 3\cos t \\ y = 4\sin t \\ z = 5x^2 - 3y^2 + 1 \end{cases} ， 0 \leq t \leq 2\pi ，間隔 0.1\pi$$

```
t=0:pi/10:2*pi;        %設定自變數 t 向量
x=3*cos(t);            %設定函數向量 x
y=4*sin(t);            %設定函數向量 y
z=5*x.^2-3*y.^2+1;     %設定函數向量 z
c=[0.3330 0.3330 0.5000];
fill3(x,y,z,c);
grid on;               %加入格線
```

▶ 執行結果

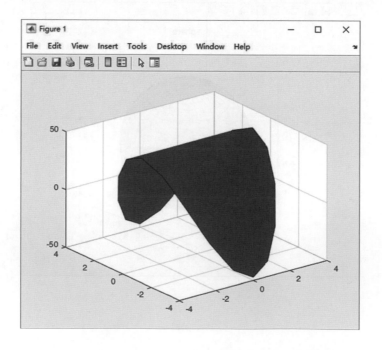

8-3　圖形的修飾

本節將介紹 MATLAB 在圖形顏色的設定、圖形背景顏色的設定、彩色刻度的設定、著色方式的設定、照明屬性的設定以及照明模式的設定等，其基本用法如下表所示：

指令	功能	指令	功能
colordef	設定背景顏色	colormap	設定圖形顏色
colorbar	添加彩色刻度	shading	設定著色方式
light	設定照明屬性	lighting	設定照明模式
hidden	圖形的透視		

8-3-1 設定圖形背景顏色

背景顏色是圖形的重要屬性。適當的設定圖形的背景顏色，對於提高圖形的視覺效果有很大的助益。在 MATLAB 中，使用 **colordef** 指令來設定圖形的背景顏色，其常用的呼叫格式如下：

➤ colordef white：將圖形的背景顏色設定為白色

➤ colordef none：不設定圖形的背景顏色

範例 **8-30**　畫出下列函數的三維曲面圖，並將背景顏色設定為白色：

$$z(x,y) = x^2 + y^2 \text{ , } -2 \le x \le 2 \text{ , } -3 \le y \le 3$$

```
clear all;
clc;
x=linspace(-2,2,10);                    %設定自變數 x 向量
y=linspace(-3,3,20);                    %設定自變數 y 向量
[X,Y]=meshgrid(x,y);                    %建立網格矩陣
Z=X.^2+Y.^2;                            %設定函數向量 Z
colordef white                          %將圖形的背景顏色設定為白色
surf(X,Y,Z)                             %畫出三維曲面圖
title('white')                         %設定標題標記
xlabel('x'),ylabel('y'),zlabel('z')    %設定座標軸標記
```

▶ 執行結果

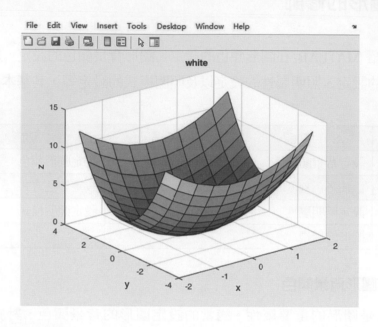

8-3-2 設定圖形顏色

圖形本身的顏色是其最重要的屬性。在 MATLAB 中，使用 **colormap** 指令來設定圖形的顏色屬性，其常用的格式如下：

➤ colormap(cm)：根據顏色圖矩陣 cm 設定圖形的顏色

範例 **8-31** 畫出下列函數在圓柱座標系下的三維曲面圖：

$$r = \cos t \ , \ z = \frac{t}{3\pi}\cos t \ , \ 0 \le t \le 3\pi$$

```
t=linspace(0,3*pi,36);              %設定自變數 t 向量
r=cos(t);                           %設定函數向量 r
[T,R]=meshgrid(t,r);                %建立網格矩陣
Z=R.*T/3/pi;                        %設定函數向量 Z
[X,Y,Z]=pol2cart(T,R,Z);            %將極座標陣列轉換爲直角座標陣列
surf(X,Y,Z);                        %畫出三維曲面圖
xlabel('x'),ylabel('y'),zlabel('z') %設定座標軸標記
axis equal                          %設定縱、橫座標爲等長度刻度
colormap(bone)
```

▶ 執行結果

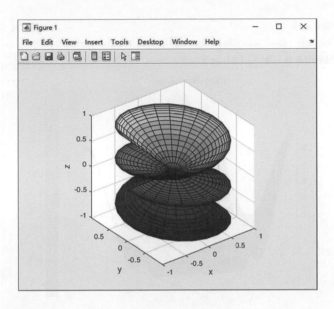

8-3-3 加入彩色刻度

我們可以使用 **colorbar** 指令根據 location 的值 value，在目前的圖形視窗中，加入水平('horiz')或垂直('vert')的彩色刻度(color bar)。**colorbar** 指令的格式為：

➤ colorbar('location','value')：根據 location 的值 value，在目前的圖形視窗中加入彩色刻度(color bar)

範例 8-32　畫出下列函數的三維曲面圖，並加入垂直彩色刻度：

$$z(x,y) = 3\sin(|x|+|y|)，-4 \le x \le 4，-4 \le y \le 4$$

```
x=linspace(-4,4,41);                        %設定自變數 x 向量
y=linspace(-4,4,41);                        %設定自變數 y 向量
[X,Y]=meshgrid(x,y);                        %建立網格矩陣
Z=3*sin(abs(X)+abs(Y));                     %設定函數向量 Z
surf(X,Y,Z)                                 %畫出三維曲面圖
axis equal                                  %設定縱、橫座標為等長度刻度
colorbar('vert')                       %在目前的圖形視窗中，畫出垂直彩色刻度
title('z(x,y)=3sin(|x|+|y|)')               %設定標題標記
xlabel('x'),ylabel('y'),zlabel('z')   %設定座標軸標記
```

▶ 執行結果

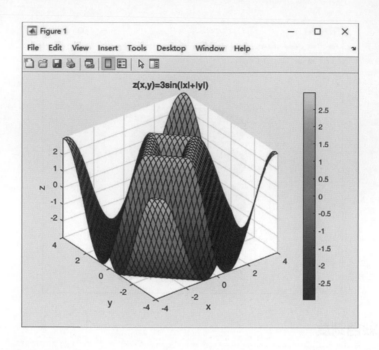

8-3-4 設定著色方式

在 MATLAB 中，使用 **shading** 指令來設定圖形的不同著色方式，其呼叫格式如下：

➤ shading faceted：以平面為單位進行著色，這是系統預設著色方式。

➤ shading interp：插值方式著色

➤ shading flat：平滑方式著色

範 例 8-33 使用不同的著色方式畫出下列函數的三維曲面圖：

$$z(x,y) = 3\sin(|x| + |y|) , \quad -4 \le x \le 4 , \quad -4 \le y \le 4$$

```
x=linspace(-4,4,41);                        %設定自變數 x 向量
y=linspace(-4,4,41);                        %設定自變數 y 向量
[X,Y]=meshgrid(x,y);                        %建立網格矩陣
Z=3*sin(abs(X)+abs(Y));                     %設定函數矩陣 Z
subplot(311)                                %設定子圖
surf(X,Y,Z)                                 %畫出三維曲面圖
axis tight                                  %將資料範圍設定為座標範圍
shading flat                                %以平滑方式著色
title('flat')                               %設定標題標記
xlabel('x'),ylabel('y'),zlabel('z')         %設定座標軸標記
hold on;                                    %保持圖形
subplot(312)                                %設定子圖
surf(X,Y,Z)                                 %畫出三維曲面圖
axis tight                                  %將資料範圍設定為座標範圍
shading interp                              %以插值方式著色
title('interp')                             %設定標題標記
xlabel('x'),ylabel('y'),zlabel('z')         %設定座標軸標記
hold on;                                    %保持圖形
subplot(313)                                %設定子圖
surf(X,Y,Z)                                 %畫出三維曲面圖
axis tight                                  %將資料範圍設定為座標範圍
shading faceted                             %以平面為單位進行著色
title('faceted')                            %設定標題標記
xlabel('x'),ylabel('y'),zlabel('z')         %設定座標軸標記
hold off
```

▶ 執行結果

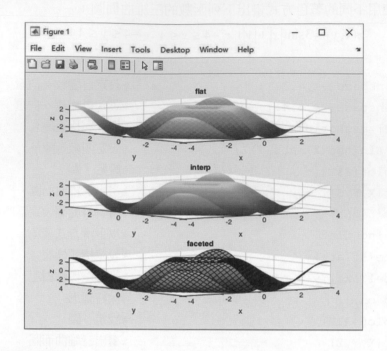

8-3-5 設定照明屬性

　　合理的設定圖形照明屬性,可以得到很眞實的視覺效果。在 MATLAB 中,照明屬性設定的指令爲 **light** 和 **lighting**,其呼叫格式如下:

➤ light:使用預設値建立光源

➤ light(pl,vl,…,pn,vn):在建立光源的同時設定參數

➤ lighting flat:設定光照模式爲平面模式,以網格爲光照的基本單元。

➤ lighting gouraud:設定光照模式爲點模式,以像素爲光照的基本單元。

➤ lighting phong:以像素爲光照的基本單元,並考慮各點的反射。

➤ lighting none:關閉光照效果

範例 8-34 畫出下列函數的三維曲面圖，並使用不同的光源：

$$z(x,y) = 3\sin(|x|+|y|) \text{ , } -4 \le x \le 4 \text{ , } -4 \le y \le 4$$

```
x=linspace(-4,4,41);                    %設定自變數 x 向量
y=linspace(-4,4,41);                    %設定自變數 y 向量
[X,Y]=meshgrid(x,y);                    %建立網格矩陣
Z=3*sin(abs(X)+abs(Y));                 %設定函數向量 Z
subplot(211)                            %設定子圖
surf(X,Y,Z)                             %畫出三維曲面圖
axis tight                              %將資料範圍設定為座標範圍
colormap(hsv)                           %使用飽和顏色圖
light('color','g')                      %用 light 函數添加光源
title('green color')                    %設定標題標記
xlabel('x'),ylabel('y'),zlabel('z')     %設定座標軸標記
hold on;                                %保持圖形
subplot(212)                            %設定子圖
surf(X,Y,Z)                             %畫出三維曲面圖
axis tight                              %將資料範圍設定為座標範圍
colormap(bone)                          %使用灰色顏色圖
light('color','r')                      %用 light 繪圖指令添加光源
title('red color')                      %設定標題標記
xlabel('x'),ylabel('y'),zlabel('z')     %設定座標軸標記
hold off
```

▶ 執行結果

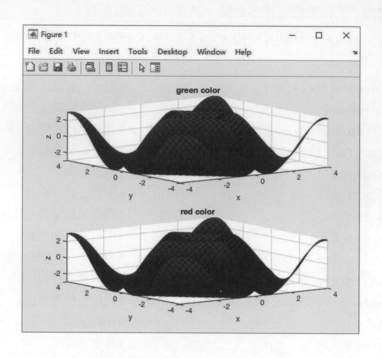

範例 8-35　使用不同的光照模式畫出下列函數的三維曲面圖：

$$z(x, y) = 3\sin(|x| + |y|) \text{，} -4 \leq x \leq 4 \text{，} -4 \leq y \leq 4$$

```
x=linspace(-4,4,41);                    %設定自變數 x 向量
y=linspace(-4,4,41);                    %設定自變數 y 向量
[X,Y]=meshgrid(x,y);                    %建立網格矩陣
Z=3*sin(abs(X)+abs(Y));                 %設定函數向量 z
subplot(211)                            %設定子圖
surf(X,Y,Z)                             %畫出三維曲面圖
axis tight                              %將資料範圍設定為座標範圍
light
lighting gouraud
title('gouraud')                        %設定標題標記
xlabel('x'),ylabel('y'),zlabel('z'      %設定座標軸標記
hold on;                                %保持圖形
subplot(212)                            %設定子圖
surf(X,Y,Z)                             %畫出三維曲面圖
shading flat
axis tight                              %將資料範圍設定為座標範圍
light
lighting phong
title('phong')                          %設定標題標記
xlabel('x'),ylabel('y'),zlabel('z')     %設定座標軸標記
hold off
```

▶ 執行結果

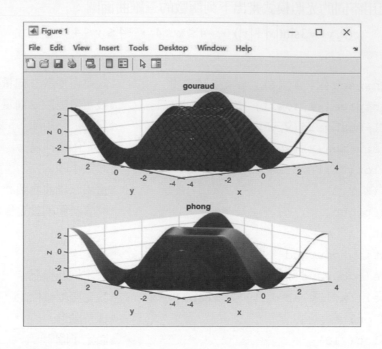

8-3-6 圖形的透視

在同一個座標系繪圖時，如果圖形彼此相重疊，我們可以使用 **hidden** 指令來實現圖形的透視或隱藏，其呼叫格式如下：

➤ hidden off：設定為透視方式。

➤ hidden on：設定為隱藏方式，即非透視方式。此為系統預設方式。

範例 **8-36** 在同一圖形視窗中畫出半徑為 3 的球形網狀圖和半徑為 1 的球形曲面圖，並將半徑為 3 的球形曲面圖設定成透視方式。

```
[X1,Y1,Z1]=sphere(30);              %產生單位球面的三維座標
X=3*X1;Y=3*Y1;Z=3*Z1;               %產生半徑為 3 的球面的三維座標
surf(X1,Y1,Z1);                     %畫出半徑為 1 的球形曲面圖
hold on;                            %保持圖形
mesh(X,Y,Z);                        %畫出半徑為 3 的球形網狀圖
axis equal                          %設定縱、橫座標為等長度刻度
xlabel('x'),ylabel('y'),zlabel('z') %設定座標軸標記
hidden off                          %產生透視效果
```

▶ 執行結果

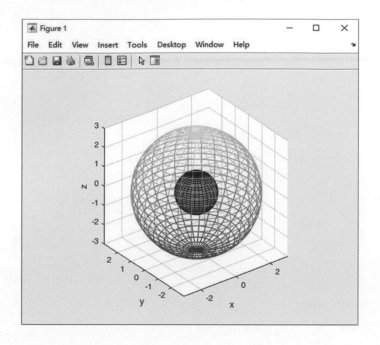

MATLAB 符號運算基礎

學習單元：

　　MATLAB 的數學計算分為數值計算和符號計算。MATLAB 的符號數學工具箱 Symbolic Math Toolbox 將符號運算結合到數值運算環境。從 MATLAB R2008b 開始，預設的符號運算引擎(engine)就由 MuPAD 代替原來的 Maple 引擎，在 MATLAB 環境中可以使用符號數學工具箱的函數，也可以呼叫 MuPAD 的函數。

9-1　符號運算入門

　　使用符號數學工具箱進行符號計算時，要先定義基本的符號物件(symbolic object)，才可以進行符號運算。符號物件是一種資料結構，包括符號常數、符號變數、符號運算式和符號矩陣，用來儲存代表符號的字串。在符號運算中，凡是由符號運算式所產生的物件也都是符號物件。

　　在 MATLAB 中是使用 **sym** 或 **syms** 指令來建立符號常數、符號變數和符號物件。此外，可以透過 **class** 指令取得符號變數的類型。在使用 **syms** 指令定義符號變數時，不要在變數名稱上加單引號，變數之間用空格隔開。下面列出經常使用的呼叫格式及其說明：

➤ S=sym(A,flag)：用來將數值物件 A 轉換成符號物件 S，flag 有以下四種選項：

　　· 'r'：最接近有理數形式，為系統預設。

　　· 'f'：十六進制浮點數形式

　　· 'e'：含估計誤差 eps 的有理數形式

　　· 'd'：最接近的十進制浮點精確值，有效位數由 digits 定義。

➤ S=sym('A',flag)：由一個字串 A 建立符號物件 S，flag 有以下四種選項：

　　· 'positive'：限定字串 A 為正的實數型符號變數

　　· 'real 　'：限定字串 A 為實數型符號變數

　　· 'unreal'：限定字串 A 為非實數型符號變數

➤ syms s1 s2 ... flag;：建立多個符號物件 s1、s2、...，flag 有同上四種選項。

➤ str=class(object)：傳回資料物件類型的字串。

9-1-1 符號常數

符號常數是一種符號物件。數值常數如果做為指令 **sym** 的輸入參數，這就建立了一個符號常數。

範例 9-1 使用 sym 指令建立符號常數

```
x1=sqrt(3)
x2=sqrt(sym(3))              %建立符號常數
x3=double(x2)
x4=sym(3)/sym(5)            %符號常數
x5=2*x4
x6=sym('3/5')              %符號字串
```

▶ 執行結果

```
x1 =
    1.7321

x2 =
3^(1/2)

x3 =
    1.7321

x4 =
3/5

x5 =
6/5

x6 =
3/5
```

```
>> whos        %在指令視窗中輸入 whos
```

Name ▲	Value	Size	Bytes	Class
x1	1.7321	1x1	8	double
x2	1x1 sym	1x1	8	sym
x3	1.7321	1x1	8	double
x4	1x1 sym	1x1	8	sym
x5	1x1 sym	1x1	8	sym
x6	1x1 sym	1x1	8	sym

範例 9-2　使用 sym 指令產生不同資料類型的符號常數

```
x=0.23
y1=sym(x)                    %沒有第二個參數相當於使用'r'選項
y2=sym(x,'r')               %有理數形式
y3=sym(x,'f')               %浮點數形式
y4=sym(x,'e')               %誤差表示法
y5=sym(x,'d')               %十進制表示法，預設 32 位有效位數。
```

▶ 執行結果

```
x =
    0.2300

y1 =
23/100

y2 =
23/100

y3 =
8286623314361713/36028797018963968

y4 =
 (9*eps)/200 + 23/100

y5 =              %預設 32 位有效位數
0.23000000000000000999200722162641
```

9-1-2　符號變數

在 MATLAB 中，可以使用 **sym** 指令建立單一個符號變數，也可以使用 **syms** 指令建立多個符號變數。可以使用指令 **class** 來檢測其資料類型。

範例 9-3 使用 sym 和 syms 指令建立符號變數

```
x=sym('x');          %建立符號變數 x
y=sym('y');          %建立符號變數 y
syms a b;            %建立符號變數 a 和 b，變數之間不可以用逗點隔開。
cx=class(x)          %取得符號變數 x 的類型
cy=class(y)          %取得符號變數 y 的類型
ca=class(a)          %取得符號變數 a 的類型
cb=class(b)          %取得符號變數 b 的類型
```

▶ 執行結果

```
cx =                 %符號變數 x 的類型為 sym
    'sym'

cy =                 %符號變數 y 的類型為 sym
    'sym'

ca =                 %符號變數 a 的類型為 sym
    'sym'

cb =                 %符號變數 b 的類型為 sym
    'sym'
```

範例 9-4 使用 syms 指令建立複數符號變數

```
syms x y real        %建立符號變數 x、y 和 real
z=x+i*y              %建立複數符號變數 z
r=real(z)            %複數符號變數 z 的實部
```

▶ 執行結果

```
z =
x + y*1i

r =                  %複數符號變數 z 的實部為符號變數 x
```

9-1-3 符號運算式

在使用 **sym** 指令建立符號運算式時，可以將每個變數定義為符號變數，然後建立符號運算式；也可以使用 **sym** 指令將整個運算式進行定義，但是，此種方式並沒有將運算式中的變數也定義為符號變數。

範例 9-5 使用 sym 指令建立符號運算式 $ax^2 + bx + c$

```
a=sym('a');                  %建立符號變數 a
b=sym('b');                  %建立符號變數 b
c=sym('c');                  %建立符號變數 c
x=sym('x');                  %建立符號變數 x
f1=a*x^2+b*x+c               %建立符號運算式 ax² + bx + c
f2=sym(@(x) a*x^2+b*x+c)     %使用匿名函數將整個運算式定義為符號運算式
```

▶ 執行結果

```
f1 =
a*x^2 + b*x + c

f2 =
a*x^2 + b*x + c
```

也可以使用 syms 指令建立符號運算式 $ax^2 + bx + c$

```
syms a b c x;       %每個變數名稱上不用加單引號，且變數之間用空格隔開
f3=a*x^2+b*x+c      %建立符號運算式 ax² + bx + c
```

▶ 執行結果

```
f3 =
a*x^2 + b*x + c
```

範例 9-6 使用 syms 指令建立符號函數 $f(x, y) = 3(x-1)^2 + \cos(x+y)$

```
syms f(x,y)                  %定義抽象函數 f(x,y)
f(x,y)=3*(x-1)^2+cos(x+y)    %建立符號函數 f(x,y)
```

▶ 執行結果

```
f(x, y) =
cos(x + y) + 3*(x - 1)^2
```

9-1-4 函數指令 symvar

在微積分、函數運算式化簡、解方程式中，決定自變數是必不可少的。在不指定自變數的情況下，按照數學常規，自變數通常是小寫英文字母，並且是後面的字母如 t、w、x、y、z 等。在 MATLAB 中，使用 **symvar** 指令來決定符號運算式的自變數，其呼叫格式如下：

➤ symvar(S,n)：決定符號字串 S 中的自變數。若省略輸入參數 n，將列出 S 中的所有符號變數；若指定 n=1 時，從符號字串 S 中找出與 x 最接近的字母。如果有兩個字母與 x 的距離相等，則取較後面的一個字母。

範例 **9-7** 使用 symvar 指令決定符號方程式的自變數。

```
syms a b c m n p q t w x y;
f1=sym(n*y^n+m*y+w==0);
sv1=symvar(f1)
f2=sym(a*x^2+b*x+c==0);        %建立符號方程式 ax^2+bx+c
sv2=symvar(f2,1)
f3=sym(@(x)a*x^2+b*x+c==0);  %使用匿名函數建立符號方程式
sv3=symvar(f3,2)
f4=sym(w*(sin(p*t+q)==0));   %建立符號方程式
sv4=symvar(f4,3)
```

▶ 執行結果

```
sv1 =
[ m, n, w, y]
sv2 =
x
sv3 =
[ c, x]
sv4 =
[ q, t, w]
```

9-2 符號矩陣及其運算

符號矩陣也是一種符號運算式，前面所介紹的符號運算式的運算都可以用於符號矩陣。由於符號矩陣是一個矩陣，所以符號矩陣還能進行有關矩陣的運算。此外，許多應用於數值矩陣的函數，也可以直接應用於符號矩陣。在 MATLAB 中，可以使用 syms 指令直接建立符號矩陣，也可以將數值矩陣轉換爲符號矩陣。

9-2-1 建立符號矩陣

使用 **syms** 指令建立符號矩陣時，矩陣元素之間用空格或逗點隔開，各列之間用分號隔開，各元素字串的長度可以不相等。

範例 9-8 使用指令 sym 直接建立符號矩陣

```
syms a b c;                    %建立多個符號變數
A=[a b c;b c a;c a b]          %建立符號矩陣 A
```

▶ 執行結果

```
A =
[ a, b, c]
[ b, c, a]
[ c, a, b]
```

9-2-2 符號矩陣的四則運算

本小節介紹使用符號矩陣來實現符號矩陣(陣列)的四則運算，如下表所示：

指令	功能	指令	功能
A+B	符號矩陣的加法	A-B	符號矩陣的減法
A*B	符號矩陣的乘法	A.*B	符號陣列的乘法
A/B	符號矩陣的右除法	A\B	符號矩陣的左除法
A./B	符號陣列的右除法	A.\B	符號陣列的左除法

範 例 9-9 使用 sym 指令建立符號常數

```
syms a b c d       %建立多個符號變數
A=[a,b;c,d]        %建立符號矩陣 A
B=[b,c;d,a]        %建立符號矩陣 B
C=A+B              %符號矩陣的加法
D=A*B              %符號矩陣的乘法
E=A/B              %符號矩陣的右除法
F=A\B              %符號矩陣的左除法
```

▶ **執行結果**

```
A =
[ a, b]
[ c, d]

B =
[ b, c]
[ d, a]

C =
[ a + b, b + c]
[ c + d, a + d]

D =              %按照線性代數的矩陣乘法定義相乘
[ a*b + b*d, a*b + a*c]
[ d^2 + b*c, c^2 + a*d]

E =              %近似於 B*inv(A)
[ -(- a^2 + b*d)/(a*b - c*d), -(- b^2 + a*c)/(a*b - c*d)]
[  (- d^2 + a*c)/(a*b - c*d),  (- c^2 + b*d)/(a*b - c*d)]

F =              %近似於 inv(A)*B
[ 0, -(a*b - c*d)/(a*d - b*c)]
[ 1,  (a^2 - c^2)/(a*d - b*c)]
```

範 例 9-10 符號陣列的基本算術運算

```
syms a b x;
A=sym([x,x^2;3,a])                    %建立符號陣列 A
B=sym([b,sqrt(x);x^3,2*x])            %建立符號陣列 B
C=A+B                                 %符號陣列的加法
D=A.*B                                %符號陣列的乘法
E=A./B                                %符號陣列的右除法
F=A.\B                                %符號陣列的左除法
```

▶ 執行結果

```
A =
[ x, x^2]
[ 3,   a]

B =
[   b, x^(1/2)]
[ x^3,    2*x]

C =
[   b + x, x^2 + x^(1/2)]
[ x^3 + 3,      a + 2*x]

D =                 %按照 A 和 B 對應的元素相乘
[   b*x, x^(5/2)]
[ 3*x^3,   2*a*x]

E =                 %按照 A 和 B 對應的元素相除
[   x/b, x^(3/2)]
[ 3/x^3, a/(2*x)]

F =                 %按照 A 和 B 對應的元素相除
[   b/x, 1/x^(3/2)]
[ x^3/3,   (2*x)/a]
```

9-2-3 符號矩陣的線性代數運算

符號矩陣和數值矩陣非常類似，也可以求符號矩陣的轉置、反矩陣、行列式值和特徵值等運算，列表如下：

指令	功能	指令	功能
A'	符號矩陣 A 的轉置矩陣。如 A 為複數矩陣，則 A'為共軛轉置矩陣。	A.'	符號陣列 A 的真正轉置矩陣
A^B	符號矩陣 A 的整數 B 次方	A.^B	按照 A 和 B 對應的元素進行乘冪運算
inv(A)	符號矩陣 A 的反矩陣	det(A)	符號矩陣 A 的行列式值
rank(A)	符號矩陣 A 的秩	eig(A)	符號矩陣 A 的特徵值

範例 9-11 計算符號矩陣 $A = \begin{bmatrix} a_{11} & a_{12} \\ a_{21} & a_{22} \end{bmatrix}$ 的轉置矩陣。

```
syms a11 a12 a21 a22      %建立多個符號變數
A=[a11 a12;a21 a22]       %建立符號矩陣 A
t1=A'                     %求符號矩陣 A 的共軛轉置矩陣
t2=A.'                    %求符號矩陣 A 的真正轉置矩陣
```

▶ 執行結果

```
A =

[ a11, a12]
[ a21, a22]


t1 =

[ conj(a11), conj(a21)]
[ conj(a12), conj(a22)]


t2 =

[ a11, a21]
[ a12, a22]
```

範例 9-12 求符號矩陣的秩、行列式值、特徵值、反矩陣以及乘冪。

```
A=sym(magic(3))      %建立符號矩陣 A
B=sym(pascal(3))     %建立符號矩陣 B
r=rank(A)            %符號矩陣 A 的秩
d=det(A)             %符號矩陣 A 的行列式值
e=eig(A)             %符號矩陣 A 的特徵值
i=inv(A)             %符號矩陣 A 的反矩陣
j=A.^B               %符號陣列的乘冪
```

▶ 執行結果

```
A =                  %三階魔術方陣
[ 8, 1, 6]
[ 3, 5, 7]
[ 4, 9, 2]

B =                  %三階巴斯卡方陣
[ 1, 1, 1]
[ 1, 2, 3]
[ 1, 3, 6]

r =
    3

d =
-360

e =
      15
 -2*6^(1/2)
  2*6^(1/2)

i =                  %A 的反矩陣
[  53/360, -13/90,  23/360]
[ -11/180,   1/45,  19/180]
[  -7/360,  17/90, -37/360]

j =                  %A 和 B 對應元素的乘冪
[ 8,   1,   6]
[ 3,  25, 343]
[ 4, 729,  64]
```

9-3　符號運算精確度

在 MATLAB 中，使用 **digits** 和 **vpa** 指令來實現任意有效位數的符號運算，其呼叫格式如下：

➤ digits(n)：將符號物件的近似解的精確度調整為 n 位有效位數，預設為 32 位。

➤ vpa(A,d)：求符號矩陣 A 中每一個元素的近似解，有效位數由 d 決定。

➤ numeric(S)：將符號運算式 S 轉換為數值運算式

9-3-1 有理數形式運算

MATLAB 中的數值矩陣必須經過轉換才可以執行符號運算。不管數值矩陣的元素原先是用分數還是浮點數表示，轉換後的符號矩陣都將以最接近的精確有理形式表示。

範例 **9-13** 數值矩陣轉換成符號矩陣

```
A=[1/3,sqrt(3)/2;sin(2),exp(1)]    %數值矩陣 A
digits(15)                         %設定顯示 15 位有效位數
B=sym(A,'d')                       %將數值矩陣 A 轉換為符號矩陣 B
```

▶ 執行結果

```
A =

    0.3333    0.8660
    0.9093    2.7183

B =

[ 0.333333333333333,  0.866025403784439]
[ 0.909297426825682,  2.71828182845905]
```

範例 9-14 符號物件轉換成數值物件

```
c1=sym(1/3);              %符號物件
c2=sym(sqrt(3)/2);        %符號物件
c3=sym(sin(2));           %符號物件
c4=sym(exp(1));           %符號物件
d1=double(c1)             %數值物件
d2=double(c2)             %數值物件
d3=double(c3)             %數值物件
d4=double(c4)             %數值物件
```

▶ 執行結果

```
d1 =
   0.3333

d2 =
   0.8660

d3 =
   0.9093

d4 =
   2.7183
```

9-3-2 任意有效位數運算形式

如果使用任意有效位數形式而不是有理數算術運算，則使用 **vpa** 指令建立變數。對於只有倍精度元素的矩陣，使用 **vpa** 指令產生符號運算式，採用任意有效位數算術運算。

範例 9-15 使用 vpa 指令進行精確度控制

```
A=[0.1234 0.2345 0.3456;1.7890 2.3456 3.4567]
S=sym(A)
digits(6)         %輸出 6 位有效位數
V=vpa(S)          %將有理數形式的符號矩陣轉換成 6 位有效位數的矩陣
```

▶ 執行結果

```
A =
    0.1234    0.2345    0.3456
    1.7090    2.3456    3.4567

S =
[  617/5000,  469/2000,      216/625]
[ 1789/1000, 1466/625, 34567/10000]

V =
[  0.1234,  0.2345,  0.3456]
[  1.789,  2.3456,  3.4567]
```

9-3-3 運算形式的轉換

　　前面已經介紹採用 **sym** 指令和 **vpa** 指令可以將倍精度的運算式轉換成有理數形式和任意有效位數形式。使用 **double** 指令可以將有理數或任意有效位數形式轉換成浮點運算式。

範 例 **9-16** 使用 double 指令將符號運算式轉換成浮點運算式

```
f=sym(log(sqrt(12)))          %建立符號運算式
d=double(f)                   %將符號變數轉換成浮點數
v=vpa(f,15)                   % 15 位有效位數
```

▶ 執行結果

```
f =
5595512331017853/4503599627370496

d =
    1.2425

v =
1.242453324894
```

9-4　符號運算式的替換

在 MATLAB 中，可以使用 **subs** 和 **subexpr** 指令進行符號替換，將運算式的輸出形式簡化，得到一個較簡單的運算式，其呼叫格式如下：

➤ subs(S)：將符號運算式 S 中的所有符號變數，用工作空間中的變數值代替。

➤ subs(S,old,new)：將符號運算式 S 中的變數 old 用變數 new 替換。

➤ subexpr(S,new)：把運算式中重覆出現的字串用變數 new 代替

9-4-1 subs 指令

subs 指令也可以用來將一個特殊運算式中的多個變數用多個值替換。

範例 **9-17** 使用 subs 指令進行符號變數替換和求值

```
syms a b c x;
f=sym(a*x^2+b*x+c)          %建立符號運算式
s1=subs(f,x,'y')            %變數 x 替換為 y
s2=subs(f,a,'alpha')        % a 替換為 alpha
s3=subs(f,1)                %將預設變數 x 替換為 1
```

▶ 執行結果

```
f =
a*x^2 + b*x + c

s1 =
a*y^2 + b*y + c

s2 =
alpha*x^2 + b*x + c

s3 =
a + b + c
```

範例 9-18 使用 subs 指令進行符號變數替換和符號矩陣替換

```
syms a b t;
X=sym([exp(a*t),sqrt(t);a*sin(b*t),a+b]);    %建立符號矩陣
A=subs(X,'pi')                               %變數 t 替換為 pi
B=subs(A,'1')                                %變數 b 替換為 1
```

▶ 執行結果

```
A =
[   exp(pi*a), pi^(1/2)]
[ a*sin(pi*b),    a + b]

B =
[ exp(pi*a), pi^(1/2)]
[         0,    a + 1]
```

9-4-2 subexpr 指令

subexpr 指令把重覆使用的子運算式用變數 **sigma** 表示，子運算式是以列向量的形式儲存在 MATLAB 工作空間中。

範例 9-19 求方程式 $ax^3 + ax^2 + 3x = 0$ 的根，並使用 subexpr 指令進行符號替換

```
syms a x;
t=solve(a*x^3+a*x^2+3*x)        %解三次方程式
[r1,sigma1]=subexpr(t)          %使用 sigma 替換重複出現的字串
[r2,sigma2]=subexpr(t,'s')      %使用 s 替換重複出現的字串
```

▶ 執行結果

```
t =                                 %三次方程式的三個根
                  0
 -(a - (a*(a - 12))^(1/2))/(2*a)
 -(a + (a*(a - 12))^(1/2))/(2*a)

r1 =      %使用 sigma 替換重複出現的(a*(a - 12))^(1/2)
             0
 -(a - sigma)/(2*a)
 -(a + sigma)/(2*a)
```

```
sigma1 =
(a*(a - 12))^(1/2)

r2 =        %使用 s 替換重複出現的(a*(a - 12))^(1/2)
              0
 -(a - s)/(2*a)
 -(a + s)/(2*a)

sigma2 =
(a*(a - 12))^(1/2)
```

9-5　符號運算式的操作

符號運算式可以進行加減乘除四則運算，此外，MATLAB 提供可以對符號運算式進行因式分解、展開、合併同次項等運算的指令，如下表所示：

指令	功能	指令	功能
compose	複合函數運算	finverse	反函數運算
numden	取得分子和分母	factor	因式分解
collect	同次項合併	expand	多項式展開
horner	轉換成嵌套形式	simplify	運算式化簡

9-5-1 符號運算式的四則運算

範例 9-20 計算符號運算式 $f_1 = 3x^2 - 2x + 5$ ，$f_2 = x^2 + 7x - 6$ 的四則運算

```
syms x
f1=3*x^2-2*x+5        %符號運算式 f1
f2=x^2+7*x-6          %符號運算式 f2
g1=f1+f2              %符號運算式 f1 和 f2 相加
g2=f1-f2              %符號運算式 f1 和 f2 相減
g3=f1*f2              %符號運算式 f1 和 f2 相乘
g4=f1/f2              %符號運算式 f1 和 f2 相除
```

▶ 執行結果

```
f1 =
3*x^2 - 2*x + 5

f2 =
x^2 + 7*x - 6

g1 =
4*x^2 + 5*x - 1

g2 =
2*x^2 - 9*x + 11

g3 =
(x^2 + 7*x - 6)*(3*x^2 - 2*x + 5)

g4 =
(3*x^2 - 2*x + 5)/(x^2 + 7*x - 6)
```

9-5-2 符號運算式的複合函數運算

在數學計算中，若函數 $z = f(y)$，而該函數的自變數 y 又是另一個對於 x 的函數，即 $y = g(x)$。此時，$z = f(g(x))$，z 是對於 x 的一個複合函數。

在 MATLAB 中，使用 **compose** 指令實現複合函數運算，其呼叫格式如下：

➤　compose(f,g)：傳回當 $f = f(x)$ 和 $g = g(y)$ 時的複合函數 $f(g(y))$。

範例 **9-21**　求符號運算式 $f = te^{-x}$ 與 $g = a\cos(y) - \sin(y)$ 的複合運算式。

```
syms t x y a;
f=t*exp(-x)                    %建立符號運算式 f(x)
g=a*cos(y)-sin(y)              %建立符號運算式 g(y)
h=compose(f,g)                 %計算 f(g(y))
```

▶ 執行結果

```
f =
t*exp(-x)

g =
a*cos(y) - sin(y)

h =
t*exp(sin(y) - a*cos(y))
```

9-5-3 符號運算式的反函數運算

在 MATLAB 中，使用 **finverse** 指令實現符號運算式的反函數運算，其呼叫格式如下：

➤ g=finverse(f)：計算符號運算式 f 的反函數，傳回值 g 也是一個符號運算式。

範 例 9-22 求符號運算式 $f(x) = \sin(x) - te^x + 2$ 的反函數。

```
syms x y;
f=sin(x)+cos(y)+2            %建立符號運算式 f(x)
g1=finverse(f)              %求 f 的反函數，預設以 x 為自變數
g2=finverse(f,x)            %求 f 的反函數，以 x 為自變數
g3=finverse(f,y)            %求 f 的反函數，以 y 為自變數
```

▶ 執行結果

```
f =
cos(y) + sin(x) + 2

g1 =
-asin(cos(y) - x + 2)

g2 =
-asin(cos(y) - x + 2)

g3 =
acos(y - sin(x) - 2)
```

9-5-4 符號運算式的常用操作

本小節將介紹符號運算式的常用操作運算，包括求符號多項式的分子和分母、符號多項式的因式分解、符號多項式的展開等。

1. 分子和分母指令 **numden**

在 MATLAB 中，使用 **numden** 指令來求符號運算式的分子和分母，其呼叫格式如下：

➤ [n,d]=numden(f)：輸入參數 f 可以是符號運算式，也可以是符號矩陣，輸出參數 n 為分子，d 為分母。

範例 9-23 求符號運算式 $f(x)=\dfrac{x}{y}+\dfrac{2y}{3x}$ 的分子和分母

```
syms x y;
f=(x/y)+(2*y)/(3*x);    %建立符號運算式 f(x)
[n,d]=numden(f)         %求 f(x)的分子和分母，且將 f(x)變為 (3x²+2y²)/(3xy)
```

▶ 執行結果

```
n =                     %f(x)的分子
3*x^2 + 2*y^2

d =                     %f(x)的分母
3*x*y
```

2. 因式分解指令 **factor**

如果 f 是個多項式，係數為有理數，則 **factor(f)** 指令用來將 f 表示成係數為有理數的多項式相乘。如果 f 不能被因式分解，則傳回多項式本身。

範例 9-24 使用 factor 指令對符號多項式因式分解

```
f1=factor(sym(12345678))
f2=factor(sym(x^4-y^4+x^2-y^2))
f3=factor(sym(x^6-1))
f4=factor(sym(x^2*y+y*x-x^2-2*x))
f5=factor(sym(x^3-6*x^2+11*x-5))
```

▶ 執行結果

```
f1 =
[ 2, 3, 3, 47, 14593]

f2 =
[ x + y, x - y, x^2 + y^2 + 1]

f3 =
[ x - 1, x + 1, x^2 + x + 1, x^2 - x + 1]

f4 =
[ x, y - x + x*y - 2]

f5 =                    %無法因式分解
x^3 - 6*x^2 + 11*x - 5
```

3. 合併變數指令 **collect**

　在 MATLAB 中，使用 **collect** 指令來將符號運算式表示成某一符號變數的多項式形式，其呼叫格式如下：

➤ R=collect(S,v)：將符號運算式 S 按照符號變數 v 的相同次方項進行合併，輸入參數 S 可以是符號運算式，也可以是符號矩陣。如果省略參數 v，則系統預設按照變數 x 合併。

範例 9-25 使用 collect 指令將符號運算式合併

```
sym x;
collect((x+1)*(x-2)*(x+3))        %對於變數 x 合併
```

▶ 執行結果

```
ans =
x^3 + 2*x^2 - 5*x - 6
```

```
syms x y
collect((x-3)*(y+4)+3*x*y)        %對於變數 x 合併
```

▶ 執行結果

```
ans =
(4*y + 4)*x - 3*y - 12
```

```
syms x
f = exp(x)*cos(x) + 3*x*cos(2*x) + x*cos(3*x)
collect(f, 'cos')       %對於變數 cos 合併
```

▶ 執行結果

```
f =
3*x*cos(2*x) + x*cos(3*x) + exp(x)*cos(x)

ans =
exp(x)*cos(x) + 3*x*cos(2*x) + x*cos(3*x)
```

4. 展開指令 **expand**

在 MATLAB 中,使用 **expand** 指令將符號運算式展開,其呼叫格式如下:

➤ R=expand(S):將符號運算式 S 的各項展開,該指令主要用於多項式運算式、三角函數、指數函數和對數函數等。

範 例 9-26 使用 expand 指令進行符號運算式的展開

```
syms x y;
e1=expand((x-y)^2+(x+y)^3)       %多項式展開
e2=expand((x+1)*(x-2)*(x+3))     %多項式展開
e3=expand(sin(x-y))              %三角函數展開
e4=expand(exp(2*x^2+4*y))        %指數函數展開
```

▶ 執行結果

```
e1 =
x^3 + 3*x^2*y + x^2 + 3*x*y^2 - 2*x*y + y^3 + y^2

e2 =
x^3 + 2*x^2 - 5*x - 6

e3 =
cos(y)*sin(x) - cos(x)*sin(y)

e4 =
exp(4*y)*exp(2*x^2)
```

5. 嵌套指令 **horner**

在 MATLAB 中,使用 **horner** 指令將符號多項式轉換成嵌套(nested)形式的運算式,其呼叫格式如下:

➤ R=horner(S):將符號運算式 S 轉換成嵌套形式。輸入參數 S 可以是符號運算式,也可以是符號矩陣。

範例 9-27 使用 horner 指令將符號多項式轉換成嵌套形式

```
syms x;
h1=horner(x^4+6*x^3+4*x^2-4)
h2=horner([x^2-2*x x^3-5;x^2-4*x+6 2*x+3])
```

▶ 執行結果

```
h1 =
x^2*(x*(x + 6) + 4) - 4

h2 =s
[     x*(x - 2), x^3 - 5]
[ x*(x - 4) + 6, 2*x + 3]
```

6. 運算式化簡指令 `simplify`

在 MATLAB 中，使用 **simplify** 指令將符號運算式化簡，其呼叫格式如下：

➤ R=simplify(S)：對符號運算式 S 化簡，該指令主要用於多項式運算式、三角函數、指數函數和對數函數等。

範例 9-28 使用 simplify 指令將符號多項式化簡

```
syms x;
s1=simplify((2*x^4-2*x)/(2*x^2+4*x+2))
s2=simplify(sin(x)^2+cos(x)^2)
```

▶ 執行結果

```
s1 =
-(- x^4 + x)/(x + 1)^2

s2 =
1
```

CHAPTER 10

MATLAB 符號運算進階

學習單元：

　　在前面章節介紹過微積分的數值計算方法，雖然方便實用，但是對於一些非常簡單的微積分運算，數值方法就顯得繁瑣。MATLAB 強大的符號運算功能則可以用符號做微積分運算，特別適用於簡單的、具重複性特點的運算，它彌補了數值方法的不足。符號數學工具箱提供執行微積分運算的基本函數：微分、極限、積分、求和和泰勒級數展開。本章將介紹這些指令。

10-1　符號微積分運算

10-1-1 極限運算

　　「極限」概念是數學分析或高等數學最基本的概念。在 MATLAB 中，使用 `limit` 指令來求符號運算式的極限，其基本用法如下：

指令	功能
limit(f)	求符號函數 f 在 $x \to 0$ 的極限值，即 $\lim_{x \to 0} f(x)$
limit(f,a)	求 x 趨近於 a 的極限值，當左右極限不相等時極限不存在。
limit(f,x,a)	求符號運算式 f 在 $x \to a$ 的極限值，即 $\lim_{x \to a} f(x)$
limit(f,x,inf)	求符號運算式 f 在 $x \to \infty$ 的極限值，即 $\lim_{x \to \infty} f(x)$
limit(f,x,a,'right')	求符號運算式 f 在 $x \to a^+$ 的極限值，即 $\lim_{x \to a^+} f(x)$
limit(f,x,a,'left')	求符號運算式 f 在 $x \to a^-$ 的極限值，即 $\lim_{x \to a^-} f(x)$

範例 10-1 使用 limit 指令求符號運算式：$\lim_{x \to 0} \dfrac{\sin(x)}{x}$、$\lim_{x \to 1} x \sin \dfrac{1}{x}$、$\lim_{x \to \infty} \dfrac{2x^3 - 1}{5x^3 + 1}$ 和 $\lim_{x \to 0^-} \left(1 - \dfrac{1}{x}\right)$ 的極限。

```
syms x;
l1=limit((1/x)*sin(x),x,0)              %求在 x=0 的極限
l2=limit(x*sin(1/x),x,1)                %求在 x→1 的極限
l3=limit((2*x^3-1)/(5*x^3+1),x,inf)     %求在 x→∞ 的極限
l4=limit((1-1/x),x,0,'left')            %求在 x→0⁻ 的極限
```

▶ 執行結果

```
l1 =
1
l2 =
sin(1)
l3 =
2/5
l4 =
Inf
```

10-1-2 級數和

在 MATLAB 中，使用指令 **symsum** 求符號運算式的無窮級數和，可以得到精確的結果，其呼叫格式如下：

指令	功能
symsum(f)	對由 symvar 指令傳回的符號變數，求符號運算式 f 從 0 到 x-1 的和
symsum(f,v)	對符號運算式 f 指定的變數 v，求 0 到 x-1 的和
symsum(f,v,a,b)	對符號運算式 f 指定的符號變數 v，求 a 到 b 的有限項和
symsum(f,a,b)	對由 symvar 指令傳回的符號變數，求符號運算式 f 從 a 到 b 的有限項和。

範例 **10-2** 使用 symsum 指令求 $1+2+3+\cdots+(k-1)$ 與前 5 項之和

```
syms k n
s1=symsum(k)              %求 1 到 k-1 的和
s2=symsum(k,1,5)          %求前 5 項之和
```

▶ 執行結果

```
s1 =
k^2/2 - k/2
s2 =
15
```

範例 **10-3** 使用 symsum 指令求 $\int \sum_{k=1}^{\infty} \dfrac{1}{k^2}$ 的和。

```
syms k;
f=1/k^2;                  %符號運算式 f
s=symsum(f,1,inf)         %對符號運算式 f 的符號變數 k，求 1 到 ∞ 的和
```

▶ 執行結果

```
s =
pi^2/6
```

10-1-3 泰勒級數

在 MATLAB 中，使用 **taylor** 指令來求符號運算式的泰勒級數展開式，其呼叫格式如下：

指令	功能
taylor(f)	求函數 f 在預設變數等於 0 處的 5 階泰勒級數展開式
taylor(f,'order',n)	求函數 f 在預設變數等於 0 處的(n-1)階泰勒級數展開式
taylor(f,v,a,'order',n)	求函數 f 在變數 v 等於 a 處的(n-1)階泰勒級數展開式

範 例 10-4 使用 taylor 指令求 $f(x) = e^x$ 的泰勒級數展開式。

```
syms x y;
f1=taylor(exp(x))          %在 x=0 處的 5 階泰勒級數展開，n 預設為 6
f2=taylor(exp(x),'order',5)      %在 x=0 處的 4 階泰勒級數展開
f3=taylor(exp(x),x,2,'order',4) %在 x=2 處的 3 階泰勒級數展開
f4=taylor(exp(x)*sin(y),y,1,'order',4)
                                  %在 y=1 處的 3 階泰勒級數展開
```

▶ 執行結果

```
f1 =
x^5/120 + x^4/24 + x^3/6 + x^2/2 + x + 1
f2 =
x^4/24 + x^3/6 + x^2/2 + x + 1
f3 =
exp(2) + exp(2)*(x - 2) + (exp(2)*(x - 2)^2)/2 + (exp(2)*(x - 2)^3)/6
f4 =
 exp(x)*sin(1) + cos(1)*exp(x)*(y - 1) - (cos(1)*exp(x)*(y - 1)^3)/6 -
 (exp(x)*sin(1)*(y - 1)^2)/2
```

10-1-4 符號函數的微分運算

　　MATLAB 的符號微分運算，實際上是計算函數的導(函)數。MATLAB 系統提供的 **diff** 指令，不僅可以求函數的一階導數，而且還可以計算函數的高階導數與偏導數，其呼叫格式如下：

指令	功能
diff(f)	求函數 f 對預設符號變數的一次微分
diff(f,x)	求函數 f 對符號變數 x 的一次微分
diff(f,n)	求函數 f 對預設符號變數的 n 次微分
diff(f,x,n)	求函數 f 對符號變數 x 的 n 次微分

範 例 10-5 已知 $f(x) = ax^2 + bx + c$ ，求 $\dfrac{df}{dx}$ 、 $\dfrac{d^2f}{dx^2}$ 、 $\dfrac{df}{da}$ 與 $\dfrac{\partial^2 f}{\partial x \partial a}$ 。

```
syms a b c x;
f=sym(a*x^2+b*x+c)
df=diff(f)                    %對預設變數 x 進行一次微分
df2=diff(f,2)                 %對符號變數 x 進行二次微分
dfa=diff(f,a)                 %對符號變數 a 進行一次微分
dfxa=diff(diff(f),a)          %對符號變數 x 和 a 求偏微分
```

▶ 執行結果

```
df =
b + 2*a*x
df2 =
2*a
dfa =
x^2
dfxa =
2*x
```

範 例 10-6 已知 $f(x, y) = 3x^4 + 2x^2 \sin(y) - e^x \cos(y) + 1$ ，求 $\dfrac{\partial f}{\partial x}$ 與 $\dfrac{\partial f}{\partial y}$ 。

```
syms x y;
f=3*x^4+2*x^2*sin(y)-exp(x)*cos(y)+1;
dfx=diff(f,x)            %對變數 x 進行一次微分
dfy=diff(f,y)            %對變數 y 進行一次微分
```

▶ 執行結果

```
dfx =
4*x*sin(y) - exp(x)*cos(y) + 12*x^3
dfy =
2*x^2*cos(y) + exp(x)*sin(y)
```

範例 10-7 已知符號矩陣 $f = \begin{bmatrix} \ln x & a^x \\ e^{bx} & \cos x \end{bmatrix}$，求 $\dfrac{df}{dx}$。

```
syms a b x;
f=[log(x) a^x;exp(b*x) cos(x)]
df=diff(f)                    %對矩陣的每一個元素進行一次微分
```

▶ 執行結果

```
f =

[   log(x),    a^x]
[ exp(b*x), cos(x)]

df =

[       1/x, a^x*log(a)]
[ b*exp(b*x),    -sin(x)]
```

範例 10-8 已知符號矩陣 $f = \begin{bmatrix} \cos ax & \sin bx \\ x+a & x-b \end{bmatrix}$，求 $\dfrac{df}{dx}$、$\dfrac{d^2 f}{dx^2}$、$\dfrac{d^2 f}{da^2}$ 與 $\dfrac{d^2 f}{db^2}$。

```
syms x a b;
f=[cos(a*x) sin(b*x);x+a x-b]
df=diff(f)                    %對矩陣的每一個元素進行一次微分
df2=diff(f,2)                 %對矩陣的每一個元素進行二次微分
dfa2=diff(f,a,2)
dfb2=diff(f,b,2)
```

▶ 執行結果

```
f =

[ cos(a*x), sin(b*x)]
[    a + x,    x - b]

df =

[ -a*sin(a*x), b*cos(b*x)]
[          1,          1]
```

```
df2 =

[ -a^2*cos(a*x), -b^2*sin(b*x)]
[            0,             0]

dfa2 =

[ -x^2*cos(a*x), 0]
[            0, 0]

dfb2 =

[ 0, -x^2*sin(b*x)]
[ 0,             0]
```

10-1-5 符號函數的積分運算

函數的積分運算是微分的反運算，即由已知導(函)數求原函數的過程。函數的積分有不定積分與定積分兩種運算。在 MATLAB 中，使用 **int** 指令來實現符號函數的積分運算，其呼叫格式如下：

指令	功能
int(f)	求符號運算式 f 對預設符號變數的不定積分。
int(f,v)	求符號運算式 f 對符號變數 v 的不定積分。
int(f,a,b)	求符號運算式 f 對預設符號變數的定積分，a 和 b 為數值，[a,b]為積分區間。

範例 10-9 已知導函數 $\dfrac{df}{dx} = \begin{bmatrix} 2x & x\cos x \\ \ln x & \dfrac{1}{x-a} \end{bmatrix}$，求原函數 $f(x)$。

```
syms a x;
dfx=[2*x x*cos(x);log(x) 1/(x-a)];   %導函數
f=int(dfx)                           %求原函數 f
```

▶ 執行結果

```
f =

[           x^2, cos(x) + x*sin(x)]
[ x*(log(x) - 1),       log(a - x)]
```

範例 10-10 已知函數 $f(x) = 2e^{3x}$，求不定積分 $\int f(x)dx$。

```
syms x;
f=2*exp(3*x);         %函數 f
I=int(f)              %求函數 f 對符號變數 x 的不定積分
```

▶ 執行結果

```
I =
(2*exp(3*x))/3
```

範例 10-11 已知函數 $f(x) = x\log(1+x)$，求定積分 $\int_0^1 f(x)dx$。

```
syms x;
f=x*log(1+x);
I=int(f,0,1)              %求函數 f 在區間[0,1]對符號變數 x 的定積分
```

▶ 執行結果

```
I =
1/4
```

範例 10-12 試計算雙重積分 $\int_0^{\pi/2} d\theta \int_0^a r^2 \sin\theta dr$。

```
syms a r theta;
f=r^2*sin(theta);
I=int(int(f,r,0,a),theta,0,pi/2)     %求函數 f 的雙重積分
```

▶ 執行結果

```
I =
a^3/3
```

10-2　解符號代數方程式(組)

在 MATLAB 中，使用 **solve** 指令來解代數方程式(組)。**solve** 指令可以解的代數方程包括線性(linear)、非線性(nonlinear)和超越(transcedental)方程式。**solve** 指令的常用呼叫格式如下：

➤ solve(eq1,eq2,…,eqN,v1,v2,…,vn)：對方程式 eq1,…,eqN 的指定變數 v1,…,vn 求解。

➤ [s1,s2,…,sn]=solve(eq1,eq2,…,eqN)：將對預設變數求解的結果指定給 s1,s2,…,sn。

➤ [s1,s2,…,sn]=solve(eq1,eq2,…,eqN,v1,v2,…,vn)：將對變數 v1,v2,…,vn 求解的結果指定給 s1,s2,…,sn。

如果符號運算式不含等號，則 MATLAB 將運算式設爲零。此外，方程式的未知變數預設由 **symvar** 決定。

範例 10-13 解符號代數方程式 $ax^2 + bx + c = 0$

```
syms a b c x;
solve(a*x^2+b*x+c==0)                    %以 x 爲預設變數
```

▶ 執行結果

```
ans =

 -(b + (b^2 - 4*a*c)^(1/2))/(2*a)
 -(b - (b^2 - 4*a*c)^(1/2))/(2*a)
```

或

```
solve(a*x^2+b*x+c)                       %以 x 爲預設變數
```

▶ 執行結果

```
ans =

 -(b + (b^2 - 4*a*c)^(1/2))/(2*a)
 -(b - (b^2 - 4*a*c)^(1/2))/(2*a)
```

範 例 10-14 分別以 x 和 y 為自變數，解符號代數方程式 $y\sin(x)=3$。

```
syms x y;
s1=solve(y*sin(x)==3)              %以 x 為預設變數
```

▶ 執行結果

```
s1 =
    asin(3/y)
pi - asin(3/y)
```

```
s2=solve(y*sin(x)==3,x)            %以 x 為自變數
```

▶ 執行結果

```
s2 =
    asin(3/y)
pi - asin(3/y)
```

```
s3=solve(y*sin(x)==3,y)            %以 y 為自變數
```

▶ 執行結果

```
s3 =
3/sin(x)
```

範 例 10-15 解符號代數方程組：
$$\begin{cases} x+y=u \\ x-y=v \end{cases}$$

```
syms u v x y;
[x,y]=solve(x+y==u,x-y==v)
```

▶ 執行結果

```
x =
u/2 + v/2
y =
u/2 - v/2
```

範例 10-16 解符號代數方程組：

$$\begin{cases} x^2 + xy + y = 3 \\ x^2 - 4x + 3 = 0 \end{cases}$$

```
syms x y;
[x,y]=solve(x^2+x*y+y==3,x^2-4*x+3==0)
```

▶ 執行結果

```
x =
 1
 3
y =
    1
 -3/2
```

範例 10-17 解符號代數方程組：

$$\begin{cases} 5\cos(x) + x^2 + y^2 = 6 \\ 5x + y - 4 = 0 \end{cases}$$

```
syms x y;
[x,y]=solve(5*cos(x)+x^2+y^2==6,5*x+y-4==0)
```

▶ 執行結果

```
x =                        %無法找到符號解，所以傳回數值解
0.55925301633011295407420719984921

y =                        %無法找到符號解，所以傳回數值解
1.2037349183494352296628964000754
```

10-3　解符號微分方程式(組)

　　凡表示未知函數及其導數以及自變數之間關係的方程式(組)稱為「微分方程式(組)」。在 MATLAB 中，使用 **dsolve** 指令來解符號微分方程式(組)，其常用的呼叫格式如下：

➤ dsolve(eq1,eq2,…)：對方程式 eq1,…,eqN 的預設變數變數 v1,…,vn 求解。

➤ dsolve(eq1,eq2,…,eqN,初始條件,指定獨立變數)：對方程式 eq1,…,eqN 的預設變數變數 v1,…,vn 求解。

➤ S=dsolve(eq1,eq2,…,eqN,初始條件,指定獨立變數)：對方程式 eq1,…,eqN 的預設變數變數 v1,…,vn 求解。

　　可以在方程式中加上初始條件。如果未加初始條件，則結果包含積分常數 C1、C2。在符號運算式中用 diff()來表示微分運算，如：dy/dt 或 dy/dx 用 diff(y)表示。

範例 10-18 解符號微分方程式：$\dfrac{dy}{dt}=-ay$。

```
syms y(t) a;
y=dsolve(diff(y)==-a*y)              %將 y 視為因變數，t 為預設獨立變數
```

▶ 執行結果

```
y =                  %未加初始條件，結果包含積分常數 C1。
C1*exp(-a*t)
```

範例 10-19 解符號微分方程式：$\dfrac{dy}{dt}+y=2$、$y(1)=1$。

```
syms y(t);
y1=dsolve(diff(y)+y==2)              %未加初始條件
y2=dsolve(diff(y)+y==2,y(1)==1)      %加上初始條件 y(1)=1
```

▶ 執行結果

```
y1 =                    %未加初始條件，結果包含積分常數 C1。
C1*exp(-t) + 2
y2 =
2 - exp(-t)*exp(1)
```

範例 10-20 解二階符號微分方程式：$\dfrac{d^2 y}{dx^2} - 2\dfrac{dy}{dx} - 3y = 0$

```
syms y(x);
Dy=diff(y);
y=dsolve(diff(Dy)-2*Dy-3*y==0)
```

▶ 執行結果

```
y =
C1*exp(-x) + C2*exp(3*x)
```

範例 10-21 解二階符號微分方程式：$\dfrac{d^2 y}{dt^2} = -a^2 y$、$y(0) = 1$、$y(1) = 1$。

```
syms y(t) a;
Dy=diff(y);
y=dsolve(diff(Dy)==-a^2*y,y(0)==1,y(1)==1)
```

▶ 執行結果

```
y =
(exp(-a*t*1i)*(exp(a*1i) + exp(a*t*2i)))/(exp(a*1i) + 1)
```

範例 10-22 解符號微分方程組：

$$\begin{cases} \dfrac{dx}{dt} = 3y \\ \dfrac{dy}{dt} = -x \end{cases}, \ x(0) = 3, \ y(0) = 4$$

```
syms x(t) y(t)
[x1,y1]=dsolve(diff(x)==3*y,diff(y)==-x)
[x2,y2]=dsolve(diff(x)==3*y,diff(y)==-x,x(0)==3,y(0)==4)
```

▶ 執行結果

```
x1 =
3^(1/2)*C2*cos(3^(1/2)*t) + 3^(1/2)*C1*sin(3^(1/2)*t)

y1 =
C1*cos(3^(1/2)*t) - C2*sin(3^(1/2)*t)

x2 =
3^(1/2)*19^(1/2)*cos(atan((4*3^(1/2))/3) - 3^(1/2)*t)

y2 =
19^(1/2)*cos(atan(3^(1/2)/4) + 3^(1/2)*t)
```

範例 **10-23** 解符號微分方程組：

$$\begin{cases} \dfrac{df}{dt} = f - g \\ \dfrac{dg}{dt} = f + g \end{cases}, \quad f(0) = 0 \text{，} g(0) = 1$$

```
syms f(t) g(t)
[f,g]=dsolve(diff(f)==f-g,diff(g)==f+g,f(0)==0,g(0)==1)
```

▶ 執行結果

```
f =
-exp(t)*sin(t)

g =
exp(t)*cos(t)
```

範例 **10-24** 解符號微分方程組：

$$\begin{cases} \dfrac{dx}{dt} + 2x + \dfrac{dy}{dt} = t \\ \dfrac{dy}{dt} + 5x = 0 \end{cases}$$

```
syms x(t) y(t);
Dx=diff(x);
Dy=diff(y);
[x,y]=dsolve(Dx+2*x+Dy==t,Dy+5*x==0)
```

▶ 執行結果

```
x =

-(3*exp(3*t)*(C2 + (5*exp(-3*t)*(3*t + 1))/27))/5

y =

C1 + exp(3*t)*(C2 + (5*exp(-3*t)*(3*t + 1))/27) + (5*t^2)/6
```

10-4   圖形化符號函數計算器

在 MATLAB 中提供了圖形化的符號函數計算器,包括單變數符號函數計算器和泰勒級數近似計算器,操作非常方便簡單,下面分別介紹。

10-4-1 單變數符號函數計算器

funtool 應用程式是一個視覺化的函數計算器,可用來操控和顯示單變數符號函數。在 MATLAB 指令視窗中輸入 **funtool**,就會顯示函數 f、g 和計算器 **funtool** 等三個視窗,如下圖所示。其中,f 視窗顯示的是 f 運算式曲線,g 視窗顯示的是 g 運算式曲線。使用者可以在計算器 funtool 視窗中修改 f、g、x、a 函數運算式和參數值。

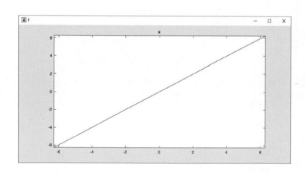
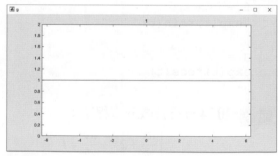

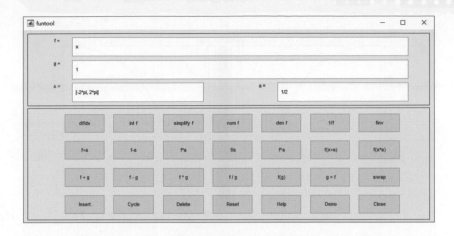

計算器 funtool 的頂部包含一組可編輯的文字框，其中，

f＝：顯示 f 的符號運算式，編輯此文字框以重新定義 f。

g＝：顯示 g 的符號運算式，編輯此文字框以重新定義 g。

x＝：顯示繪製 f 和 g 的區間，編輯此文字框以指定其他區間。

a＝：顯示修改 f 的常數因子，編輯此文字框以更改常數因子的值。

在計算器可編輯文字框以下包含多種運算功能的按鈕：第一列用於單變數函數 f 運算；第二列用於單變數函數 f 和參數 a 的運算；第三列用於函數 f 和函數 g 的運算；最後一列是輔助操作按鈕。

範例 **10-25** funtool 單變數符號函數計算器的使用

首先，在 f 文字框編輯單變數函數 f＝cos(tan(pi*x))，並且設定在 x=[0 1]區間繪製函數 f。

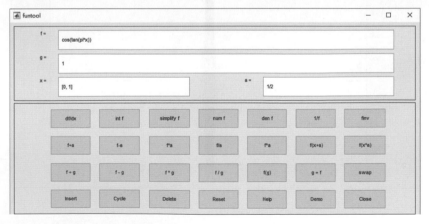

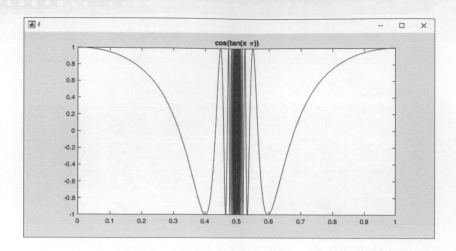

接下來，按一下計算器 **funtool** 上的 **df/dx** 按鈕，以查看函數 f 的導數。

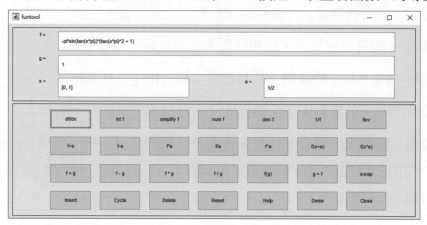

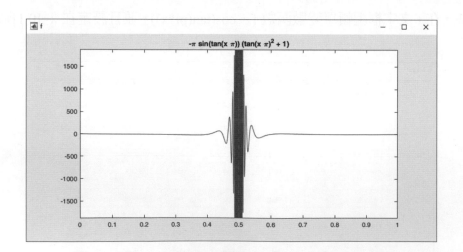

10-4-2 泰勒級數近似計算器

taylortool 是一個互動式泰勒級數計算器，其係採用圖形使用者介面，求泰勒級數的前 n 項和。以下簡單說明 **taylortool** 計算器的使用。

範例 **10-26** taylortool 計算器的使用

首先，在指令視窗中輸入 **taylortool**，開啓一個計算泰勒級數展開的圖形使用者介面。其中，藍色實線顯示函數 f(x)，紅色虛線顯示其泰勒級數近似值。預設情況下，函數 f(x)=x*cos(x)，參數 N=7、a=0，變數 x 的範圍爲[-2π,2π]。圖形介面如下圖所示：

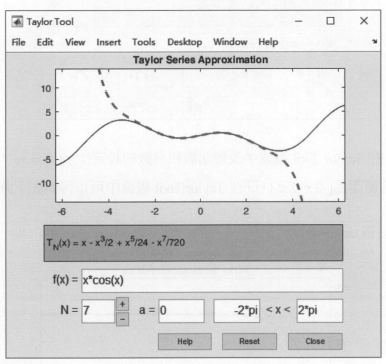

我們可以直接在 Taylor Tool 視窗中改變函數和參數的設定：
$f(x) = \sin(2x)\cos(x)$，參數 N=6，a=0，變數 x 的範圍爲[-2π,2π]。更改之後，可以透過按 Enter 鍵或按 Reset 按鈕進行圖形的更新，如下圖所示。

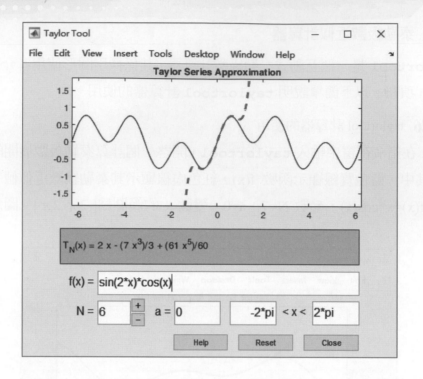

接下來，在 Taylor Tool 視窗中改變函數和參數的設定：$f(x) = xe^{-x}$，參數 N=5，a=2，變數 x 的範圍為$[-2\pi, 2\pi]$，則在 Taylor Tool 視窗中可以得到如下圖所示的圖形。

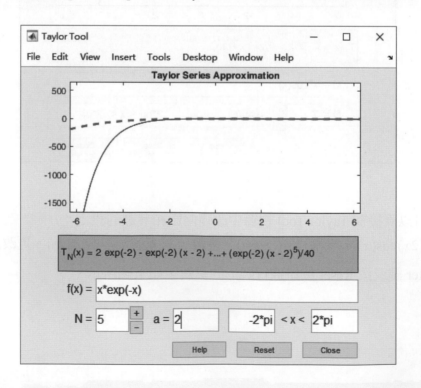

CHAPTER 11

MATLAB 程式設計基礎

學習單元：

- 11-1 M 檔案簡介
- 11-2 腳本 M 檔案
- 11-3 函數 M 檔案
- 11-4 函數的參數傳遞
- 11-5 函數類型
- 11-6 P-code 檔案

　　MATLAB 不僅可以如前幾章所介紹的以一種互動式的指令操作方式工作，而且還可以像 C 語言等高階語言一樣進行程式設計，即編寫以.m 為副檔名的檔案(簡稱為 M 檔案)。再者，由於 MATLAB 本身的一些特點，編寫 M 檔案和 C 語言比較起來，有許多優點，如：語言簡單、易讀、除錯容易、呼叫方便等。本章將介紹 MATLAB 程式設計的相關基礎概念，包括 MATLAB 程式設計的各種基本要素以及 MATLAB 語言的 M 檔案等內容。

11-1　M 檔案簡介

　　在 MATLAB 中，直接在指令視窗中輸入大型的複雜程式會非常麻煩。我們可以把所要執行的指令編寫成檔案，再輸入 MATLAB 系統中執行，這就是「M 檔案」。M 檔案必須以.m 為副檔名。由於 MATLAB 是使用 C 語言編寫而成，因此，M 檔案的語法與 C 語言十分相似。對熟悉 C 語言的使用者來說，編寫 M 檔案是相當容易的。

　　M 檔案有兩種形式：腳本(Script)和函數(Function)。函數 M 檔案與腳本 M 檔案類似之處在於它們都是一個副檔名為 ".m" 的文字檔。函數 M 檔案主要用以解決參數傳遞和函數呼叫的問題，它的第一列以 **function** 敘述開頭。腳本 M 檔案可以解決使用者在指令視窗中執行許多指令的麻煩，還可以避免做許多重覆性工作的問題。

　　腳本 M 檔案在執行過程中所產生的所有變數均為全域變數，程式執行完後，中間變數都會保留在記憶體中，直到使用 **clear** 指令清除這些變數為止；而在函數 M 檔案中的所有變數，除特殊宣告外，均為局部變數，程式執行完後，中間變數將全部被刪除。

　　M 檔案的命名規則如下：

1. 檔名只能包括字母、數字和底線，而且必須以字母開頭。

2. 檔名一般使用小寫字母，MATLAB 是有區分變數的大小寫，但是並不區分檔名的大小寫。

3. 檔名要避免和 MATLAB 的關鍵字、內部函數和變數名稱相同。

4. M 檔案要儲存在目前目錄，或者把 M 檔案的目錄加到 MATLAB 的 PATH 目錄中，否則可能找不到該程式，得不到程式的執行結果。

11-2　腳本 M 檔案

腳本 M 檔案是 M 檔案的簡單類型，通常包括註釋部分和程式部分，註釋部分一般用來列出程式的功能，對程式功能進行解釋說明，而程式部分用來實現檔案的功能。在 MATLAB 的指令視窗輸入腳本 M 檔案的檔名，並執行腳本 M 檔案中的程式，這和在指令視窗輸入這些程式一樣。

腳本 M 檔案中的變數都是全域變數。程式執行後，這些變數儲存在 MATLAB 的工作空間中，一般使用指令 **clear** 清除這些變數。為了避免因為變數名相同引起衝突，通常在腳本 M 檔案的開始，都使用 **clear all** 敘述，清除所有工作空間中的變數。

範 例 11-1 建立一腳本 M 檔案以實現三維曲面圖的繪製

步驟一：在 MATLAB 指令視窗中執行指令

　　>>edit script.m

　　或

　　在 HOME 點選 New Script 選項，開啟 M 檔案編輯/除錯器

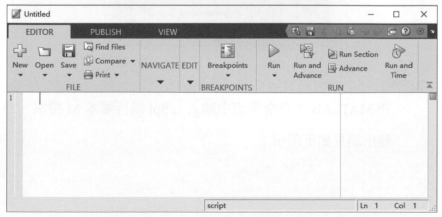

步驟二：在 M 檔案編輯/除錯器中編寫程式碼，編寫完成後，將此檔案"script.m"
　　　　存放在現行目錄下。

```
%script.m
%腳本 M 檔案

clear all;
f=@(x,y)3*x.^2+4*y.^2-sin(x).*sin(y);
figure
ezmesh(f,[-1,1],[-1,1]);
```

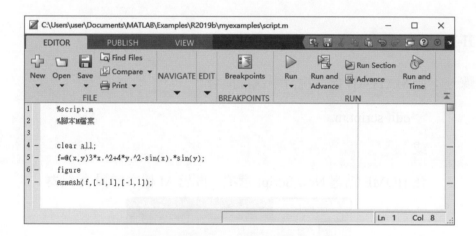

步驟三：在 RUN 功能選項執行 script.m 檔案。

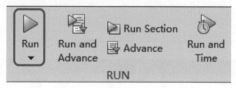

　　　或

　　　在 MATLAB 主指令視窗中輸入 script 執行腳本 M 檔案。

　　　輸出結果如下所示：

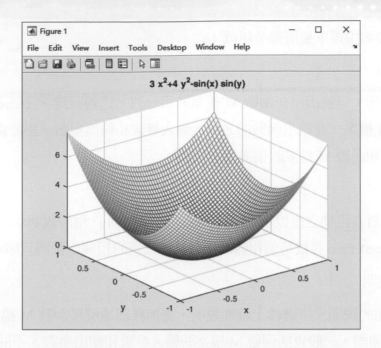

在 MATLAB 的指令視窗中輸入 **type script**，可以查看該腳本 M 檔案的內容，如下圖所示：

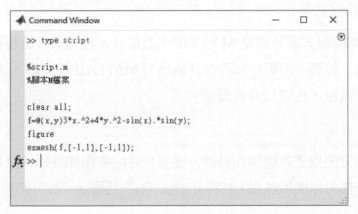

11-3　函數 M 檔案

　　函數 M 檔案在 MATLAB 中應用十分廣泛，MATLAB 所提供的絕大多數功能函數都是由函數 M 檔案實現的。函數是以第一列為 **function** 敘述做為標識的。函數 M 檔案可以傳回值，也可以只執行操作而不傳回值。函數 M 檔案執行之後，除最後結果外，不保留任何中間過程。

函數 M 檔案由以下幾個部分組成：

1. 函數宣告列

函數宣告列，只能出現在函數 M 檔案的第一列，透過關鍵字 **function** 宣告此檔案為函數 M 檔案，並指定函數的名稱、輸入參數和輸出參數。對於函數 M 檔案，函數名稱必須和函數 M 檔案的檔名完全相同。

2. H1 列

緊跟在函數宣告列之後以 "%" 符號開頭的「H1 列」，用於說明函數名稱和功能。當採用指令 **lookfor** 尋找某個相關的函數時，找到的相關函數將只顯示 H1 列。

3. 線上輔助說明

H1 列後面的說明文字為線上輔助說明，更加詳細地解釋函數 M 檔案的功能，它同樣以 "%" 開頭，一般包括函數 M 檔案的輸入參數和輸出參數、不同的呼叫方式、該函數的程式例子，以及版權資訊和修改日期等。

4. 函數 M 檔案的程式部分

函數 M 檔案的程式部分就是 M 檔案的主體部分，包括進行流程控制、計算、指定輸出參數的值、註釋、函數呼叫等操作的所有 MATLAB 程式碼。函數 M 檔案的程式部分可以非常複雜，也可以非常簡單。

5. 註釋

註釋是為了方便程式的瞭解和修改，要盡可能地多添加註釋。在任何需要對程式進行解釋的部分都可以添加註釋。註釋必須以 "%" 開頭，"%" 後面的內容不執行，只做為註釋之用。

範例 11-2 建立函數 M 檔案 mymax.m

在 M 檔案編輯/除錯器中，建立函數 M 檔案 **mymax.m**，如下圖所示。

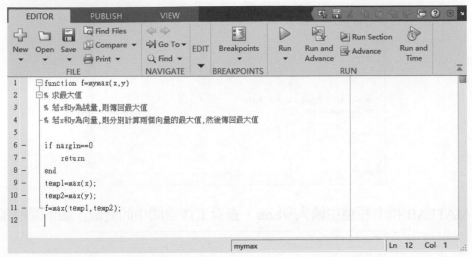

在指令視窗中輸入 `type mymax.m` 或 `type mymax`，可以查看該函數 M 檔案 **mymax.m** 的程式碼，如下圖所示：

也可以在指令視窗中輸入 `help mymax`，以查看該函數 M 檔案的線上輔助說明，如下圖所示：

在指令視窗中輸入參數 a 和 b，並呼叫該函數 M 檔案 **mymax(a,b)**，輸出結果爲如下：

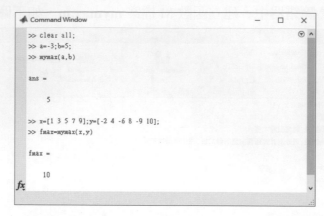

在 MATLAB 指令視窗中輸入 **whos**，查看工作空間中的變數，如下圖所示。

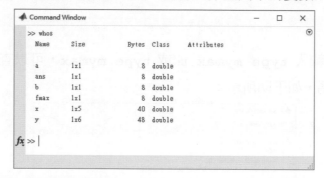

11-4　函數的參數傳遞

在 MATLAB 中，函數的參數傳遞是「以值傳遞(pass by value)」，將變數或常數的值傳遞給函數的形式參數指定的變數，函數的計算在函數空間中進行。計算結束後，函數空間的變數被清除，函數的傳回值傳回到 MATLAB 的工作空間中。

11-4-1　輸入參數和輸出參數的個數

在 MATLAB 中，指令 **nargin** 的值爲輸入參數的個數，指令 **nargout** 的值爲輸出參數的個數。

範例 11-3 不同輸入參數個數

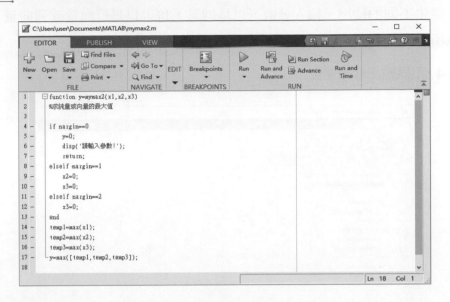

```
1    function y=mymax2(x1,x2,x3)
2    %求純量或向量的最大值
3
4    if nargin==0
5        y=0;
6        disp('請輸入參數!');
7        return;
8    elseif nargin==1
9        x2=0;
10       x3=0;
11   elseif nargin==2
12       x3=0;
13   end
14   temp1=max(x1);
15   temp2=max(x2);
16   temp3=max(x3);
17   y=max([temp1,temp2,temp3]);
18
```

在函數 **mymax2** 中，最多可以有 3 個輸入參數，也可以沒有輸入參數。如果沒有輸入參數，則輸出結果為 0，並顯示提示資訊"請輸入參數!"；如果只有 1 個輸入參數，則 x2=0，x3=0，然後計算最大值；如果有 2 個輸入參數，則 x3=0，然後計算最大值；如果有 3 個輸入參數，則計算這 3 個數的最大值。在指令視窗中輸入參數 a 和 b，並呼叫函數 **mymax2(a,b)**，輸出結果如下：

```
>> clear
>> a=[12 2 34];b=11;c=[3 45 6 75];
>> mymax2(a,b)

ans =

    34

>> mymax2
請輸入參數!

ans =

    0

>> f=mymax2(a,b,c)

f =

    75

fx >>
```

在程式中，呼叫函數 **mymax2**，並透過 if 敘述建立分支結構，針對不同的輸入參數個數，產生不同的輸出。輸入參數可以是純量，也可以是行向量或列向量，函數的傳回值為所有元素的最大值。

範例 11-4 不同輸出參數個數

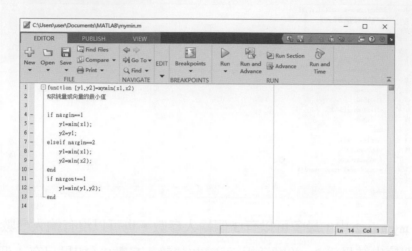

在函數 **mymin** 中，計算輸入參數的最小值。輸入參數最多 2 個，輸出參數最多也是 2 個。如果輸出參數只有 1 個，則輸出值為所有輸入參數的最小值；如果輸出參數有 2 個，則分別對應第 1 個和第 2 個輸入參數的最小值。在指令視窗中輸入參數 a 和 b，並呼叫函數 **mymin(a,b)**，輸出結果如下：

在呼叫函數 **mymin** 的過程中，如果沒有指定輸出參數，則預設只有一個，傳回給工作區內的變數 **ans**。該函數的輸入參數可以是 1 個，也可以是 2 個；輸出參數可以是 1 個，也可以是 2 個。對於不同的輸入參數和輸出參數，傳回不同的結果。

11-4-2 可變個數的參數傳遞

在 MATLAB 中，指令 **varargin** 將函數的輸入參數封裝成細胞陣列，而指令 **vargrout** 將函數的輸出參數封裝成細胞陣列。使用指令 **varargin** 和 **varargout** 可以實現可變個數的參數傳遞，這兩個指令能夠將複雜的輸入和輸出參數變得非常簡單。例如，計算標準差的 **std** 函數去除註釋之後，程式只有一列，如下所示。

```
function y = std(varargin)
y = sqrt(var(varargin{:}));
```

在指令視窗中呼叫函數 **std**，結果如下：

```
Command Window                                    —   □   ×
>> clear all
>> a=[2 4 7];b=[12 23 34;2 3 5;21 32 43];
>> s1=std(a)

s1 =

    2.5166

>> s2=std(b)

s2 =

    9.5044   14.8436   19.8578

fx >>
```

在程式中，函數 **std** 以 **varargin** 為輸入參數，程式非常簡單。使用函數 **var** 計算輸入變數的方差，然後使用平方根指令 **sqrt**，得到數據的標準差。在呼叫函數 **std** 的過程中，將輸入參數變為細胞陣列，指定給 **varargin**。

範例 11-5 可變個數的參數傳遞

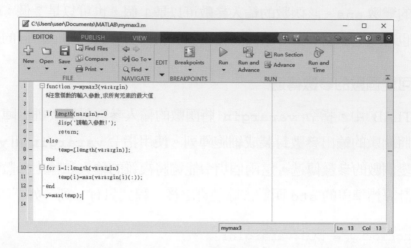

在該函數中，如果沒有輸入參數，並不會顯示錯誤訊息，而是顯示提示訊息"請輸入參數!"。函數中使用指令 **varargin** 實現可變個數的參數傳遞，該指令的輸入參數可以任意多個，該函數傳回所有輸入數據的最大值。在 MATLAB 的指令視窗呼叫該函數，輸出結果如下：

```
Command Window                                    —    □    ×
>> clear all
>> mymax3(2,3,7,1,23)

ans =

    23

>> mymax3(5,[1:4],5:9)

ans =

     9

>> mymax3(12,[13;45],7:5:50)

ans =

    47

fx >>
```

　　在呼叫函數的過程中，函數的輸入參數 **varargin** 被指定為細胞陣列，然後計算所有元素的最大值。指令 **varargout** 的用法和指令 **varargin** 的用法類似。一般情況下，指令 **varargin** 和 **varargout** 分別放到輸入參數和輸出參數中必然出現的參數後。例如，建立下面的繪圖指令：

　　對於該函數，參數 x 為必須出現的參數，使用 **varargin** 做為未知的輸入參數，可以採用下面的程式對函數進行呼叫。

▶ 執行結果

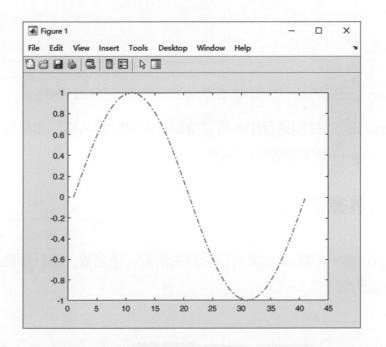

在編寫函數 M 檔案時，如果不能確定輸入參數和輸出參數的個數，一般採用指令 **varargin** 和 **varargout** 做為輸入和輸出。

此外，可以採用指令 **inputname** 在函數中取得輸入參數的名稱，透過下面的例子介紹。

範例 11-6 在函數中取得輸入變數的名稱

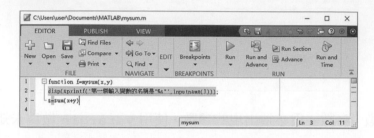

在該函數中，使用指令 **inputname** 取得輸入變數的名稱，使用指令 **disp** 輸出顯示。在 MATLAB 的指令視窗呼叫該函數，結果如下：

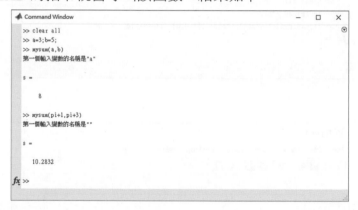

在函數 **mysum** 的呼叫過程中，可以傳回輸入變數的名稱。如果輸入參數為常數或永久常數(例如 pi)，則該變數的名稱為空。

11-5 函數類型

在 MATLAB 中，函數 M 檔案可以分為主函數、子函數、巢狀函數、私有函數、重載函數和匿名函數。

11-5-1 主函數

每個函數 M 檔案中第一列宣告的函數是主函數(primary function)，一個函數 M 檔案只有一個主函數。主函數的名稱通常和函數的名稱相同。除了主函數，在函數 M 檔案中還有巢狀函數或子函數。主函數對巢狀函數或子函數進行呼叫。

11-5-2 子函數

在主函數之後的函數為子函數(subfunction)。在函數 M 檔案中，只有一個主函數，但是可以有多個子函數。所有的子函數也是使用 **function** 來宣告。如果主函數中包含子函數，則每個用 **function** 宣告的函數必須使用 **end** 結束。各個子函數的先後順序和呼叫的先後順序無關。

在主函數進行函數呼叫時，首先尋找該函數檔中的子函數，如果有同名的子函數，則呼叫該子函數。因此，可以編寫同名的子函數實現函數重載。子函數只能被同一檔案的主函數或其他子函數呼叫。

範 例 11-7 主函數和子函數

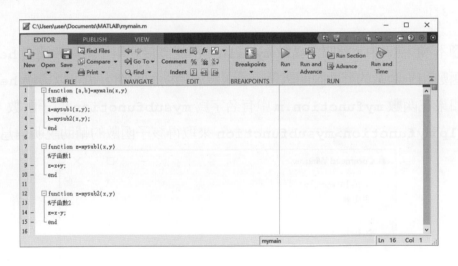

在函數 **mymain.m** 檔案中有一個主函數 **mymain** 和兩個子函數 **mysub1**、**mysub2**，主函數呼叫兩個子函數。每個函數都使用 end 敘述結束。子函數只能被該函數檔的主函數或子函數呼叫。下面編寫腳本 M 檔案來呼叫該函數：

```
clear all;
[a,b]=mymain(3,5)
[x,y]=mymain(6,9)
```

該腳本 M 檔案執行後，輸出結果如下：

```
a =
    8

b =
    -2

x =
    15

y =
    -3
```

在腳本 M 檔案中，呼叫主函數 **mymain**，不能直接呼叫子函數。透過 **help** 可以查看主函數和子函數的輔助說明訊息。子函數的輔助說明檔，也可以透過 **help** 進行顯示。如果在函數 **myfunction.m** 中有名字為 **mysubfunction** 的子函數，則可以透過 **help myfunction>mysubfunction** 來取得該子函數的輔助說明信息。

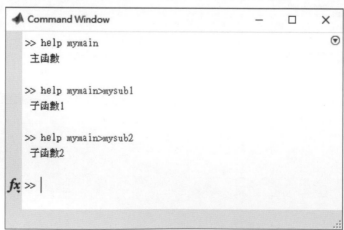

11-5-3 巢狀函數

在函數的內部還可以宣告一個或多個函數，稱為函數的巢狀(nested)，這在函數內部宣告的函數稱為「巢狀函數」。MATLAB 中，可以進行多層巢狀，亦即，一個函數的內部可以巢狀多個函數，而這些巢狀函數內部又可以巢狀其他函數。要注意的是，如果函數 M 檔案中有巢狀函數，則每個用 **function** 宣告的函數都必須用 **end** 敘述結束。

巢狀函數的語法結構如下：

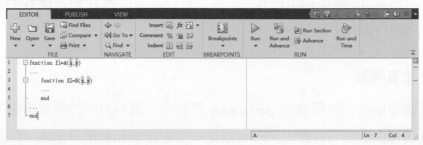

在一個函數中可以巢狀多個函數，在巢狀函數中，還可以進行函數的巢狀。巢狀函數能被該巢狀函數的上一層函數、同一函數中的巢狀函數以及低一層的函數呼叫。下面透過一個例子，詳細說明巢狀函數的呼叫情況。

範例 11-8 巢狀函數的呼叫

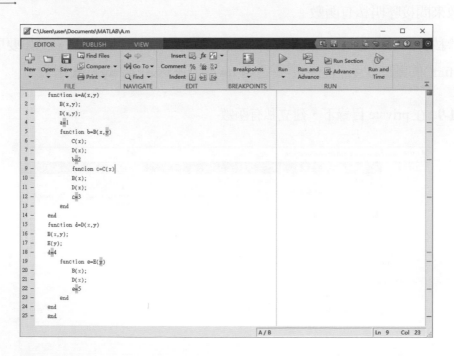

在本例中，主函數 A 中巢狀了函數 B 和函數 D。函數 B 中巢狀了函數 C，函數 D 中巢狀了函數 E。各個函數的呼叫關係如下：

■ 主函數 A 只能呼叫函數 B 和 D，不能呼叫函數 C 和 E。

■ 函數 B 可以呼叫函數 D 和函數 C，但不能呼叫函數 E。同樣地，函數 D 可以呼叫函數 B 和函數 E，但不能呼叫函數 C。

■ 函數 C 可以呼叫函數 B 和函數 D。函數 E 可以呼叫函數 B 和函數 D。但函數 C 和函數 E 不能互相呼叫。

11-5-4 私有函數

私有函數要保存在該目錄的 **private** 資料夾，具有有限的存取權限。編寫私有函數和編寫普通函數沒有什麼區別，可以是一個主函數和多個子函數，以及巢狀函數等。

函數 M 檔案可以直接呼叫私有函數。該函數 M 檔案所在的目錄下直接有一個 **private** 目錄，私有函數就保存在該目錄下。私有函數只能被其父目錄內的腳本或函數呼叫。腳本 M 檔案不能直接呼叫私有函數，必須透過呼叫一個在私有函數的父目錄中的函數來間接呼叫私有函數。

對於私有函數，也可以透過 **help** 取得該函數的輔助說明訊息。例如要取得私有函數 myfun() 的輔助說明訊息，需要透過 **help private/myfun** 指令。

範 例 **11-9** 在 private 目錄下，建立私有函數

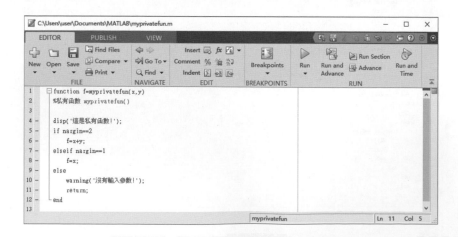

該私有函數如果有兩個輸入參數，則將求兩個輸入值的和並傳回。如果只有一個輸入參數，則直接傳回該參數值。在私有函數的父目錄下，建立如下普通函數 **myfun0()**：

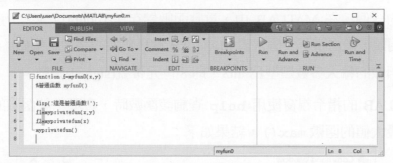

建立普通函數 **myfun0**，並在該函數中呼叫私有函數 **myprivatefun()**。然後，建立腳本 M 檔案，呼叫普通函數 **myfun0()**，程式如下：

```
clear all
myfun0(3,5)
```

▶ 執行結果

```
這是普通函數！
這是私有函數！

f1 =

    8

這是私有函數！

f2 =

    3

這是私有函數！
Warning: 沒有輸入參數！
> In myprivatefun (line 10)
  In myfun0 (line 7)
```

在普通函數 **myfun0()** 中呼叫私有函數，如果私有函數 **myprivatefun()** 沒有輸入參數，則使用指令 **warning** 顯示警告訊息。由於私有函數只能被其父目錄中的函數呼叫。使用者可以開發自己的 MATLAB 程式函數庫，在進行函數呼叫時，MATLAB 首先查看私有函數，然後再尋找 MATLAB 及各種工具箱中的函數。

11-5-5 重載函數

　　重載函數具有相同的函數名稱，但是參數類型或個數不同。在 MATLAB 中很多函數都有重載函數，當使用者在呼叫函數時，MATLAB 會根據實際的參數類型和個數來選擇其中的一個。在 MATLAB 中，重載函數儲存在不同的目錄下，通常目錄的名稱以符號@開頭，後面跟著一個代表 MATLAB 資料類型的字元。例如：@int8 目錄下存放的重載函數的輸入參數類型為 int8，即 8 位元帶號(signed)整數。

　　在 MATLAB 的指令視窗使用 **help** 查詢該函數時，會顯示該函數的重載情況，例如查詢求最大值的函數 **max()**，結果如下：

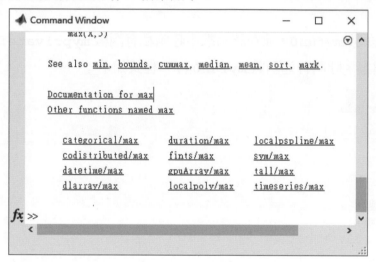

　　由上圖可以看出：函數 **max()** 還有 12 個重載函數，分別儲存在各自的目錄中。

11-5-6 匿名函數

　　匿名函數(anonymous function)是使用者快速建立簡單函數的方法，可以在MATLAB 的指令視窗、函數 M 檔案和腳本 M 檔案中建立匿名函數。MATLAB 推薦採用匿名函數來代替內聯函數(內聯函數使用函數 **inline** 來宣告)。匿名函數不但可以實現內聯函數的所有功能，而且更加簡單，效率也優於內聯函數。

　　匿名函數的宣告格式如下：

```
fhandle=@(arglist) expr
```

其中，**arglist** 是匿名函數的輸入參數清單，參數之間用逗點分隔；**expr** 爲函數運算式，用來執行該匿名函數所要完成的功能；@是 MATLAB 的運算子，用來建立函數握把。匿名函數的傳回值 **fhandle** 爲函數握把，可以採用函數握把來呼叫該函數。

1. 單一輸入參數的匿名函數

單一輸入參數匿名函數是最簡單的匿名函數。

範例 11-10 使用匿名函數建立方程式 $f(x) = 3x^2 - 2x + 6$，並求當 $x = 2, 3, 5$ 時的函數值

```
clear all;
fx=@(x) 3*x^2-2*x+6
f1=fx(2)
f2=fx(3)
f3=fx(5)
```

▶ 執行結果

```
fx =
  function_handle with value:

    @(x)3*x^2-2*x+6

f1 =
    14

f2 =
    27

f3 =
    71
```

在程式中，建立了匿名函數，透過匿名函數的握把來呼叫該函數，求不同 x 值時的函數值。

2. 多輸入參數的匿名函數

含有兩個或兩個以上輸入參數的匿名函數稱爲多輸入參數的匿名函數。輸入參數之間用逗點隔開。

範例 11-11 使用匿名函數建立方程式 $f(x)=ax^2+bx+c$，並求其函數值

```
clear all;
fx=@(x,a,b,c) a*x.^2+b.*x+c    %輸入參數之間用逗點隔開
f1=fx(1,2,3,4)
f2=fx(1,3,1,2)
f3=fx(1:3,3,4,5)
```

▶ 執行結果

```
fx =
  function_handle with value:

    @(x,a,b,c)a*x.^2+b.*x+c

f1 =
   9

f2 =
   6

f3 =
   12    25    44
```

在程式中，建立有 4 個輸入參數的匿名函數。透過該匿名函數的握把來呼叫該匿名函數。該函數的類型為匿名函數，如下圖所示。

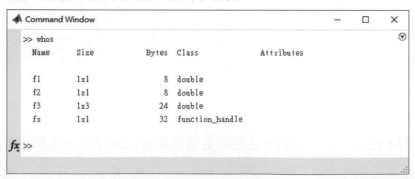

3. 無輸入參數的匿名函數

匿名函數可以沒有輸入參數，此時使用空的小括號來表示輸入參數清單。雖然沒有輸入參數，@後面的小括號不可以省略，而且在呼叫該匿名函數時，空的小括號也不可以省略。

範 例 11-12 建立沒有輸入參數的匿名函數，並求其函數值

```
clear all;
fx=@() disp('This is an anonymous function.')   %沒有輸入參數
fx()
functions(fx)                                %取得函數的內容和類型等訊息
```

▶ 執行結果

```
fx =
  function_handle with value:

    @()disp('This is an anonymous function.')

This is an anonymous function.

ans =

  struct with fields:

            function: '@()disp('This is an anonymous function.')'
                type: 'anonymous'
                file: ''
           workspace: {[1x1 struct]}
     within_file_path: ''
```

4. 多個輸出參數的匿名函數

匿名函數可以有多個輸出參數。匿名函數的輸出參數的個數，係由呼叫該匿名函數時等號左邊變數的個數決定。

範 例 11-13 建立多個輸出參數的匿名函數

```
clear all;
a=[1 2 3;3 2 1];
fx=@(x) size(x)          %匿名函數
fx(a)                    %呼叫匿名函數
[b,c]=fx(a)              %傳回輸出參數 b 和 c
```

▶ 執行結果

```
fx =
  function_handle with value:

    @(x)size(x)

ans =
    2     3

b =
    2

c =
    3
```

　　在程式中，建立具有 2 個輸出參數的匿名函數。在呼叫該匿名函數時，如果等號的左邊只有 1 個參數，則只有 1 個傳回值；如果有 2 個參數，則有 2 個傳回值。如果沒有參數，則預設 2 個傳回值。

5. 多重匿名函數

　　前面介紹的匿名函數都是單重匿名函數。如果在匿名函數中仍然有匿名函數，則稱爲多重匿名函數。多重匿名函數在參數傳遞方面非常方便。

範 例 **11-14** 多重匿名函數

```
clear all;
fx=@(a,b,c)@(x) a*x.^2+b.*x+c        %多重匿名函數 fx
fx1=functions(fx)
f1=fx(1,2,3)          %呼叫多重匿名函數 fx,函數 f1 是單重函數
f2=functions(f1)
f3=f1(3)       %呼叫單重函數 f1
```

▶ 執行結果

```
fx =
  function_handle with value:

    @(a,b,c)@(x)a*x.^2+b.*x+c

fx1 =
  struct with fields:
```

```
          function: '@(a,b,c)@(x)a*x.^2+b.*x+c'
              type: 'anonymous'
              file: ''
         workspace: {[1x1 struct]}
  within_file_path: ''

f1 =
  function_handle with value:

    @(x)a*x.^2+b.*x+c

f2 =

    struct with fields:

          function: '@(x)a*x.^2+b.*x+c'
              type: 'anonymous'
              file: ''
         workspace: {[1x1 struct]}
  within_file_path: ''

f3 =
    18
```

在程式中,建立多重匿名函數 **fx**。透過呼叫匿名函數 **fx**,得到匿名函數 **f1**。函數 **f1** 是單重函數。對函數 **f1** 的呼叫,直接得到函數值 18。

6. 匿名函數陣列

透過細胞陣列可以建立匿名函數陣列。將匿名函數的握把用大括號括起來,匿名函數握把之間用逗號或分號隔開。匿名函數陣列中的每個元素都是匿名函數。

範例 11-15 匿名函數陣列

```
clear all;
F1={@(x)2*x-3,@(y)5*y+6,@(a)3*a-5}   % 1*3 匿名函數陣列
F2={@(x)2*x-3;@(a)7*a+4}    % 2*1 匿名函數陣列
F1{1}(2)
F2{2,1}(3)
```

▶ 執行結果

```
F1 =
  1×3 cell array

    {@(x)2*x-3}    {@(y)5*y+6}    {@(a)3*a-5}

F2 =
  2×1 cell array

    {@(x)2*x-3}
    {@(a)7*a+4}

ans =
     1

ans =
    25
```

7. 匿名函數的應用

在 MATLAB 中，使用匿名函數能夠讓程式變得簡潔，下例介紹匿名函數在積分和函數繪圖中的應用。

範 例 11-16 使用匿名函數求 $y = ax^2 + bx - 2$ 在區間 $[0,1]$ 上的積分值

```
clear all;
fx=@(a)quad(@(x)3*x.^2+a.*x-2,0,1)
f1=fx(1)
f2=fx(3)
```

▶ 執行結果

```
fx =
  function_handle with value:

    @(a)quad(@(x)3*x.^2+a*x-2,0,1)

f1 =
   -0.5000

f2 =
    0.5000
```

範 例 **11-17** 使用匿名函數畫出 $f(x, y) = 4x^2 + 3y^2 - \sin(x)\sin(y)$ 的三維曲面圖

```
clear all;
fxy=@(x,y)4*x.^2+3*y.^2+sin(x).*sin(y);
ezsurf(fxy,[-1 1],[-1 1])
```

▶ 執行結果

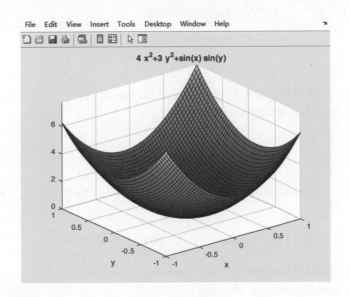

11-5-7 函數握把

函數握把是一種特殊的資料類型，它提供了間接呼叫函數的方法，類似於 C 語言中的指標，只是這裡指向一個函數。在 MATLAB 中，透過函數握把來間接呼叫函數，函數握把的資料類型為 **function_handle**，我們可以使用@或者 **srt2func** 指令來建立函數握把。例如：**fhandle=@cos** 建立函數 **cos()** 的函數握把 **fhandle**，以後就可以使用函數握把 **fhandle** 來間接呼叫函數 **cos()**。函數握把包含該函數的名稱和類型等資訊，可以透過 functions 函數來取得這些訊息。

在 MATLAB 中，函數握把的常用呼叫格式如下：

➤ func2str(fhandle)：將函數握把轉換成字串

➤ functions(fhandle)：傳回包含函數訊息的結構體變數

範 例 11-18 建立和呼叫函數握把

```
clear all
f1=@cos              %建立函數握把
x=0:pi/4:pi
f1x=f1(x)            %透過函數握把呼叫函數
f2=@complex          %建立函數握把
f2x=f2(3,4)          %透過函數握把呼叫函數
```

▶ 執行結果

```
f1 =       %f1 的類型為函數握把(即 function_handle)
  function_handle with value:

    @cos

x =
        0     0.7854    1.5708    2.3562    3.1416

f1x =
  1.0000    0.7071    0.0000   -0.7071   -1.0000

f2 =       %f2 的類型為函數握把(即 function_handle)
  function_handle with value:

    @complex

f2x =
  3.0000 + 4.0000i
```

範 例 11-19 函數握把處理函數

```
clear all
f1=@char             %建立函數握把
s1=func2str(f1)      %函數握把轉換爲字串
f2=str2func(s1)      %字串轉換爲函數握把
functions(f1)        %傳回函數訊息
```

▶ 執行結果

```
f1 =
  function_handle with value:

    @char

s1 =
    'char'

f2 =
  function_handle with value:

    @char

ans =
  struct with fields:

    function: 'char'
        type: 'simple'
        file: 'MATLAB built-in function'
```

範例 **11-20** 函數握把和結構變數

```
clear all;
A.x=@sin;
A.y=@cos;
A.z=@(x)sin(x).*cos(x);
t=0:pi/10:4*pi;
figure
plot3(A.x(t),A.y(t),A.z(t));  %建立元素值為函數握把的結構變數
grid on
xlabel('x');
ylabel('y');
zlabel('z');
```

▶ 執行結果

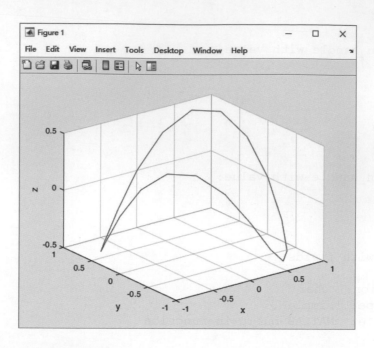

範例 **11-21** 函數握把和細胞陣列

```
clear all
A={@sin,@cos,@(x)x.^2+1}    %建立元素爲函數握把的細胞陣列
figure;
t=-pi:pi/20:pi;
for i=length(A)
    plot(t,A{i}(t));
    hold on
end
xlabel('x');
ylabel('y');
```

▶ 執行結果

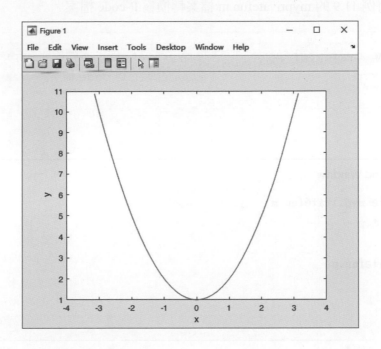

11-6　P-code 檔案

當首次呼叫一個 M 檔案時，MATLAB 會對該 M 檔案進行語法剖析(parse)，並將所產生的虛擬碼(pseudocode，簡稱 P-code)檔案存放在記憶體中。如果編寫的腳本 M 檔案或函數 M 檔案程式碼，不想被開啟看到程式碼和演算法內容，可以使用 P-code 檔案。產生 P-code 檔案之後，如果再呼叫 M 檔案時，便會直接執行其 P-code 檔案，而不再對該 M 檔案的程式碼重複進行語法剖析。因此，P-code 檔案的執行速度較原程式碼來得快。在 MATLAB 中，使用指令 **pcode** 將 M 檔案轉換為 P-code 檔案，其呼叫格式如下：

➤ pcode fun：將現行目錄下的腳本 M 檔案或函數 M 檔案 fun.m 解析為 P-code 檔案 fun.p。

➤ pcode *.m：將現行目錄下的所有.m 的檔案轉換為對應的 P-code 檔案。

➤ pcode fun1 fun2…：將 M 檔案 fun1.m、fun2.m 等轉換為 P-code 檔案。

範例 11-22 將例 11.9 的 myprivatefun.m 檔案轉換為 P-code 檔案

```
pcode myprivatefun.m     %將 myprivatefun.m轉換成 myprivatefun.p
dir *.p                  %查詢是否產生 P-code 檔案
```

▶ 執行結果

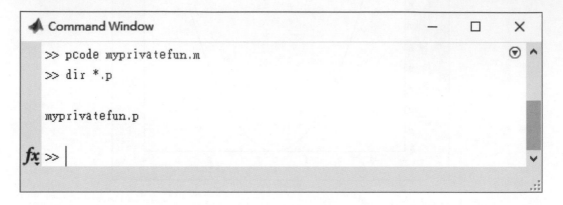

　　如果此時在指令視窗輸入 **myprivatefun**，則不會呼叫腳本 M 檔案 **myprivatefun.m**，而是直接呼叫 P-code 檔案 **myprivatefun.p**。因為 P 檔案的呼叫優先次序比 M 檔案要高。

　　可以在指令視窗輸入 **which myprivatefun**，檢視 **myprivatefun** 的來源，如下所示：

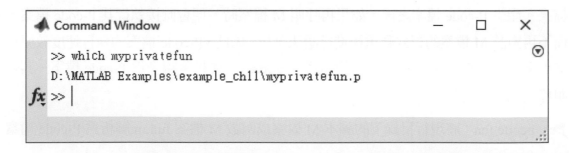

CHAPTER **12**

MATLAB 程式流程控制

學習單元：

　　和其它高階語言一樣，MATLAB 的基本程式結構包括循序、選擇和重覆三種控制結構。MATLAB 的控制敘述和 C 語言中的控制敘述格式很相似。MATLAB 還提供一些程式流程控制函數，用來控制程式的執行，如：輸入控制函數、暫停控制函數等。本章將介紹這些控制敘述及其用法。

12-1　循序結構

　　循序結構是最基本的程式結構，也是其他程式結構中的重要組成部分。循序結構就是按照敘述的先後順序，依序執行各種運算或操作的程式結構。MATLAB 的循序結構實際上就是複合運算式構成的敘述。複合運算式是由分號或逗號所分隔的多個運算式構成。當運算式後面接分號時，運算式的計算結果不會顯示出來，但中間結果仍保留在記憶體中。

範例 12-1　循序結構範例(1)

　　編寫腳本 M 檔案如下：

```
%ch1201.m

a=1;
b=2;
c=3;
s=a+b
m=b*c
d=c/b
```

▶ 執行結果

可見系統依序執行各條指令敘述並顯示執行結果。

範例 12-2 循序結構範例(2)

編寫腳本 M 檔案 ch1202.m 如下：

```
%ch1202.m

x=linspace(0,2*pi,50);
y=sin(x);
z=cos(x);
plot(x,y,'or-');
hold on
plot(x,z,'sk-');
grid on;
legend('y=sin(x)','z=cos(x)');
```

▶ 執行結果

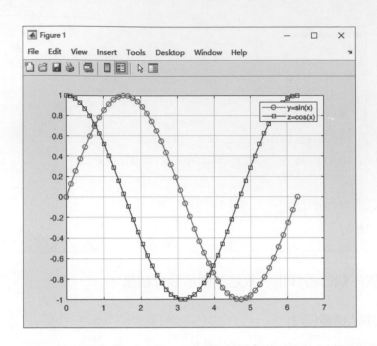

12-2 條件分支結構

如果在程式中需要根據不同的條件執行不同的運算或操作，就需要分支結構來完成。在 MATLAB 中，分支結構可以由 **if** 敘述或 **switch** 敘述來實現。本節將介紹 **if** 敘述和 **switch** 敘述的功能和語法。

12-2-1 if 敘述

條件敘述包括一個以上的 **if**、**else** 及 **elseif** 敘述，而以 **end** 敘述做為結束。每一個 if 敘述都必須伴隨著一個 **end** 敘述。

1. **if-end** 敘述

　　if-end 敘述的基本格式如下：

```
if (運算式)
敘述區段
end
```

如果運算式的值為非零值時，則執行(敘述區段)中的敘述；若運算式的值為零時，則跳過(敘述區段)，繼續往下執行。在 **if** 和(運算式)之間要有一個空格。(敘述區段)可以是一個指令，也可以是由逗號、分號隔開的若干敘述。

範例 12-3 輸入兩個數 x、y，將大數存入 x，小數存入 y。

編寫腳本 M 檔案 ch1203.m 如下：

```
%ch1203.m

x=input('x=');
y=input('y=');
if (x<y)
    t=x;
    x=y;
    y=t;
end
```

▶ 執行結果

```
Command Window                                    ─    □    ×
>> ch1203
x=2
y=-3

x =

    2


y =

   -3

fx >> |
```

本例程式中，輸入兩個數 x、y。當 x 小於 y 時，則藉助中間變數 t，將兩者的值互換。最後 x 中為較大的值，而 y 中為較小的值。

範例 12-4 輸入三個整數，然後按由小到大輸出。

編寫腳本 M 檔案 ch1204.m 如下：

```
%ch1204.m

a=input('a=');
b=input('b=');
c=input('c=');
if(a>b)
  t=a;a=b;b=t;   %若 a>b，則 a 和 b 互換
end
if(a>c)
  t=a;a=c;c=t;   %若 a>c，則 a 和 c 互換
end
if(b>c)
  t=b;b=c;c=t;   %若 b>c，則 b 和 c 互換
end
a,b,c
```

▶ 執行結果

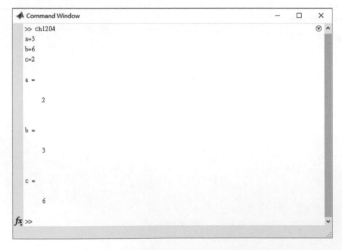

本例使用三個 **if-end** 敘述，每個條件之後的敘述區段是複合敘述。

2. **if-else-end** 敘述

if 敘述可以與 **elseif** 或 **else** 組合起來用於更複雜的條件敘述中。考慮下面的 **if-else-end** 敘述：

```
if (運算式)
    敘述區段 1
else
    敘述區段 2
end
```

如果運算式為「眞」，則執行敘述區段 1 中的敘述；如果為「假」則執行敘述區段 2 中的敘述。

範例 12-5 從鍵盤輸入兩個實數，並輸出其中的大數。

編寫腳本 M 檔案 ch1205.m 如下：

```
%ch1205.m

a=input('a=');
b=input('b=');
if a>b
    max=a;
else
    max=b;
end
max
```

▶ 執行結果

範例 12-6 從鍵盤輸入一整數，如果能被 2 整除，則顯示此數為偶數，否則顯示此數為奇數。

編寫腳本 M 檔案 ch1206.m 如下：

```
%ch1206.m

x=input('x=');
if rem(x,2)==0        %若 x 被 2 整除
disp('x is even')     %顯示 x 為偶數
else
disp('x is odd')      %顯示 x 為奇數
end
```

▶ 執行結果

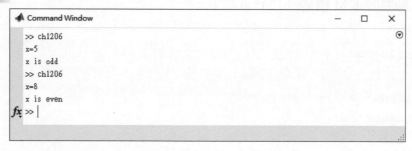

3. **if-elseif-else-end** 敘述

考慮下面的 **if-elseif-else-end** 敘述：

```
if 運算式 1
    敘述區段 1
elseif 運算式 2
    敘述區段 2
end
```

　　當運算式 1 為「眞」時，執行敘述區段 1 中的指令；如果運算式 1 為「假」並且運算式 2 為「眞」時，執行敘述區段 2。**elseif** 不可以寫成 **else if**，否則會被解譯成不同的意思。

範 例 12-7 編寫下列函數，輸入一個 x 值，輸出 y 值：

$$y = \begin{cases} -1, & x < 0 \\ 0, & x = 0 \\ 1, & x > 0 \end{cases}$$

　　　　編寫腳本 M 檔案 ch1207.m 如下：

```
%ch1207.m

x=input('x=');
if (x<0)
    y=-1;
elseif (x==0)   %注意：不可以寫成 x=0
    y=0;
else
    y=1;
end
y
```

▶ 執行結果

```
Command Window                                    —   □   ×
>> ch1207
x=-3

y =

    -1

>> ch1207
x=2

y =

    1

fx >>
```

4. `if-elseif-elseif-else-end` 敘述

更複雜的 if 敘述如下：

```
if (運算式 1)
    敘述區段 1
elseif (運算式 2)
    敘述區段 2
elseif (運算式 3)
    敘述區段 3
......
elseif (運算式 m)
    敘述區段 m
else
    敘述區段 n
end
```

範例 12-8 編寫下列函數，輸入一個 x 值，輸出 y 值：

$$y = \begin{cases} 2, & 0 \le x \le 4 \\ x-2, & 4 < x \le 6 \\ 4+\sqrt{x-6}, & x > 6 \end{cases}$$

編寫腳本 M 檔案 ch1208.m 如下：

```
%ch1208.m

x=input('x=');
if (x>=0 & x<=4)
    y=2;
elseif (x>4 & x<=6)
    y=x-2;
elseif (x>6)
    y=4+sqrt(x-6);
else
disp('***error***')
return    %提前結束程式的執行
end
y
```

▶ 執行結果

範例 12-9 根據下列等級-成績對照表編寫程式，輸入成績值，輸出等級值：

等級(grade)	成績(score)
A	90~100
B	80~89
C	70~79
D	60~69
E	<60

編寫腳本 M 檔案 ch1209.m 如下：

```
%ch1209.m

x=input('x=');
if (x>=0 & x<=100)
    if (x>=90)
        grade='A';
    elseif (x>=80)
        grade='B';
    elseif (x>=70)
        grade='C';
    elseif (x>=60)
        grade='D';
    else
        grade='E';
    end
else
    grade='Illegal input!';
end
grade
```

▶ 執行結果

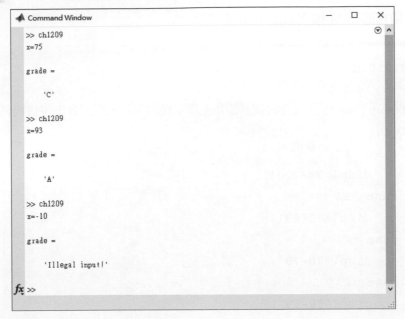

12-2-2 switch-case-end 敘述

如果有多個分支使用 **if-elseif-else-end** 敘述十分複雜，可以使用 **switch-case-end** 敘述。該敘述的呼叫格式如下：

```
switch  運算式
    case 條件敘述 1
        執行敘述 1
    case 條件敘述 2
        執行敘述 2
    ......
    case 條件敘述 n
        執行敘述 n
    otherwise
        執行敘述 n+1
end
```

當運算式的值與某一個 **case** 後面的條件敘述的值相等時，則執行其後的執行敘述並跳出 **switch** 敘述結束執行；若所有的 **case** 中的條件敘述的值都沒有與運算式的值相符，則執行 **otherwise** 後面的執行敘述。

範例 **12-10** 同上例的對照表編寫程式，輸入等級值，輸出成績範圍：

編寫腳本 M 檔案 ch1210.m 如下：

```
%ch1210.m

x=input('x=');   %等級值必須加上單引號的字元，否則會出現錯誤訊息
switch(x)
    case 'A'
        disp('90~100')
    case 'B'
        disp('80~89')
    case 'C'
        disp('70~79')
    case 'D'
        disp('60~69')
    otherwise
        disp('fail')
end
```

▶ 執行結果

```
Command Window                                    —    □    ×
>> ch1210                                                    ⊙
x='A'
90~100
>> ch1210
x='D'
60~69
>> ch1210
x=C
Error using input
Unrecognized function or variable 'C'.

Error in ch1210 (line 1)
x=input('x=');

x='C'
70~79
fx >> |
```

範例 **12-11** switch-case-end 敘述使用例。

```
%ch1211.m

x=input('x=');
y=input('y=');
switch(x)
    case 1
        switch(y)
            case 0
                x=x+1;
            case 1
                y=y+1;
            case 2
                x=x+2;y=y+2;
            case 3
                x=x+3;y=y+3;
        end
    case 2
        switch(y)
            case 0
                x=x-1;
            case 1
                y=y-1;
            case 2
                x=x-2;y=y-2;
        end
end
[x,y]
```

▶ 執行結果

```
Command Window                              —    □    ×
>> ch1211
x=1
y=2

ans =

      3     4

>> ch1211
x=2
y=1

ans =

      2     0

fx >> |
```

12-3 迴圈結構

　　在實際問題中，經常會遇到許多重覆的運算，因此，在程式中就需要對某些敘述重覆執行，稱為「迴圈(loop)」。MATLAB 中的迴圈結構包括 **for** 迴圈和 **while** 迴圈兩種類型。一組被重覆執行的敘述稱為「迴圈主體(body)」，每執行迴圈主體一次，都必須判斷是否繼續執行迴圈主體，這個判斷所依據的條件稱為迴圈的「終止條件」。

12-3-1 for 迴圈

　　for 敘述與大多數程式語言中的 **do** 或 **for** 敘述一樣，就是反覆執行一列或多列敘述。在許多情況下，迴圈條件是有規律地變化的，通常是把迴圈條件的初值、判斷條件和變化放在迴圈的開頭，亦即，執行的次數已事先定義好。在 MATLAB 中，**for** 迴圈結構是以 **end** 敘述結束。

1. 簡單的 **for** 迴圈

　　for 迴圈的基本格式為：

```
for    迴圈變數=運算式 1：運算式 2：運算式 3
       迴圈主體
end
```

通常，運算式是一個向量，形如 **m:s:n**。s 是增量，它可以取整數、小數、正數或負數。該向量的元素被逐一指定給迴圈變數，然後執行迴圈主體。在 **for** 迴圈中，增量的預設值是 1。對於正數，迴圈變數的值大於終值時，結束迴圈；對於負數，迴圈變數的值小於終值時，結束迴圈。

範例 **12-12** 編寫程式計算 10! 的值

腳本 M 檔案 ch1212.m 如下：

```
%ch1212.m

m=1;
n=10;
for k=1:n
    m=m*k;
end
m
```

▶ 執行結果

```
Command Window                                    —  □  ×

>> ch1212

m =

     3628800

fx >> |
```

範例 **12-13** 編寫一個程式求小於 100 的奇數和。

腳本 M 檔案 ch1213.m 如下：

```
%ch1213.m

s=0;
for i=1:2:100
    s=s+i;
end
s
```

▶ 執行結果

```
Command Window                                          —    □    ×
>> ch1213

s =

        2500

fx >>
```

範例 **12-14** 編寫程式求矩陣 $A = \begin{bmatrix} 1 & 2 & 3 \\ 4 & 5 & 6 \\ 7 & 8 & 9 \end{bmatrix}$ 的對角線元素之和。

腳本 M 檔案 ch1214.m 如下：

```
%ch1214.m

s=0;
a=[1 2 3;4 5 6;7 8 9];
for i=1:3
    s=s+a(i,i);
end
s
```

▶ 執行結果

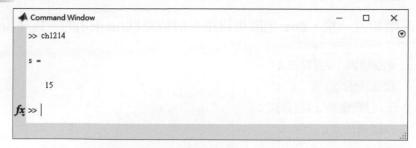

範例 **12-15** 使用階乘函數 prod()求 1 到 20 階乘之和。

脚本 M 檔案 ch1215.m 如下：

```
%ch1215.m

s=0;n=1;
for n=1:20
    s=s+prod(1:n);
end
s
```

▶ 執行結果

```
Command Window                                    —    □    ×
>> ch1215

s =

   2.5613e+18

fx >>
```

2. 巢狀 for 迴圈

和其他高階語言一樣，**for** 迴圈可以是多層或巢狀(nested)的，其呼叫格式如下：

```
for 迴圈變數1=運算式1
    敘述區段1;
   for 迴圈變數2=運算式2
    敘述區段2;
   end
    敘述區段3;
end
```

範例 12-16 編寫程式輸出九九乘法表。

腳本 M 檔案 ch1216.m 如下：

```
%ch1216.m

for i=1:9
    for j=1:9
        x(i,j)=i*j;
    end
end
x
```

▶ 執行結果

```
Command Window                              —    □    ×
>> ch1216

x =

     1     2     3     4     5     6     7     8     9
     2     4     6     8    10    12    14    16    18
     3     6     9    12    15    18    21    24    27
     4     8    12    16    20    24    28    32    36
     5    10    15    20    25    30    35    40    45
     6    12    18    24    30    36    42    48    54
     7    14    21    28    35    42    49    56    63
     8    16    24    32    40    48    56    64    72
     9    18    27    36    45    54    63    72    81

fx >> |
```

範 例 12-17 編寫程式輸出高度 3、寬度 5 的金字塔圖案。

腳本 M 檔案 ch1217.m 如下：

```
%ch1217.m

for i=1:3
    for j=1:3-i
        fprintf(' ');
    end
    for j=1:2*i-1
        fprintf('*');
    end
```

▶ 執行結果

範 例 12-18 巢狀 for 迴圈使用例。

腳本 M 檔案 ch1218.m 如下：

```
%ch1218.m

for i=1:5
    for j=1:5
        switch (i-j)
        case 0
            A(i,j)=1;
        case {1,-1}
            A(i,j)=2;
        otherwise,
            A(i,j)=0;
        end
    end
end
A
```

▶ 執行結果

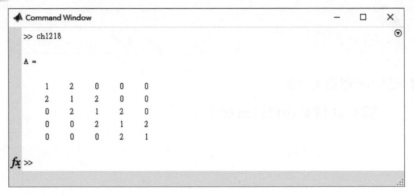

12-3-2 while 迴圈

　　基本上 **while** 迴圈的功能和 **for** 迴圈很類似。**for** 迴圈是用來執行已知固定次數的迴圈，而 **while** 是用來執行不定次數的迴圈。

1. 簡單的 **while** 迴圈

while 迴圈的一般格式為：

```
while 運算式
    迴圈主體
end
```

若運算式值為非 0，則執行迴圈主體中之敘述，執行後再判斷運算式值是否為真，只要運算式值為非 0，**while** 敘述將重覆執行迴圈主體；若值為 0，則結束 **while** 迴圈，執行 **while** 迴圈後的敘述。**while** 迴圈是由一個 **end** 做為結束。

範 例 12-19 編寫程式使用 while 敘述求 $\sum\limits_{n=1}^{100} n$ 之值。

腳本 M 檔案 ch1219.m 如下：

```
%ch1219.m

i=1;sum=0;
while i<=100
  sum=sum+i;
  i=i+1;
end
sum
```

▶ 執行結果

範 例 12-20 求 $1+2+...+n \geq 100$ 的最小整數 n。

腳本 M 檔案 ch1220.m 如下：

```
%ch1220.m

n=0;sum=0;
while sum<100
    n=n+1;
    sum=sum+n;
end
n
```

▶ 執行結果

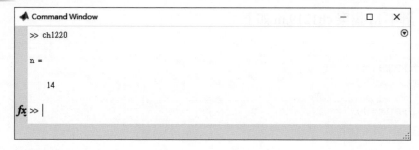

```
Command Window                              —   □   ×
>> ch1220                                              ▾

n =

    14

fx >> |
```

2. 巢狀 while 迴圈

while 迴圈也能夠像 for 迴圈一樣是巢狀(nested)的，其呼叫格式如下：

```
while 運算式1
    敘述區段1
    while 運算式2
    敘述區段2
    end
    敘述區段3
end
```

範 例 12-21 編寫程式使用巢狀 while 迴圈輸出九九乘法表。

　　　腳本 M 檔案 ch1221.m 如下：

```
%ch1221.m

i=1;
while i<=9
j=1;
    while j<=9
        x(i,j)=i*j;
j=j+1;
    end
i=i+1;
end
x
```

▶ 執行結果

```
Command Window                                        —    □    ×
>> ch1221

x =

     1     2     3     4     5     6     7     8     9
     2     4     6     8    10    12    14    16    18
     3     6     9    12    15    18    21    24    27
     4     8    12    16    20    24    28    32    36
     5    10    15    20    25    30    35    40    45
     6    12    18    24    30    36    42    48    54
     7    14    21    28    35    42    49    56    63
     8    16    24    32    40    48    56    64    72
     9    18    27    36    45    54    63    72    81

fx >>
```

12-4　try-catch-end 敘述

在程式設計時，如果不能確定某一段程式碼是否會出現錯誤，可以使用 **try-catch** 敘述獲得錯誤和處理錯誤，其呼叫格式為：

```
try
    敘述區段 1;
catch
    敘述區段 2;
end
```

MATLAB 開始執行敘述區段 1，如果沒有發生錯誤，則不執行敘述區段 2，而繼續執行 **end** 之後的程式碼；但如果有發生錯誤，則立即轉到執行敘述區段 2，並且將錯誤資訊儲存在 **lasterr** 函數中。

範例 12-22 try-catch 敘述的使用例。

腳本 M 檔案 ch1222.m 如下：

```
%ch1222.m

clear all;
A=[1 2 3;4 5 6];
B=[7 8 9;10 11 12];
try
    C=A*B;
disp('C=A*B');
catch
    disp(lasterr);      %查看 try 敘述區段 1 中的錯誤
end
```

▶ 執行結果

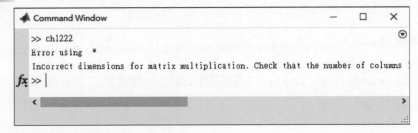

12-5　程式流程控制敘述

　　使用者有時會遇到在迴圈敘述正常結束前必須終止迴圈的情形，使用 **continue** 敘述可以結束本次迴圈，而使用 **break** 敘述可以退出迴圈。此外，MATLAB 還提供一些程式流程控制函數，本節將逐一介紹。

12-5-1 continue 敘述

　　在使用迴圈結構時，可以使用 **continue** 敘述來結束本次迴圈，而跳過迴圈主體中尚未執行的敘述。要注意的是，**continue** 敘述只結束本次迴圈，而不是終止整個迴圈的執行。

範 例 **12-23** continue 敘述的使用例。

　　　　腳本 M 檔案 ch1223.m 如下：

```
%ch1223.m

clear all;
n=0;
A=-20+40*rand(1,100);   %在區間[-20,20]隨機建立100個數
for i=1:50
    if A(i)<=0
        continue    %若為負數或零，則跳出本次迴圈
    end
    n=n+1;          %統計正數的個數
    B(n)=A(i);      %將正數存在陣列B中
end
n
plot(B,'*b:')
grid on
```

▶ 執行結果

n =
   29

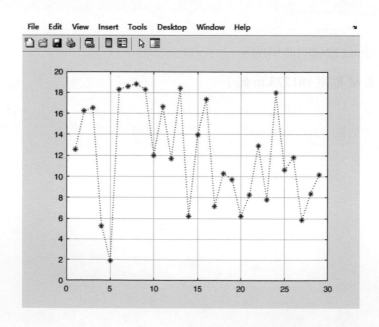

12-5-2　break 敘述

break 敘述和 **continue** 敘述類似，但是 **break** 敘述不是繼續執行下一次迴圈，而是結束所在迴圈，跳出所在迴圈主體，並繼續執行迴圈以外的敘述。

範例 12-24 break 敘述的使用例。

　　　　腳本 M 檔案 ch1224.m 如下：

```
%ch1224.m

clear all;
k=1000;
A(1:2)=1;  %Fibonacci 級數 A(1)=1，A(2)=1
for i=3:k
   A(i)=A(i-1)+A(i-2);  %i>2 時，A(i)=A(i-1)+A(i-2)
   if A(i)>1000
       n=i;        %第一個大於 1000 的 i 值
       A_n=A(i)    %第一個大於 1000 的元素值
       break       %跳出所在迴圈主體
   end
end
n,A_n
plot(A,'*b:')
title('Fibonacci array graph')
grid on
```

▶ 執行結果

```
n =
    17

A_n =
    1597
```

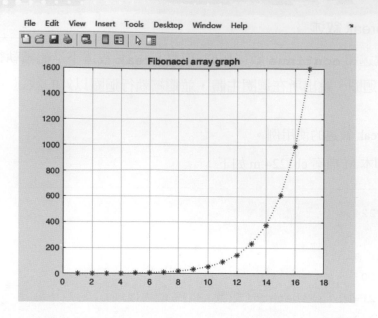

12-5-3　echo 函數

通常，執行 M 檔案時，在指令視窗中不會顯示檔案中的敘述。使用 **echo** 函數可以使檔案敘述在執行時顯示在指令視窗中。其呼叫格式如下：

➤ echo on：顯示被執行檔案的敘述

➤ echo off：隱藏被執行檔案的敘述

範 例 12-25 echo 函數的使用例。

　　　　　腳本 M 檔案 ch1225.m 如下：

```
%ch1225.m

clear all;
a=[1 2 3;4 5 6];
b=[2 3 4;5 6 7];
echo on;
c=a+b
d=a-b
echo off
e=a.*b
```

▶ 執行結果

```
Command Window                           —  □  ×
>> ch1225
c=a+b

c =

     3    5    7
     9   11   13

d=a-b

d =

    -1   -1   -1
    -1   -1   -1

echo off

e =

     2    6   12
    20   30   42

fx >>
```

12-5-4　keyboard 指令

在 MATLAB 中，使用 **keyboard** 函數可以對程式進行除錯，也可以在程式執行中修改變數。該函數放在腳本 M 檔案中，程式執行到 **keyboard** 函數後，將停止程式的執行，並將控制權交給鍵盤。這是檢查或改變參數的一個很好的方法。

範例 **12-26** keyboard 函數的使用例。

腳本 M 檔案 ch1226.m 如下：

```
%ch1226.m

clear all;
a=[1 2 3;4 5 6];
b=[2 3 4;5 6 7];
keyboard
c=a+b
```

在指令視窗輸入 ch1226，並修改陣列元素值，得到下列結果：

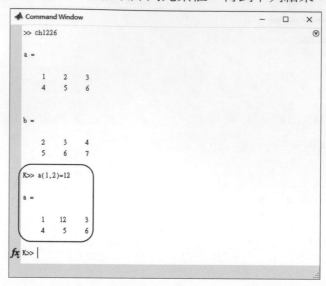

當按下 **Continue** 按鈕時，繼續執行 **keyboard** 函數後面的程式：

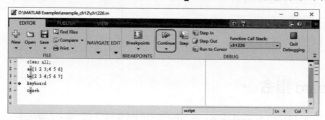

得到下列輸出結果：

12-5-5 pause 函數

在 MATLAB 中，**pause** 函數用來暫停程式的執行，等待使用者按下任意鍵繼續執行。**pause** 函數在程式除錯以及需要看中間結果時特別有用。其呼叫格式如下：

➤ pause：暫停 M 檔案的執行，按下任意鍵後繼續執行。

範例 12-27 pause 函數的使用例。

　　腳本 M 檔案 ch1227.m 如下：

```
%ch1227.m

clear all;
t=0:pi/20:2*pi;
x=sin(t);
figure;
plot(t,x)
xlabel('t');
ylabel('x');
hold on;
for i=1:7
    pause;    %暫停程式執行，然後每按一次鍵，畫出一條正弦曲線
    plot(t,sin(t+i/5));
    hold on;
end
```

▶ 執行結果

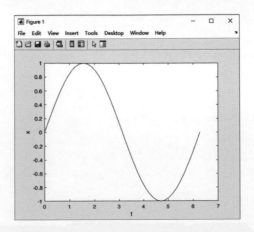

使用 **pause** 函數暫停程式的執行，然後每按一次鍵，畫出一條正弦曲線，共畫出 8 條正弦曲線。

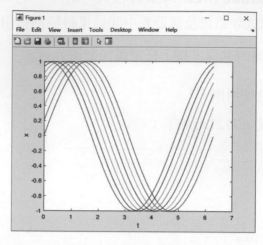

12-5-6 input 函數

在 MATLAB 中，可以使用 **input** 函數在程式執行過程中，透過鍵盤輸入資料或運算式，其呼叫格式如下：

➤ input('提示訊息')：在提示訊息之後，由鍵盤輸入數值資料。

➤ input('提示訊息','s')：在提示訊息之後，由鍵盤輸入字串資料。

範例 12-28 input 函數的使用例。

腳本 M 檔案 ch1228.m 如下：

```
%ch1228.m

clear all;
x=input('please input x=');
y=sinh(x).*sin(x);
plot(x,y,'*b:')
y=0.3*cosh(x).*cos(x);
hold on
plot(x,y,'or--')
axis tight
legend('sinh(x)sin(x)','0.3cosh(x)cos(x)')
```

在指令視窗輸入 ch1228，出現下列輸入變數 x 的提示訊息：

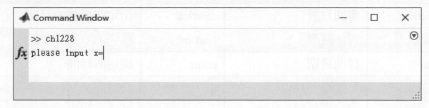

在 please input x=之後輸入 **linspace(-pi,pi,72)**

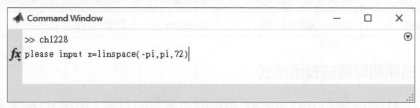

得到下列輸出結果：

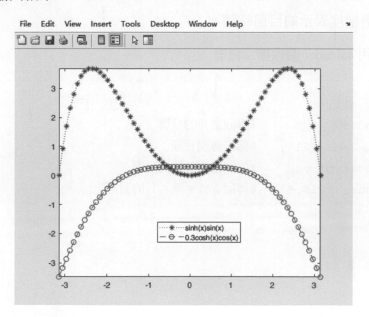

12-6　日期和時間函數

　　MATLAB 提供了很多函數來處理日期和時間，也可以對日期和時間進行運算。此外，MATLAB 還可以很方便地計時，例如：計算程式的執行時間等。MATLAB 常用的日期和時間函數如下表所示：

函數	功能	函數	功能
calendar	傳回日曆	datetick	指定座標軸的日期
clock	目前時間	cputime	經過的 CPU 時間
date	目前日期	etime	經過的時間
weekday	星期幾	tic	計時開始
now	目前的日期和時間	toc	計時結束
datevec	以向量顯示日期	eomday	一個月的最後一天
datestr	以字元顯示日期	datenum	以數值顯示日期

12-6-1 日期和時間的表示形式

在 MATLAB 中，使用 **calendar** 函數顯示當月的日曆；使用 **clock** 函數取得目前的日期向量，分別表示年、月、日、時和秒；**date** 函數取得目前日期的字串；**now** 函數傳回採用倍精度表示的目前時間。

範例 12-29 使用 calender 函數顯示日曆

```
clear all;
calendar               %傳回當月的日曆
d='01-Jan-2021';       %指定傳回日期
calendar(d)            %傳回指定日期的日曆
calendar(2019,5)       %傳回 2019 年 5 月的月曆
```

▶ 執行結果

```
                          Apr 2020
        S     M     Tu     W     Th     F     S
        0     0     0      1     2      3     4
        5     6     7      8     9      10    11
        12    13    14     15    16     17    18
        19    20    21     22    23     24    25
        26    27    28     29    30     0     0
        0     0     0      0     0      0     0


                          Jan 2021
        S     M     Tu     W     Th     F     S
        0     0     0      0     0      1     2
        3     4     5      6     7      8     9
        10    11    12     13    14     15    16
        17    18    19     20    21     22    23
        24    25    26     27    28     29    30
        31    0     0      0     0      0     0


                          May 2019
        S     M     Tu     W     Th     F     S
        0     0     0      1     2      3     4
        5     6     7      8     9      10    11
        12    13    14     15    16     17    18
        19    20    21     22    23     24    25
        26    27    28     29    30     31    0
        0     0     0      0     0      0     0
```

範 例 **12-30** 顯示目前的時間

```
clear all;
c1=clock      %傳回目前日期的向量，分別表示年、月，日、時、分、秒
d1=date       %傳回目前日期的字串
n1=now        %傳回以倍精度表示的時間
```

▶ 執行結果

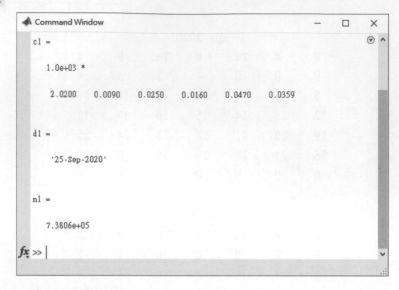

12-6-2　計時函數及其應用

在 MATLAB 中，使用 **tic** 函數、**toc** 函數、**cputime** 函數和 **etime** 函數等進行計時。

範 例 **12-31** 使用 tic 函數和 toc 函數進行計時

```
%ch1231.m

clear all;
tic;                    %開始計時
n=0;sum=0;
while sum<1000
n=n+1;
sum=sum+n;
telapsed=toc;        %計時結束
end
avetime=telapsed/n
```

▶ 執行結果

```
avetime =

   1.4513e-05
```

範 例 12-32 使用 clock 函數和 etime 函數進行計時

```
%ch1232.m

clear all;
t=clock                %開始計時
i=1:10000;
y(i)=10*cos(i).^exp(i);
t1=etime(clock,t)
```

▶ 執行結果

```
t =
   1.0e+03 *

   2.0200    0.0040    0.0280    0.0120    0.0030    0.0595

t1 =
    0.0150
```

範 例 12-33 使用 cputime 函數進行計時

```
%ch1233.m

clear all;
t=cputime                %開始計時
i=1:10000;
y(i)=10*cos(i).^exp(i);
t1=cputime-t
```

▶ 執行結果

```
t =

  206.6406

t1 =

    0
```

國家圖書館出版品預行編目資料

MATLAB 程式設計入門 / 余建政, 林水春編著. --
　初版. -- 新北市：全華圖書股份有限公司,
　2021.06
　　面 ；　公分
　ISBN 978-986-503-771-0(平裝附光碟片)

1. CST: MATLAB(電腦程式)

312.49M384　　　　　　　　　　110008027

MATLAB 程式設計入門(附範例光碟)

作者 / 余建政、林水春

發行人 / 陳本源

執行編輯 / 張峻銘

出版者 / 全華圖書股份有限公司

郵政帳號 / 0100836-1 號

圖書編號 / 06472007

初版二刷 / 2024 年 04 月

定價 / 新台幣 450 元

ISBN / 978-986-503-771-0(平裝附光碟片)

全華圖書 / www.chwa.com.tw

全華網路書店 Open Tech / www.opentech.com.tw

若您對本書有任何問題，歡迎來信指導 book@chwa.com.tw

臺北總公司(北區營業處)
地址：23671 新北市土城區忠義路 21 號
電話：(02) 2262-5666
傳真：(02) 6637-3695、6637-3696

南區營業處
地址：80769 高雄市三民區應安街 12 號
電話：(07) 381-1377
傳真：(07) 862-5562

中區營業處
地址：40256 臺中市南區樹義一巷 26 號
電話：(04) 2261-8485
傳真：(04) 3600-9806(高中職)
　　　(04) 3601-8600(大專)

歡迎加入 全華會員

● 會員獨享

會員享購書折扣、紅利積點、生日禮金、不定期優惠活動…等。

● 如何加入會員

掃 QRcode 或填妥讀者回函卡直接傳真 (02) 2262-0900 或寄回,將由專人協助登入會員資料,待收到 E-MAIL 通知後即可成為會員。

如何購買 全華書籍

1. 網路購書

全華網路書店「http://www.opentech.com.tw」,加入會員購書更便利,並享有紅利積點回饋等各式優惠。

2. 實體門市

歡迎至全華門市(新北市土城區忠義路 21 號)或各大書局選購。

3. 來電訂購

(1) 訂購專線:(02) 2262-5666 轉 321-324
(2) 傳真專線:(02) 6637-3696
(3) 郵局劃撥(帳號:0100836-1 戶名:全華圖書股份有限公司)
※ 購書未滿 990 元者,酌收運費 80 元。

OpenTech.com.tw 全華網路書店

全華網路書店 www.opentech.com.tw
E-mail: service@chwa.com.tw

※ 本會員制如有變更則以最新修訂制度為準,造成不便請見諒。

讀者回函卡

掃 QRcode 線上填寫 ▶▶▶

姓名：＿＿＿＿＿＿＿　生日：西元＿＿＿＿年＿＿＿月＿＿＿日　性別：□男 □女

電話：（　　　）　　　　　　　手機：

e-mail：（必填）

通訊處：□□□□□

註：數字零，請用 ⊘ 表示，數字 1 與英文 L 請另註明並書寫端正，謝謝。

學歷：□高中·職　□專科　□大學　□碩士　□博士

職業：□工程師　□教師　□學生　□軍·公　□其他

學校/公司：＿＿＿＿＿＿＿＿　科系/部門：＿＿＿＿＿＿＿＿

· 需求書類：

□A. 電子 □B. 電機 □C. 資訊 □D. 機械 □E. 汽車 □F. 工管 □G. 土木 □H. 化工 □I. 設計

□J. 商管 □K. 日文 □L. 美容 □M. 休閒 □N. 餐飲 □O. 其他

· 本次購買圖書為：＿＿＿＿＿＿＿＿＿＿　書號：＿＿＿＿＿＿＿

· 您對本書的評價：

封面設計：□非常滿意　□滿意　□尚可　□需改善，請說明

內容表達：□非常滿意　□滿意　□尚可　□需改善，請說明

版面編排：□非常滿意　□滿意　□尚可　□需改善，請說明

印刷品質：□非常滿意　□滿意　□尚可　□需改善，請說明

書籍定價：□非常滿意　□滿意　□尚可　□需改善，請說明

整體評價：請說明

· 您在何處購買本書？

□書局　□網路書店　□書展　□團購　□其他

· 您購買本書的原因？（可複選）

□個人需要　□公司採購　□親友推薦　□老師指定用書　□其他

· 您希望全華以何種方式提供出版訊息及特惠活動？

□電子報　□DM　□廣告 （媒體名稱）

· 您是否上過全華網路書店？ (www.opentech.com.tw)

□是 □否 您的建議

· 您希望全華出版哪方面書籍？

· 您希望全華加強哪些服務？

感謝您提供寶貴意見，全華將秉持服務的熱忱，出版更多好書，以饗讀者。

填寫日期： 　/　 　/　

2020.09 修訂

親愛的讀者：

感謝您對全華圖書的支持與愛護，雖然我們很慎重的處理每一本書，但恐仍有疏漏之處，若您發現本書有任何錯誤，請填寫於勘誤表內寄回，我們將於再版時修正，您的批評與指教是我們進步的原動力，謝謝！

全華圖書 敬上

勘 誤 表

書 號	頁 數	行 數	書 名	作 者
			錯誤或不當之詞句	建議修改之詞句

我有話要說：（其它之批評與建議，如封面、編排、內容、印刷品質等⋯⋯）

CH1 習題

班級：＿＿＿＿＿＿
學號：＿＿＿＿＿＿
姓名：＿＿＿＿＿＿

1. 在 HOME 主功能區中的預設常用視窗為何？如何設定目前資料夾(current folder)？

2. 如何設定命令視窗中的字體格式、大小、顏色和數值計算結果的顯示方式？

3. 如何對變數的全部數據和部份數據進行畫圖？

4. 如何開啟和使用 M 檔案編輯/除錯器？

5. 如何將使用者的"工作目錄"設定在 MATLAB 的搜尋路徑上？位於搜尋路徑上的目錄與現行目錄在 MATLAB 中的功用相同嗎？

6. 使用 help 命令查詢 contour 函數的功能及使用方法。

7. 使用 lookfor 指令查詢關於 diary 的幫助訊息。

8. 在單獨顯示(Undock)的命令視窗中，輸入下列命令並查看執行結果。

(1) a=3.5　(2) b=[1 2 3;4 5 6]　(3) c=cos(a*b*pi/180)

```
Command Window                              —  □  ×
>> a=3.5

a =

    3.5000

>> b=[1 2 3;4 5 6]

b =

     1     2     3
     4     5     6

>> c=cos(a*b*pi/180)

c =

    0.9981    0.9925    0.9833
    0.9703    0.9537    0.9336

fx >> |
```

9. 續上題，在圖中修改"Numeric format"以查看變數 a、b 和 c 的顯示格式。

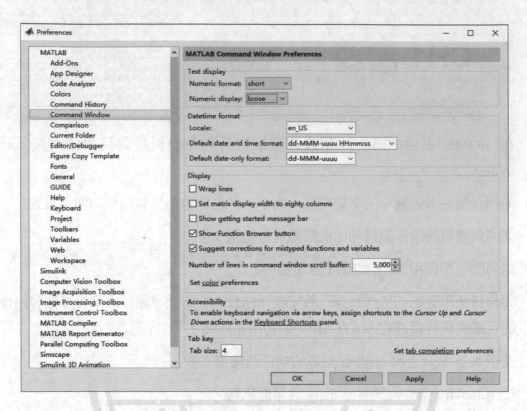

10. 續上題，在圖中修改"Numeric display"以查看變數 c 的顯示。

11. 續上題，在圖中設定不同格式文字的顏色。

CH2 習題

1.　命令 clear、clf、clc 各有何用途？

2.　在 MATLAB 命令視窗中，標點符號"；"和"，"各有何作用？在輸入一個 2 維數值陣列時，需要用到哪些標點符號？這些標點符號可以在中文狀態下輸入嗎？

3.　如何顯示 MATLAB 工作空間中的變數名稱、大小、類型和 byte 數？

4.　將下列數學運算式寫成 MATLAB 運算式：

(1)　$f_1 = ce^x \sin(2x)$

(2)　$f_2 = \dfrac{\sin(|x| + |y|)}{\sqrt{\cos(|x + y|)}}$

(3)　$f_3 = \dfrac{x}{x - e^{t \ln a}}$

(4)　$f_4 = \dfrac{e^{a+b}}{\ln(a + b)}$

(5)　$f_5 = 2e^{at} \dfrac{t}{\sqrt{\pi}}$

(6)　$f_6 = \dfrac{1}{a \ln(1 - x - a) + c}$

5.　使用 MATLAB 求下列運算的結果：

(1)　$2 * 6 \wedge 2$

(2)　$2^3 - \dfrac{5^2}{6 + 3}$

(3) $\dfrac{5+6*\dfrac{7}{3}-2^2}{\dfrac{2}{3}*\dfrac{3}{3*6}}$

(4) $5*10^{500}$

(5) $1/5*10^{500}$

(6) $0/0$

6. 使用 MATLAB 求下列的結果：

(1) 半徑 $r=5$ 的圓面積 πr^2；

(2) 半徑 $r=10$ 的球體表面積 $4\pi r^2$；

(3) 半徑 $r=2$ 的球體體積 $4/3\pi r^3$，；

(4) 半徑 $r=3$，高度 h 分別為 1、5 和 12 的圓柱體體積 $\pi r^2 h$，。

7. 已知三角形三邊長分別為 a、b、c，面積為 $\sqrt{s(s-a)(s-b)(s-c)}$，其中 $s=(a+b+c)/2$，求 $a=3.5$，$b=6.8$，$c=8.5$ 時的三角形面積。

8. 假設角度向量 degrees=[10 15 70 90]，試將其轉換為弳度向量 radians。

9. 已知 $h=1+\dfrac{1}{2}+\dfrac{1}{3}+\cdots+\dfrac{1}{10}$，使用 MATLAB 求下列運算的結果：

(1) 顯示四位小數格式

(2) 顯示有理數格式

(3) 顯示單精度格式

(4) 顯示倍精度格式

10. 使用 MATLAB 分別求出下列整數型態的最大值和最小值：

(1) int8

(2) uint8

(3) int16

(4) uint16

11. 使用 MATLAB 求下列複數運算的結果：

    (1) $z = \sqrt{3} - i$ 的 5 次方 z^5。

    (2) $z = \sqrt[3]{1 - i}$

    (3) e^{2+3i}

    (4) e^i

    (5) $\ln(2 + 3i)$

    (6) $\ln(-i)$

12. 已知 $z = 2 + 3i$，使用 MATLAB 求下列複數運算的結果：

    (1) $\sin(z)$

    (2) $\cos(z)$

    (3) $\tan(z)$

    (4) $\sinh(z)$

    (5) $\cosh(z)$

    (6) $\tanh(z)$

13. 假設 x=[2.3 5.8 9]、y=[5.2 3.14 2]，使用 MATLAB：

    (1) 建立變數 x 和 y

    (2) 求 $\sin(x)$

    (3) 求 x 的每個元素加 3

    (4) 求 x 和 y 中每個對應元素的和

    (5) 求 x 和 y 中每個對應元素的乘積

14. 使用 MATLAB 建立一個字串向量 $x = 'aAbB1234CcdD'$，並對該向量執行下列運算：

    (1) 計算字串 x 中的小寫字母個數；

    (2) 截取第 1~5 個字元組成子字串 s；

    (3) 將字串 x 的字元反向重新排列後輸出；

    (4) 將字串 x 中的小寫字母轉換為大寫字母，其餘字元不變。

15. 使用 MATLAB 建立字串向量 $x = 'MATLAB\ for\ Beginners'$、
$y = 'I\ can't\ find\ the\ book.'$，並執行下列操作：

    (1) 計算向量 x 的大小；

    (2) 顯示向量 y 的 ASCII 值；

    (3) 將字串向量 x 的第 1~6 個字元反向排列輸出；

    (4) 將字串向量 x 和字串向量 y 垂直串接；

    (5) 在字串向量 x 中尋找字串 can 的下標。

16. 使用 MATLAB 建立字串 $x = 'No\ pains,\ no\ gains.'$，並執行下列操作：

    (1) 使用 findstr 指令在字串 x 中尋找字串 s；

    (2) 使用 find 指令在字串中尋找字串 s；

    (3) 在字串 x 中尋找字串 ant；

    (4) 在字串 x 中尋找字串 no。

17. 已知 C{1, 1} = 1，C{1, 2} = ' GOOD '，C{2, 1} = reshape(1: 9, 3, 3)，C{2, 2} = {12, 34, 56; 23, 45, 67; 2, 4, 6}，試建立細胞陣列 C，並回答下列問題：

    (1) size(C)和 ndims(C)的值分別是多少？

    (2) C(2)和 C(4)的值分別是多少？

    (3) 執行 C(3)=[]和 C{3}=[]後，C 的值分別是多少？

18. 已知 C(1,1)='The more'、C(2,1)='you get,'、C(3,1)='the more' 和 C(4,1)='you want.'，
　　試使用 MATLAB 執行下列操作：

　　(1) 建立一個 4×1 的字串細胞陣列 C；

　　(2) 計算細胞陣列 C 的大小；

　　(3) 輸出細胞陣列 C 的第 1 個細胞；

　　(4) 輸出細胞陣列 C 的第 2~3 細胞；

　　(5) 將細胞陣列 C 的內容反向輸出。

19. 同上題，試使用 MATLAB 執行下列操作：

　　(1) 將細胞陣列 C 的內容轉換為字串陣列 s1；

　　(2) 將字串陣列 s1 轉換為細胞陣列 st，並刪除字串陣列 s1 中的空格；

　　(3) 求細胞陣列 C 的第 4 個細胞的大小；

　　(4) 求細胞陣列 C 的第 4 個細胞的第 5~8 個元素。

20. 下表是某位學生的基本資料，試用結構陣列 student 表示：

ID	name	city	salary
202011	John	Taichung	39900

21. 下表是 4 位學員的基本資料：

ID	name	age	sex	score
10901	Lee	20	F	89
10902	Hwang	27	F	90
10903	Chen	24	M	85
10904	Liao	23	M	83

　　(1) 試建立結構陣列 member；

　　(2) 將結構陣列 member 轉換成細胞陣列 C；

　　(3) 求細胞陣列 C 中 score 的平均值。

22. 試求下列關係運算的結果：

(1) A=1:9;
```
B=9-A;
tf1=A>4
tf2=(A==B)
```

(2) A=[1,2;2,3]
```
B=A==2;
n=sum(sum(B))
```

23. 試求下列邏輯運算的結果：

(1) A=[1,1;0,1]
```
B=[0,1;0,0]
b=0
c1=A&b
c2=A|b
c3=xor(A,B)
```

(2)
```
a=[1 3 5]
A=[1 2 3;4 5 6]
B1=all(a)
B2=all(A)
B3=all(A,2)
```

(3) a=[0 2 0]
```
A=[1 0 3;0 0 6]
B1=any(a)
B2=any(A)
B3=any(A,2)
```

24. 試求下列運算的結果：
```
A=[1 -2 3;-1 5 6]
k=find(A)
[i,j]=find(A)
[i,j,v]=find(A)
```

CH3 習題

班級：_____

學號：_____

姓名：_____

1. 已知向量 $x = [1\ 2\ 3]$，矩陣 $A = \begin{bmatrix} 1 & 4 & 2 \\ 7 & 3 & 9 \\ 6 & 8 & 5 \end{bmatrix}$，矩陣 $B = \begin{bmatrix} -3 & 9 & 4 \\ 2 & 7 & -1 \\ 6 & -5 & -8 \end{bmatrix}$，求下列運算

   的結果：

   (1) $C = A*B$

   (2) $D = A.*B$

   (3) $E = 5*A$

2. 已知矩陣 $A = \begin{bmatrix} 1 & 2 & 3 \\ 4 & 5 & 6 \\ 7 & 8 & 9 \end{bmatrix}$，矩陣 $B = \begin{bmatrix} -2 \\ 3 \\ 4 \end{bmatrix}$，使用 MATLAB 求下列運算的結果：

   (1) $C = A^3$

   (2) $D = AB$

   (3) $E = A^B$

3. 已知矩陣 $A = \begin{bmatrix} 1 & 2 & 3 & 4 \\ 5 & 6 & 7 & 8 \end{bmatrix}$，矩陣 $B = \begin{bmatrix} 0 & 0 \\ 0 & 0 \end{bmatrix}$，矩陣 $C = \begin{bmatrix} 1 & 1 \\ 1 & 1 \end{bmatrix}$，

   試使用 MATLAB 建立矩陣 $D = \begin{bmatrix} 1 & 2 & 3 & 4 \\ 5 & 6 & 7 & 8 \\ 0 & 0 & 1 & 1 \\ 0 & 0 & 1 & 1 \end{bmatrix}$。

4. 使用 MATLAB 執行下列運算：

(1) 建立由 12 到-9，增量為-5 的向量 x

(2) 求 e^x

(3) 求 $\ln(x)$

(4) 將(2)表示成兩個整數向量相除

5. (1) 試使用 linspace 指令建立 6 個均勻分佈在 10~20 之間的元素。

　　(2) 試使用 logspace 指令建立 5 個均勻分佈在 10 和 100 之間的元素。

6. 解下列線性方程組：

$$\begin{cases} 3x + 5y - 2z = -7 \\ -2x + 4y + z = 3 \\ x - 3y + 4z = 5 \end{cases}$$

7. 解下列線性方程組：

$$\begin{cases} 2x_1 + x_2 - 5x_3 + x_4 = 13 \\ x_1 - 5x_2 + 7x_4 = -9 \\ 2x_2 + x_3 - x_4 = 6 \\ x_1 + 6x_2 - x_3 - 4x_4 = 0 \end{cases}$$

8. 解下列矩陣方程式：

$$\begin{bmatrix} 1 & -2 & 5 \\ -2 & 3 & 1 \\ 3 & -1 & 2 \end{bmatrix} \begin{bmatrix} x_1 \\ x_2 \\ x_3 \end{bmatrix} = \begin{bmatrix} 3 & -1 \\ -3 & 2 \\ 2 & 4 \end{bmatrix}$$

9. 解下列矩陣方程式：

$$\begin{bmatrix} 1 & 2 & 3 \\ 2 & 2 & 1 \\ 3 & 4 & 3 \end{bmatrix}\begin{bmatrix} x_1 \\ x_2 \\ x_3 \end{bmatrix} = \begin{bmatrix} 2 & 5 \\ 3 & 1 \\ 4 & 3 \end{bmatrix}$$

10. 已知 $x = 9$、矩陣 $A = \begin{bmatrix} 3 & -1 & 5 \\ 7 & 2 & -6 \\ 4 & 8 & 3 \end{bmatrix}$，求 x^A 和 A^x。

11. 已知向量 $x = [1\ 2\ 3]$、矩陣 $A = \begin{bmatrix} -2 & 5 & -3 \\ 5 & 9 & 12 \\ 7 & 8 & 4 \end{bmatrix}$，求 x^A 和 A^x。

12. 已知矩陣 $A = \begin{bmatrix} 4 & 1 & 3 \\ 2 & 5 & 7 \\ 3 & 8 & 6 \end{bmatrix}$、$B = \begin{bmatrix} 1 & 2 & 3 \\ 4 & 5 & 6 \\ 7 & 8 & 9 \end{bmatrix}$，求 A^B。

13. 假設向量 $x = [1\ 2\ 3\ 4]$，矩陣 B 為 4 階 pascal 矩陣，矩陣 C 為 4 階 magic 矩陣，求下列運算的結果：

    (1) 將向量 x 取代矩陣 B 的第一行

    (2) 將矩陣 C 的第一行換成行向量 x'

    (3) 將矩陣 C 的第一列與第四列對換

14. 已知 $A = \begin{bmatrix} 1 & 2 & 3 & 4 \\ 2 & 4 & 6 & 8 \\ 3 & 5 & 7 & 9 \\ 2 & 3 & 4 & 5 \end{bmatrix}$，求下列運算的結果：

    (1) 將矩陣 A 的前 3 階組成矩陣 B

    (2) 矩陣 A 的第 2 列、第 2 行對應元素的子矩陣

15. 續上題，求由矩陣 A 的第 2 列至第 4 列、第 2 行至第 4 行所構成的 3 階矩陣 B。

16. 假設 $A = \begin{bmatrix} 2 & 4 & 6 & 8 \\ 1 & 3 & 5 & 7 \\ 4 & 3 & 2 & 1 \\ 5 & 7 & 3 & 6 \end{bmatrix}$，試將：

    (1) 矩陣 A 中的「行」從左向右翻轉

    (2) 矩陣 A 中的「行」上下翻轉

    (3) 矩陣 A 逆時針旋轉90°

17. 假設矩陣 $A = \begin{bmatrix} 3 & 1 & 1 \\ 2 & 1 & 2 \\ 1 & 2 & 3 \end{bmatrix}$、$B = \begin{bmatrix} 1 & 1 & -1 \\ 2 & -1 & 0 \\ 1 & -1 & 1 \end{bmatrix}$，求：

    (1) 兩個矩陣的水平連接矩陣

    (2) 兩個矩陣的垂直連接矩陣

18. 已知向量 $x = [1\ 3\ 5\ 7]$，求矩陣 A，其複製 5 列向量 x。

19. 已知矩陣 $A = \begin{bmatrix} 1 & 2 \\ 3 & 4 \end{bmatrix}$，求矩陣 B，其複製 3 列 2 行矩陣 A。

20. 已知矩陣 $A = \begin{bmatrix} 1 & 3 \\ 2 & 4 \end{bmatrix}$，將矩陣 A 複製到 6×6 矩陣 B 的主對角線上，而矩陣 B 的其他元素均為 0。

21. 已知矩陣 $A = \begin{bmatrix} 1 & 3 & 5 & 7 \\ 2 & 4 & 6 & 8 \end{bmatrix}$，試使用 MATLAB 求下列運算的結果：

    (1) 將矩陣 A 中的元素左右翻轉

    (2) 將矩陣 A 中的元素上下翻轉

    (3) 將矩陣 A 逆時針旋轉270°

    (4) 將矩陣 A 中的第 2 行元素修改為 10、11

    (5) 將(4)中的第 2 列元素刪除

22. 假設矩陣 $A = 3 * rand(3,2)$，試使用 MATLAB 求下列運算的結果：

(1) $B = \text{floor}(A)$

(2) $C = \text{ceil}(A)$

(3) $D = \text{round}(A)$

(4) $E = \text{fix}(A)$

23. 已知向量 $a = [-1\ 0\ 2]$，向量 $b = [-2\ -1\ 1]$，向量 $c = [3\ 4\ 5]$，

矩陣 $A = \begin{bmatrix} 1 & 2 & 3 \\ 4 & 5 & 6 \end{bmatrix}$，矩陣 $B = \begin{bmatrix} 3 & 1 & 2 \\ -4 & -2 & 1 \end{bmatrix}$，求下列運算的結果：

(1) $x = \text{dot}(a,b)$

(2) $y = \text{cross}(a,b)$

(3) $c = \text{dot}(A,B)$

(4) $d = \text{dot}(A,B,2)$

(5) $e = a \cdot (b \times c)$

CH4 習題

1. 求 5 階魔術(magic)矩陣：

   (1) 每一列元素的和

   (2) 每一行元素的和

   (3) 主對角元素的和

2. 建立一個 4 階 Hilbert 矩陣 A，並且設定輸出格式為有理數。

3. 試建立一個 4 階 Pascal 矩陣 A，並將：

   (1) 矩陣 A 中的「行」從左向右翻轉

   (2) 矩陣 A 中的「行」上下翻轉

   (3) 矩陣 A 逆時針旋轉 90°

4. 已知向量 x=[1 2 3 4]，試將向量 x 元素寫入矩陣的主對角線求：

   (1) 對角矩陣；

   (2) 上移一列的對角矩陣

   (3) 下移一列的對角矩陣

5. 使用兩種方法求矩陣 $A = \begin{bmatrix} 1 & 7 & 9 & 6 \\ 5 & 2 & 7 & 8 \\ 8 & 3 & 6 & 4 \\ 3 & 5 & 4 & 9 \end{bmatrix}$ 的反矩陣。

6. 求下列矩陣的虛反矩陣：

   (1) 3 階 pascal 矩陣

   (2) $A = \begin{bmatrix} 1 & 2 & 3 \\ 4 & 5 & 6 \\ 7 & 8 & 9 \\ 2 & 5 & 8 \\ 1 & 4 & 7 \end{bmatrix}$

   (3) $B = \begin{bmatrix} 1 & 6 & 7 & 5 & 6 \\ 2 & 5 & 8 & 4 & 7 \\ 3 & 4 & 9 & 3 & 8 \end{bmatrix}$

7. 已知 $A = \begin{bmatrix} -3 & 4 \\ 2 & 5 \\ -6 & 1 \end{bmatrix}$，求虛反矩陣 X，並求 XA、AX、AXA 和 XAX。

8. 已知 $A = \begin{bmatrix} 1 & 2 & 3 \\ 0 & 1 & 2 \\ 0 & 0 & 1 \end{bmatrix}$，求反矩陣 A^{-1} 和虛反矩陣。

9. 已知 $A = \begin{bmatrix} 1 & 4 & 7 & 10 \\ 2 & 5 & 8 & 11 \\ 3 & 6 & 9 & 12 \end{bmatrix}$，求每列元素的乘積和全部元素的總和以及乘積。

10. 已知矩陣 $A = \begin{bmatrix} -2 & 5 & 8 \\ 1 & -4 & 7 \\ -3 & 6 & 9 \end{bmatrix}$，求：

    (1) [A;magic(3)]所產生的矩陣 B

    (2) 矩陣 B 中最大與最小元素的值及其位置

    (3) 將矩陣 B 的每一列由小到大排序產生矩陣 C

11. 使用 sort 指令對矩陣 $A = \begin{bmatrix} 1 & 3 & 6 \\ 8 & 2 & 5 \\ 2 & 7 & 4 \end{bmatrix}$ 進行排序。

12. 求矩陣 $A = \begin{bmatrix} 0.23 & 15 & -2 \\ 7.8 & -3 & 12 \end{bmatrix}$ 的主對角線元素、上三角矩陣、下三角矩陣。

13. 求矩陣 $A = \begin{bmatrix} 1 & 3 & 4 & 5 \\ 1 & 1 & 3 & 4 \\ 1 & 1 & 1 & 3 \\ 1 & 1 & 1 & 1 \end{bmatrix}$ 的反矩陣、行列式值、條件數和奇異值。

14. 假設矩陣 $A = \begin{bmatrix} 3 & 2 & 4 \\ 1 & -3 & 2 \\ -2 & 1 & 3 \end{bmatrix}$，求矩陣 A 的特徵值及特徵向量，並分析其數學意義。

15. 建立 5 階 pascal 矩陣 P 和 5 階 Hilbert 矩陣 H，求其行列式值 Dp 和 Dh 以及條件數 Cp 和 Ch。試判斷哪一個矩陣性能較好，為什麼？

16. 假設矩陣 A 為 3 階魔術方陣，試求：

    (1) 矩陣 A 的平方根

    (2) 矩陣 A 的自然對數

    (3) 矩陣 A 的指數乘冪

17. 使用 rand 指令建立一個在區間[15,45]之間均勻分佈的 5 階隨機矩陣。

18. 使用 rand 指令建立一個 5 階隨機矩陣 A，其元素為在區間[10,90]之間的隨機整數，然後判斷 A 的元素是否能被 5 整除。

19. 使用 randn 指令建立一個均值為 0-7、方差為 0-1 的 5 階常態分佈隨機矩陣。

20. 求 $s = 1 + 2 + 2^2 + \cdots + 2^{10}$ 的和。

21. 使用反矩陣解下列矩陣方程式：
$$\begin{bmatrix} 1 & 2 & 3 \\ 2 & 2 & 1 \\ 3 & 4 & 3 \end{bmatrix} \begin{bmatrix} x_1 \\ x_2 \\ x_3 \end{bmatrix} = \begin{bmatrix} 2 & 5 \\ 3 & 1 \\ 4 & 3 \end{bmatrix}$$

22. 使用反矩陣解下列矩陣方程式：
$$\begin{bmatrix} x_1 \\ x_2 \\ x_3 \end{bmatrix} \begin{bmatrix} 2 & -1 & 3 \\ 2 & 1 & -5 \\ 2 & -3 & 1 \end{bmatrix} = \begin{bmatrix} 3 & -2 & 1 \\ 2 & -3 & 4 \end{bmatrix}$$

23. 求向量 $x = [2\ 3\ 7\ 9\ 16]$ 的一次差分向量 y_1 和二次差分向量 y_2。

24. 求矩陣 A 的按「行」一次差分向量 y_1 和按「列」二次差分向量 y_2。

$$A = \begin{bmatrix} 16 & 2 & 3 & 13 \\ 5 & 11 & 10 & 8 \\ 9 & 7 & 6 & 12 \\ 4 & 14 & 15 & 1 \end{bmatrix}$$

25. 假設 $A = \begin{bmatrix} 2 & 0 & 0 & 0 & 0 \\ 0 & 0 & 0 & 0 & 0 \\ 0 & 0 & 0 & 2 & 0 \\ 0 & 1 & 0 & -1 & 0 \\ 0 & 0 & 0 & 0 & 1 \end{bmatrix}$，將矩陣 A 轉換為稀疏儲存形式。

26. 假設 $A = \begin{bmatrix} 0 & 0 & 2 \\ 0 & 3 & 0 \\ 0 & 0 & 7 \end{bmatrix}$，將矩陣 A 轉換為稀疏矩陣 B。求：

(1) B*B 並驗證兩個稀疏儲存矩陣相乘結果仍為稀疏矩陣

(2) rand(3)*B 並驗證普通矩陣和稀疏儲存矩陣相乘結果為完全儲存矩陣

CH5 習題

班級：＿＿＿＿＿
學號：＿＿＿＿＿
姓名：＿＿＿＿＿

1. 使用係數向量建立多項式 $x^4 - 17x^3 + 3x^2 + 16$。

2. 已知向量 $a = [1\ \ 0\ \ -3\ \ -8]$，利用此向量建立一個多項式。

3. 已知一元四次方程式所對應的四個根為：1、-4、-2+3i 及 -2-3i，求其所對應的多項式。

4. 將運算式 $(x^2-4)(x+3)(x^2-5x+6)$ 展開為多項式形式，並求其對應的一元 n 次方程式的根。

5. 已知多項式：$f(x)=3x^2-2x-1$，$g(x)=2x^2-3x+4$，求 $f(x)\times g(x)$ 及 $f(x)/g(x)$。

6. 已知多項式：$a(x)=3x^5-2x^4+x^2-7x+1$，$b(x)=2x-3$，$c(x)=x^2-5x$，求 $\dfrac{a(x)}{b(x)\times c(x)}$。

7. 已知多項式：$a(x)=3x^5-2x^4+6x^2-5x+1$，試分別求：$x=-2$、$x=-3.5$、$x=5.8$ 和 $x=9.5$ 時的值。

8. 將分式多項式 $p(x)=\dfrac{2x^2-3x+4}{(x-1)(x^2+2x-3)}$ 展開成部份分式形式。

9. 求多項式 $p(x)=3x^3-4x^2+2x-1$ 的一階導數。

10. 求分式多項式 $p(x)=\dfrac{2x^3-3x^2+5x-3}{3x^2+2x-6}$ 的一階導數。

11. 求多項式 $2x^3-3x^2+2x-5$ 的積分運算，常數項設為 3。

12. 使用 3 階多項式在區間 $[0,2\pi]$ 逼近 $\sin(x)$ 函數。

13. 已知測量數據如下表所示。試求 2 階擬合多項式 $p(t)$，然後求 $t_i = 1$、1.5、2、2.5、…、9.5、10 各點的函數近似值。

t	1	2	3	4	5	6	7	8	9	10
y	9.6	4.1	1.3	0.4	0.05	0.1	0.7	1.8	3.8	9.0

14. 某觀測站測得某日 6:00 至 18:00 間，每隔 2 小時的室內和室外溫度，如下表所示。試使用 3 次樣條內插，分別求出該日 6:30 至 17:30 間，每隔 2 小時各點的室內外近似溫度。

時間 h	06:00	08:00	10:00	12:00	14:00	16:00	18:00
室內溫度 t1	18.0	20.0	22.0	25.0	30.0	28.0	24.0
室外溫度 t2	15.0	19.0	24.0	28.0	34.0	32.0	30.0

15. 求函數 $f(x) = x^3 - 2x - 5$ 在區間[0,5]的最小值點和最小值。

16. 求函數 $f(x,y) = x + \dfrac{y^2}{4x} + \dfrac{x^2}{y}$ 在 $(x,y) = (0.5, 0.5)$ 附近的最小值。

17. 求下列常微分方程在 $x \in [1, 2]$ 的數值解並畫圖觀察其變化趨勢：

$$y' = 4x - \frac{2y}{x}, \; y(1) = 2$$

18. 求下列常微分方程在 $x \in [0, 2]$ 的數值解並畫圖觀察其變化趨勢：

$$y'' = -xy' + x^2 - 5, \; y(0) = 5, \; y'(0) = 6$$

19. 求下列常微分方程組：

$$y'(1) = y(2)y(3)$$

$$y'(2) = -y(1)y(3)$$

$$y'(3) = -0.51y(1)y(2)$$

已知初始條件為 $t = 0$ 時，$y(0,1) = 0$、$y(0,2) = 1$、$y(0,3) = 1$。考慮在 $t \in [0, 12]$ 的數值解並畫圖觀察其變化趨勢。

20. 求 $q = \int_{-\pi/3}^{\pi/3} \cos 3x\,dx$ 的定積分值。

21. 求 $I = \int_{-2}^{3} x \cos x\,dx$ 的定積分值。

22. 求 $I = \int_{-1}^{3} \dfrac{\sin 2x}{3x}\,dx$ 的定積分值。

23. 求 $I = \int_{-\pi}^{\pi} e^{-x} \sin(x - \pi/5)\,dx$ 的定積分值。

24. 求下列雙重積分的值：

(1) $I = \int_{1}^{2}\int_{0}^{1} x \cos(2y)\,dx\,dy$

(2) $I = \int_{-2}^{2}\int_{-1}^{1} e^{-x} \sin(x + e^{-y})\,dx\,dy$

CH6 習題

1. 根據統計，台灣 101 年至 108 年平均每人國民所得如下表所示，請使用繪圖指令 plot 畫出其二維曲線圖形，並標註出座標軸。

年份	國民所得(元)
101	537,021
102	565,198
103	607,264
104	633,367
105	650,854
106	667,945
107	678,233
108	687,076

2. 使用繪圖指令 plot 畫出 $y = 2\sin(2\pi t + \pi/4)$，$t \in [0,2]$，增量為 0.01 的二維曲線圖形。

3. 使用繪圖指令 plot 畫出曲線 $y = \sin 2x/x$, $x \in [-5\pi, 5\pi]$，增量為 0.1。

4. 使用繪圖指令 plot 畫出函數 $y = 2e^{\sin x}\sin 4x$，$x \in [0,4\pi]$ 的二維曲線圖。

5. 在同一座標系中，使用繪圖指令 plot 畫出函數 $y_1 = 2e^{-0.5x}\sin 6x$, $x \in [0,5]$ 和 $y_2 = 6 + 3e^{-0.2x}\sin 4x$, $x \in [0,5]$ 的兩條二維曲線圖。其中，y_1 的線條為藍色實線，資料符號為星號，y_2 的線條為紅色虛點線，資料符號為圓圈。

6. 在區間[1,10]建立 50 個隨機數，然後以這 50 個數為縱座標畫出二維曲線圖，線條樣式為虛線，線條顏色為藍色，資料符號為圓圈。

7. 畫出下列函數的二維曲線圖形：

(1) $r = 2\theta$，$\theta \in [0, 6\pi]$，增量為 0.01π

(2) $\begin{cases} r_1 = 2\cos 3\theta \\ r_2 = 2\sin 3\theta \end{cases}$，$\theta \in [0, 4\pi]$，增量為 0.01π

8. 使用繪圖指令 plotyy 在同一圖形視窗中，使用單對數橫座標(semilogx)及單對數縱座標(semilogy)畫出 $y_1 = \sin x$, $y_2 = e^x$, $x \in [0, 2\pi]$，增量為 0.01π 的圖形。

9. 在同一個圖形視窗中，使用繪圖指令 plot 畫出 $y_1 = 2\sin x$、$y_2 = \cos 3x$，$x \in [0, 2\pi]$，增量為 0.1 的曲線圖，其中，y_1 的線條為藍色點線，資料符號為圓圈，y_2 的線條為紅色實線，資料符號為星號，並加上圖形說明(legend)。

10. 試將圖形視窗分割成 2 列 1 行，上圖畫出 $y_1 = \sin(2x)$, $x \in [-5, 5]$，增量為 0.1；下圖畫出 $y_2 = 3\sinh(x)$, $x \in [-5, 5]$，增量為 0.1 的曲線圖形，並加上適當的圖形說明，如下圖所示。

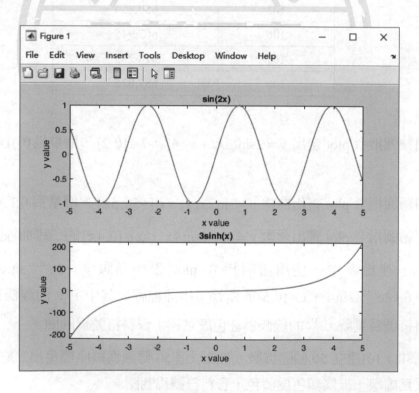

11. 試將圖形視窗分割成三個區域，並分別使用雙對數座標(loglog)、單對數橫座標(semilogx)及單對數縱座標(semilogy)畫出 $y = 5x^2$, $x \in [0,50]$，增量為 0.5 的圖形，並加上適當的圖形說明，如下圖所示。

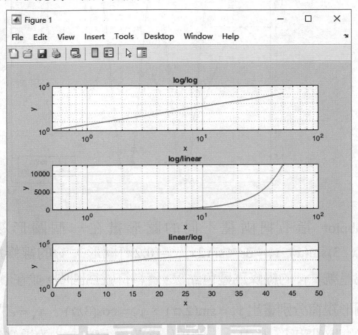

12. 在同一圖形視窗中，畫出 $y_1 = 2\sin 2x$, $y_2 = 3\cos 3x$, $x \in [0, 2\pi]$ 圖形，其中，y_1 的線條為黑色虛線，資料符號為圓圈，y_2 的線條為藍色實線，資料符號為星號，並在曲線圖形上加上圖形說明，使得被覆蓋的點最少。

13. 在同一圖形視窗畫出曲線 $y_1 = \sin(t)$，$t \in [0, 4\pi]$，增量為 0.1；$y_2 = 2\cos(2t)$，$t \in [\pi, 3\pi]$，增量為 0.1。其中，y_1 的線條為黑色虛點線，y_2 的線條為紅色實線，資料符號為圓圈。並在圖的右下角標記 2 條曲線的圖形說明(legend)，如下圖所示。

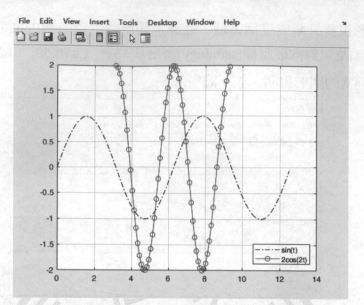

14. 使用 subplot 指令把兩種不同的圖形畫在一個圖形視窗中，其中，
    $y_1 = \cos(x/3)\sin(x),\ y_2 = 3e^{-x}\sin 2x,\ x \in [0, 2\pi]$ 圖形，y_1 的線條為紅色虛點線，資
    料符號為星號，y_2 的線條為藍色點線，資料符號為圓圈，並在圖形上方標記標題。

15. 在同一圖形視窗分別畫出 $y_1 = \sin(2\pi t)$、$y_2 = \cos(3\pi t)$、$y_3 = e^{-4t}$，$t \in [0, 2]$，增量
    為 0.01 的曲線圖形。其中，y_1 的線條為藍色實線，y_2 的線條為紅色虛線，y_3 的
    線條為黑色虛點線。並在圖形上方標記標題、在座標軸上加入標記、在圖形視窗
    加入文字對各曲線分別加以說明，如下圖所示。

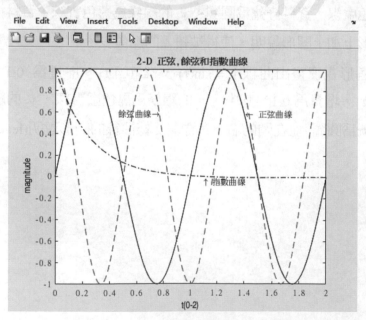

16. 使用繪圖指令 fplot 畫出下列函數的曲線圖：

(1) $y = 2e^{-x}\cos(x^2),\ x \in [0,10]$

(2) $y = x^2 e^{-x^2},\ x \in [-5,5]$

(3) $y = \lg(x + \sqrt{1+x^2}),\ x \in [-10,10]$

(4) $\begin{cases} y_1 = e^{-0.5x}\sin 5x \\ y_2 = e^{-0.5x} \\ y_3 = -e^{-0.5x} \end{cases},\ x \in [0,2\pi]$

其中，y_1 的線條為黑色實線，資料符號為點號，y_2 和 y_3 的線條為紅色虛線。

17. 使用簡易繪圖指令 ezplot 畫出下列函數的曲線圖：

(1) $y = 3e^{-x}\sin(2x + \pi/3),\ x \in [0,2\pi]$

(2) $y = x^2 e^{-x},\ x \in [-2,2]$

CH7 習題

1. 使用繪圖指令 plot3 畫出下列函數的三維曲線圖：

   $x = t,\ y = \cos t,\ z = \sin t,\ t \in [0, 10\pi]$

   線條為黑色虛線，資料符號為星號。

2. 使用 plot3 繪圖指令畫出下列函數的三維曲線圖：

   $x = 0.1t \cos t,\ y = 0.1t \sin t,\ z = t,\ t \in [0, 24\pi]$

   線條為藍色虛線，資料符號為點號。

3. 使用繪圖指令 plot3 畫出下列函數的三維曲線圖

   $x = 0.1 \cdot e^{\frac{t}{20}} \cdot \cos(2t)$ ， $y = 0.1 \cdot e^{\frac{t}{20}} \cdot \sin(2t)$ ， $z = t$ ， $t \in [0, 10\pi]$ ，間隔 $\pi / 100$

4. 使用繪圖指令 mesh 畫出下列函數的三維網狀圖：

   $z(x, y) = \sin(x + y)$ ， $x \in [-\pi, \pi]$ ， $y \in [-\pi, \pi]$

5. 使用繪圖指令 mesh 畫出下列函數的三維網狀圖：

   $z(x, y) = 10xe^{-x^2 - y^2}$ ， $x \in [-\pi, \pi]$ ， $y \in [-\pi, \pi]$

6. 使用繪圖指令 surf 畫出下列函數的三維曲面圖：

   $z(x, y) = 10xe^{-x^2 - y^2}$ ， $x \in [-3, 3]$ ， $y \in [-3, 3]$ ，間隔 0.1

7. 使用繪圖指令 surf 畫出下列函數的三維曲面圖：

   $z = xe^{-[(x - y^2)^2 + y^2]}$ ， $-1 \leq x \leq 1$ ， $-1 \leq y \leq 1$ ，間隔 0.1

8. 使用繪圖指令 contour 畫出下列函數的二維等高線圖形：

   $z = xe^{-[(x - y^2)^2 + y^2]}$ ， $-1 \leq x \leq 1$ ， $-1 \leq y \leq 1$ ，間隔 0.1

9. 使用繪圖指令 contour 畫出下列函數的二維等高線圖：

   $z(x, y) = \sqrt{x^2 + y^2}$ ， $-3 \leq x \leq 3$ ， $-3 \leq y \leq 3$ ，間隔 0.1。

10. 使用繪圖指令 contour3 畫出下列函數的三維等高線圖：

    $z(x, y) = \sqrt{x^2 + y^2}$ ， $x \in [-3, 3]$ ， $y \in [-3, 3]$ ，間隔 0.1

11. 使用繪圖指令 contour3 畫出下列函數的三維等高線圖形：
$z = 3\sin(x)\cos(y)$，$-\pi/2 \le x \le \pi/2$，$-\pi/2 \le y \le \pi/2$，間隔 0.2

12. 使用繪圖指令 meshc 畫出下列函數的含等高線三維網狀圖：
$z = xe^{-[(x^2-y^2)^2+y^2]}$，$-1 \le x \le 1$，$-1 \le y \le 1$，間隔 0.1

13. 使用繪圖指令 meshc 畫出下列函數的含等高線三維網狀圖：
$z = 5x^2 - y^2 + 2$，$x \in [-3,3]$，$y \in [-3,3]$，間隔 0.1

14. 分別使用繪圖指令 mesh、meshc、meshz 畫出下列函數的圖形：
$z = \sin(\sqrt{x^2+y^2})/\sqrt{x^2+y^2}$，$-3 \le x \le 3$, $-3 \le y \le 3$，間隔 0.1

15. 使用繪圖指令 surfc 畫出下列函數的具等高線三維曲面圖：
$z = e^{(-(0.15x)^2-(0.15y)^2)}\sin x \sin y$，$x \in [0,10]$，$y \in [0,10]$，間隔 0.25

16. 使用繪圖指令 surfc 畫出下列函數的含等高線三維曲面圖：
$z(x,y) = 10xe^{-x^2-y^2}$，$x \in [-3,3]$，$y \in [-3,3]$，間隔 0.1

17. 使用簡易繪圖指令 ezplot3 畫出下列函數的三維曲線圖：
$x = \sin(t)\cos(4t)$，$y = \sin(t)\sin(4t)$，$z = 0.2t$，$t \in [0,8\pi]$

18. 使用簡易繪圖指令 ezmesh 畫出下列函數的三維網狀圖：
$z(x,y) = 3\sin(x+y)$，$-4\pi \le x \le 4\pi$，$-4\pi \le y \le 4\pi$

19. 使用簡易繪圖指令 ezmeshc 畫出下列函數的含等高線三維網狀圖：
$z(x,y) = \sqrt{x^2+y^2}$，$-4 \le x \le 4$，$-4 \le y \le 4$

20. 使用簡易繪圖指令 ezsurf 畫出下列函數的簡易三維曲面圖：
$x = r\cos(\theta)$，$y = r\sin(\theta)$，$z = r^2$

21. 使用簡易繪圖指令 ezsurf 畫出下列函數的三維曲面圖：
$z(x,y) = \cos(x^2+y^2)$，$-\pi \le x \le \pi$，$-\pi \le y \le \pi$

22. 使用簡易繪圖指令 ezsurfc 畫出下列函數的含等高線三維曲面圖：
$z(x,y) = \sqrt{x^2+y^2}$，$-4 \le x \le 4$，$-4 \le y \le 4$

23. 使用簡易繪圖指令 ezmesh 畫出下列函數的三維網狀圖：
$x = 5\sin(s)\sin(t)$
$y = 5\sin(s)\cos(t)$，$s \in [0,\pi]$，$t \in [0,2\pi]$
$z = 5\cos(s)$

CH8 習題

1. 在同一個圖形視窗中，畫出下列二維曲線的垂直長條圖：
$$\begin{cases} y = \sin x \\ y = x^2 \\ y = x^3 \end{cases}, \quad 0.5 \le x \le 1.5$$

2. 某班微積分期中考成績，90 分以上有 6 位，80～89 分有 8 位，70～79 分有 8 位，60～69 分有 19 位，60 分以下有 9 位，試畫出二維扇形圖並且將不及格的部份脫離扇形圖。

3. 畫出下列函數的極座標曲線圖：
$$r = 3\sin^2(5\theta), \quad \theta \in [-\pi, \pi], \text{ 間隔 } 0.01$$

4. 畫出二維曲線 $y = 3e^{-x^2}$，$x \in [0, 2\pi]$ 的實心針頭圖。

5. 畫出二維曲線 $y = 3\cos 2x \sin x$，$x \in [0, 5]$ 的階梯圖。

6. 畫出曲線 $y = 3\sin 2x$，$x \in [0, 2\pi]$ 的誤差條狀圖，其中每個點的誤差限制為 10%。

7. 畫出下列函數所描述的二維彗星圖：
$$y = \tan(\sin x) - \sin(\tan x), \quad x \in [-\pi, \pi], \text{ 增量為 } 0.01\pi$$

8. 畫出下列函數的羅盤圖：
$$z = \sin\theta \cdot e^{i\theta}, \quad \theta \in [0, 2\pi], \text{ 增量為 } 0.2$$

9. 同上題，畫出函數 z 的羽毛圖。

10. 在同一個圖形視窗中，使用繪圖指令 bar3h 畫出 4 階巴斯卡(pascal)矩陣的水平三維長條圖、水平三維 grouped 長條圖和水平三維 stacked 長條圖。

11. 使用繪圖指令 pie3 畫出資料向量 $x = [2\ 3.5\ 6\ 12.5\ 9.6\ 5.2]$ 的三維扇形圖，並且將第 4 筆資料分離出來。

12. 畫出下列函數的三維散點圖：

$$x = 2\sin t\cos 3t，y = 2\sin t\sin 3t，z = 0.5t，0 \le t \le 4\pi$$

13. 畫出高度為 10 的球體曲面圖。

14. 使用繪圖指令 mesh 畫出下列函數的三維網狀柱面圖：

$$r = \left| e^{-0.2t}\sin t \right|，t \in [0, 3\pi]，增量為 0.05$$

15. 畫出下列函數的三維網狀柱面圖：

$$r = \cos(t)，t \in [0, 2\pi]，高為 3$$

16. 畫出下列函數在圓柱座標系下的三維曲面圖：

$$r = \sin 2t，z = t\sin 2t，t \in [-\pi/2, \pi/2]$$

17. 畫出下列函數的三維切線圖：

$$z = 2ye^{-x^2-y^2}，x \in [-1,1]，y \in [-1,1]$$

18. 畫出下列函數的三維彗星圖：

$$x = t，y = \cos t，z = \sin t，0 \le t \le 10\pi，間隔 0.01\pi$$

19. 畫出下列函數的帶狀圖：

$$z = x^2 + y^2，x \in [-4,4]，y \in [-4,4]$$

20. 畫出下列函數的三維網狀圖，並加入水平彩色刻度：

$$z = x^2 - 2y^2，x \in [-10,10]，y \in [-10,10]，間隔 0.1$$

21. 分別使用平滑和插值著色方式畫出下列函數的三維網狀圖：

$$z = x^2 + y^2，x \in [-3,3]，y \in [-3,3]$$

22. 畫出下列函數的三維曲面圖，並將圖形設定為粉紅色：

$$z(x,y) = xe^{-x^2-y^2}，-4 \le x \le 4，-4 \le y \le 4$$

CH9 習題

班級：＿＿＿＿＿＿
學號：＿＿＿＿＿＿
姓名：＿＿＿＿＿＿

1.　建立下列符號函數，並檢測符號物件的類型(class)：

　　(1)　$f_1 = x - 1$

　　(2)　$f_2 = \sin(a)$

　　(3)　$f_3 = \tan(wc \cdot T) + pi$

　　(4)　$f_4 = t \log^2(t)$

2.　建立下列符號運算式，並檢測符號物件的類型(class)：

　　(1)　$g_1 = 2x + 3y + z$

　　(2)　$g_2 = ax^2 + \sin y - z$

　　(3)　$g_3 = \sin x + \cos y + e^{-2z}$

3.　已知符號運算式 $f = a + \cos t$、$g = b\sin t$，求

　　(1)　$f + g$

　　(2)　$f - g$

　　(3)　$f \times g$

　　(4)　f / g

　　(5)　f^3

4. 已知符號矩陣 $A = \begin{bmatrix} 1 & 13 \\ 2 & 24 \end{bmatrix}$、$B = \begin{bmatrix} 5 & -3 \\ -2 & 6 \end{bmatrix}$，求

   (1) $A + B$

   (2) $A * B$

   (3) A / B

   (4) $A .\backslash B$

   (5) A^3

5. 求下列三個符號常數的值，並將結果轉換為倍精度型態數值：

   (1) $a = \sqrt{2}\ln 6$；　(2) $b = e^{\sqrt{7}\pi}$；　(3) $c = e^2 \pi \sin\dfrac{\pi}{5}$

6. 求下列符號常數的值，並將結果轉換為 12 位有效位數數值：

   (1) $a = \sqrt{3}\sin(\pi/5)$；　(2) $b = e^{-2.5\pi}$

7. 已知 $f = ax^n + by + k$，試對其進行符號常數替換：$n = 5$、$k = \pi$；符號變數替換：
   $a = \sin t$、$b = \ln m$、$k = e^{-ct}$。

8. 已知 $a = 123456789012345$，試對其質因數分解。

9. 已知符號運算式 $f = x^3 + x^2 - x - 1$，試對其因式分解。

10. 已知符號運算式 $f = a^4(b^2 - c^2) + b^4(c^2 - a^2) + c^4(a^2 - b^2)$，試對其因式分解。

11. 將符號運算式 $(x+y)^6 - (x-y)^6$ 展開，然後做因式分解。

12. 假設符號運算式 $f = x^2 y + xy - ax^2 + 3bx$，試對其同類項合併。

13. 假設符號運算式 $f = -axe^{-bx} + cx^2 e^{-bx}$，試對其同類項合併。

14. 試使用 simplify 指令對下列符號運算式化簡：

    (1) $f = x^3 + 3x^2 + 3x + 1$；　(2) $g = \sin^2 x + \cos^2 x$；　(3) $h = e^{a\ln(\alpha+\beta)}$

15. 求符號運算式 $f = \dfrac{x}{ky} + \dfrac{y}{px}$ 的分子和分母。

16. 假設符號運算式 $f(x) = 1 + 3x$，$g(y) = \ln(y)$，求複合符號運算式 $f(g(y))$。

17. 假設符號運算式 $f(x) = u\cos x$，$g(y) = \ln(y/t)$，求複合符號運算式 $f(g(z))$。

18. 假設函數 $f = ax + b$，$g = x^2 + y$，求其反函數。

CH10 習題

班級：＿＿＿＿＿＿
學號：＿＿＿＿＿＿
姓名：＿＿＿＿＿＿

1. 求下列符號運算式的極限：

(1) $\lim\limits_{x\to\infty}(1+\dfrac{1}{x})^x$

(2) $\lim\limits_{x\to\infty}\left(\dfrac{2x+3}{2x+1}\right)^{x+1}$

(3) $\lim\limits_{x\to1}\left(\dfrac{x^m-1}{x^n-1}\right)$

(4) $\lim\limits_{x\to a}\dfrac{\sin x-\sin a}{x-a}$

(5) $\lim\limits_{x\to0}\dfrac{\sin x}{x}$

(6) $\lim\limits_{x\to1}\dfrac{x+1}{x^3-2}$

(7) $\lim\limits_{h\to0}\dfrac{\cos(x+h)-\cos(x)}{h}$

(8) $\lim\limits_{x\to\infty}(\dfrac{x-a}{x+a})^x$

(9) $\lim\limits_{x\to0^+}(\sin x)^{\frac{1}{\ln x}}$

(10) $\lim\limits_{x\to0^+}(\sin\sqrt{x})^{\frac{1}{x}}$

(11) $\lim\limits_{x\to0}\dfrac{2e^{-2x}}{1+\sin x+\ln(1+x)}$

(12) $\lim\limits_{x\to-\infty}\dfrac{\sqrt{3x^2-2x+1}-x+1}{\sqrt{x^2+\cos x}}$

2. 求下列符號運算式的級數和：

(1) $1 - \dfrac{1}{2} + \dfrac{1}{3} - \dfrac{1}{4} + ... + \dfrac{1}{k} + ...$

(2) $1 + \dfrac{1}{2^2} + \dfrac{1}{3^2} + ... + \dfrac{1}{k^2} + ...$

(3) $1 - \dfrac{1}{2^2} + \dfrac{1}{3^2} - ... + (-1)^{k+1} \dfrac{1}{k^2} + ...$

(4) $\dfrac{1}{1 \times 2} + \dfrac{1}{2 \times 3} + \dfrac{1}{3 \times 4} + ... + \dfrac{1}{k \times (k+1)} + ...$

(5) $\displaystyle\sum_{k=1}^{\infty} \dfrac{k}{k+1}$

(6) $\displaystyle\sum_{k=1}^{\infty} \dfrac{k+1}{2^{k-1}}$

(7) $\displaystyle\sum_{k=1}^{\infty} (-1)^{k+1} \dfrac{k+1}{2^{k-1}}$

(8) $\displaystyle\sum_{k=1}^{\infty} (-1)^{k+1} \dfrac{k^3}{2^{k+1}}$

3. 求下列函數的 5 階泰勒級數展開式：

(1) $f_1(x) = \sin x$

(2) $f_2(x) = \ln(1+x)$

(3) $f_3(x) = a^x$

(4) $f_4(x) = \dfrac{1}{1-x}$

(5) $f_5(x) = \dfrac{x}{1-x^2}$

(6) $f_6(x) = \ln(1+x)$

4. 求下列符號函數的一階導數和二階導數：

(1) $f_1 = \sin x \cdot \cos a \cdot \cos b$

(2) $f_2 = x^2 \sin x$

(3) $f_3 = \dfrac{1}{x^3 + 1}$

(4) $f_4 = \dfrac{1}{a + \sqrt{x}}$

(5) $f_5 = \sqrt{a^2 + x^2}$

5. 求下列符號函數的一階偏導數 $\dfrac{\partial f}{\partial x}$ 和 $\dfrac{\partial f}{\partial y}$：

(1) $f_1 = \sin(x + ye^x)$

(2) $f_2 = e^x(\cos y + x \sin y)$

(3) $f_3 = \sqrt{2} \sin \dfrac{y}{x}$

(4) $f_4 = \dfrac{x + y}{x - y}$

6. 解下列符號代數方程式：

(1) $3xy^2 - x^2 - 1 = 0$

(2) $\cos x \cos y - \sin x \sin y = 1$

(3) $2x \sin y + 5y = 3$

(4) $\cos^2 x - 2 \sin y - 5 = 0$

7. 解下列符號代數方程組：

(1) $\begin{cases} x^3 - y^3 = 8 \\ x + y = 2 \end{cases}$

(2) $\begin{cases} x^2 + xy + y = 3 \\ x^2 - 4x + 3 = 0 \end{cases}$

(3) $\begin{cases} x^2 + 4x + y^2 + 5y - 6 = 0 \\ x^2 + 2x + y^2 - 4 = 0 \end{cases}$

(4) $\begin{cases} ax^2 + 2xy = 0 \\ x - y = 1 \end{cases}$

(5) $\begin{cases} x^2 y^2 = 0 \\ x - \dfrac{y}{2} - a = 0 \end{cases}$

(6) $\begin{cases} x^2 + 2x + 1 = 0 \\ x + 3z = 4 \\ yz = -1 \end{cases}$

8.　解下列一階符號微分方程式：

(1) $y' - \dfrac{y}{x} = 2$

(2) $y' = (x - y)^2$

(3) $xy' + 3y = x$

(4) $y' - y = e^x$ ， $y(0) = -1$

(5) $y' = 3x^2(y + 2)$ ， $y(1) = 8$

(6) $y' - \dfrac{2x}{y} = 0$ ， $y(1) = 2$

(7) $y' - xe^y = 0$ ， $y(1) = 7$

(8) $2e^x y^2 \dfrac{dy}{dx} = x + 2$ ， $y(0) = 3$

9.　解下列二階符號微分方程式：

(1) $x^2 \dfrac{d^2 y}{dx^2} - 2x \dfrac{dy}{dx} + 2y = 0$

(2) $x^2 \dfrac{d^2 y}{dx^2} - 4x \dfrac{dy}{dx} + 2y = 0$

(3) $y'' - 2y' + y = e^x$

(4) $x^2 y'' + 3xy' - 8y = 0$

(5) $x^2 \dfrac{d^2 y}{dx^2} - x \dfrac{dy}{dx} - 3y = 0$ ， $\left. \dfrac{dy}{dx} \right|_{x=2} = 1$ ， $y(2) = -2$

(6) $\dfrac{d^2y}{dx^2} - 3\dfrac{dy}{dx} + 2y = 2x + 3$，$\left.\dfrac{dy}{dx}\right|_{x=0} = 5$，$y(0) = 4$

(7) $y'' + 10y' + 24y = 24$，$y'(0) = -26$，$y(0) = 6$

(8) $y'' - 2y' + 7y = e^x$，$y'(0) = -2$，$y(0) = -2$

10. 解下列符號微分方程組：

(1) $\begin{cases} \dfrac{df}{dt} = -f + 3g \\[2mm] \dfrac{dg}{dt} = 2f + 5g \end{cases}$

(2) $\begin{cases} \dfrac{df}{dt} - 2f = \sin t \\[2mm] \dfrac{dg}{dt} + 3g = -2 \end{cases}$

CH11 習題

1. 編寫一個腳本 M 檔案，求一元二次方程式 $ax^2 + bx + c = 0$ 的根。

2. 編寫一個函數 M 檔案，求一元二次方程式 $ax^2 + bx + c = 0$ 的根。

3. 編寫一個函數 M 檔案，將華氏溫度 f 轉換為攝氏溫度 c。
$$c = \frac{5}{9}(f - 32)$$

4. 編寫函數 M 檔案，計算一個向量所有元素的平均值。

5. 分別編寫函數 M 檔案和腳本 M 檔案，將變數 a 和 b 的值互換，其中，$a = 1:10$，$b = \begin{bmatrix} 11 & 12 & 13 & 14 \\ 15 & 16 & 17 & 18 \end{bmatrix}$；然後執行該檔案。

6. 編寫一個函數 M 檔案計算函數 $f(x, a) = \dfrac{x}{x^2 + a}$，並求函數在 $a = 1$，區間 $[-2, 1]$ 的極小值點和極小值。

7. 編寫一個函數 M 檔案計算三角形的面積 A。已知三角形的三條邊為 a, b 和 c，面積計算公式為 $A = \sqrt{s(s-a)(s-b)(s-c)}$，其中 $s = (a+b+c)/2$。

8. 編寫一個函數 M 檔案計算符號函數 $\sin c = \dfrac{\sin x}{x}$。

9. 編寫一個函數 M 檔案計算 $\displaystyle\sum_{n=1}^{n} n!$，並求 $\displaystyle\sum_{n=1}^{10} n!$。

10. 編寫一個函數 M 檔案判斷兩個正數的大小。

11. 編寫一個函數 M 檔案計算半徑為 r 的圓面積和圓周長，然後在命令視窗求 $r = 1\sim5$ 的圓面積和圓周長。

12. 已知極座標半徑 $\rho = \sqrt{x^2 + y^2}$，極座標角度 $\theta = \tan^{-1}\left(\dfrac{y}{x}\right)$，編寫一個函數 M 檔案實現直角座標 (x, y) 和極座標 (ρ, θ) 之間的轉換。

13. Fibonacci 級數定義如下：
$$\begin{cases} f_1 = 1 \\ f_2 = 1 \\ f_n = f_{n-1} + f_{n-2} \quad (n>2) \end{cases}$$
編寫一個函數 M 檔案，並求 Fibonacci 級數的第 10 項。

14. 編寫一個函數 M 檔案，計算下列分段函數的數值：
$$f(x) = \begin{cases} x, & x < 1 \\ 2x+1, & 1 \le x \le 10 \\ 3x-2, & 10 < x \le 30 \\ \sin x + 3, & x > 30 \end{cases}$$
並求 $f(0.5)$、$f(3)$、$f(30)$ 和 $f(10\pi)$。

15. 使用匿名函數畫出函數 $f(x) = \dfrac{1}{\sqrt{2\pi}} e^{-\frac{x^2}{2}}$ 的簡易二維曲線圖。

16. 使用匿名函數畫出函數 $f(x, y) = \dfrac{x^2}{4} + \dfrac{y^2}{4} - 1$，$x \in [-3\ 3]$，$y \in [-3\ 3]$ 的簡易二維曲線圖。

17. 使用匿名函數畫出函數 $f(x, y) = \dfrac{x^2}{4} + \dfrac{y^2}{21} - 1$，$x \in [-4\ 4]$，$y \in [-4\ 4]$ 的簡易三維曲面圖。

18. 使用匿名函數畫出函數 $f(x, y) = x^2 + y^2$，$x \in [-4\ 4]$，$y \in [-4\ 4]$ 的簡易三維網狀圖。

19. 使用匿名函數畫出函數 $f(x, y) = \cos x \sin y$，$x \in [0\ 2\pi]$，$y \in [0\ 2\pi]$ 的簡易三維曲面圖。

20. 使用匿名函數畫出函數 $f(x, y) = \dfrac{x^2}{4} + \dfrac{y^2}{4} - 1$，$x \in [-4\ 4]$，$y \in [-4\ 4]$ 的具等高線簡易三維曲面圖。

CH12 習題

1. 編寫一個程式，計算 $\displaystyle\sum_{n=1}^{20} n!$ 。

2. 編寫一個程式，比較兩個字元'm'和'N'的大小並輸出較大的字元。

3. 編寫一個程式，從鍵盤輸入一個數，然後判斷該數是否為 5 的倍數。

4. 編寫一個程式，從鍵盤輸入三個實數並按由大到小的順序輸出，其中最大的數存入 a，最小的數存入 c。

5. 編寫一個程式，建立一個 4×5 矩陣 $A=\begin{bmatrix} 2 & 5 & 10 & 17 & 26 \\ 9 & 12 & 17 & 24 & 33 \\ 28 & 31 & 36 & 43 & 52 \\ 65 & 68 & 73 & 80 & 89 \end{bmatrix}$ 。

6. 編寫一個程式，求一個 3×3 矩陣 $A=\begin{bmatrix} 1 & 2 & 3 \\ 4 & 5 & 6 \\ 7 & 8 & 9 \end{bmatrix}$ 對角線元素之和。

7. 編寫一個程式，求 $1-1/2+1/3-1/4+\ldots+1/99-1/100$ 之值。

8. 編寫一個程式，求下列分段函數的值：
$$f(x)=\begin{cases} 2x+3, & x<1 \\ x^2-3, & 1\le x\le 3 \\ x^2-3x+3, & x>3 \end{cases}$$

9. 編寫一個程式，求 1~100 之間不是 5 的倍數的個數。

10. 已知 Fibonacci 數列：$a_1=a_2=1$，$a_{k+2}=a_k+a_{k+1}$，$(k=1,2,\cdots)$，編寫一個程式，分別使用 for 迴圈和 while 迴圈敘述求 Fibonacci 級數中第一個大於 1000 的元素。

11. (續上題)，求 Fibonacci 數列小於 100 的所有元素。

12. 「質數」是大於 1 且除了 1 和它本身以外不能被其他整數整除的整數。試編寫一程式，找出 $2 \sim m$ 之間的全部質數。

13. 假設 $f(x) = e^{-x} \sin(x + \dfrac{\pi}{6})$，編寫一個程式求 $\displaystyle\int_0^{3\pi} f(x)dx$。

14. 已知 $f(n) = 1 + \dfrac{1}{3} + \dfrac{1}{5} + \ldots + \dfrac{1}{2n-1} + \ldots$，編寫一個程式，求 $f(100)$。

15. 編寫一個程式，求矩陣 A 的各列元素之和：

$$A = \begin{bmatrix} 5 & 7 & 9 & 11 \\ 8 & 10 & 12 & 14 \\ 11 & 13 & 15 & 17 \\ 14 & 16 & 18 & 20 \end{bmatrix}$$

16. 從鍵盤輸入若干個整數，當輸入 0 時結束輸入，求這些輸入整數的平均值。

17. 某大賣場的商品折扣如下(商品價格用 price 表示)：

price < 1000	沒有折扣
1000<= price<2000	3%折扣
2000<= price<3000	5%折扣
3000<= price<4000	8%折扣
4000<= price<5000	10%折扣
5000<= price	14%折扣

輸入銷售商品的價格，求其實際銷售價格。

18. 輸入一個字元，若爲大寫字母，則輸出其對應的小寫字母；若爲小寫字母，則輸出其對應的大寫字母；若爲阿拉伯數字，則輸出其對應的數值；若爲其他字元，則原樣輸出。

19. 編寫一個程式，產生 5 階魔術方陣，並輸出該矩陣中能被 5 整除的元素值以及元素位置(列數和行數)。

20. 編寫一個程式，求矩陣 $A = \begin{bmatrix} 2 & -3 & 6 \\ -9 & 5 & 7 \\ -1 & -8 & 4 \end{bmatrix}$ 中的所有正數之和。

21. 編寫一個程式，求 $10^3 \sim 10^4$ 之間 $n!$ 的數值及其 n 的值。

22. 使用迴圈敘述設計一個九九乘法表。

23. 編寫一個程式，求 100～200 之間第一個可以被 21 整除的整數。

24. 編寫一個程式，求滿足下列條件的最小 n 值：

$$1^3 + 2^3 + 3^3 + \ldots + n^3 > 10000$$

25. 編寫一個程式輸出下列矩陣 A：

$$A = \begin{bmatrix} 1 & 1 & 1 & 1 \\ 2 & 1 & 1 & 1 \\ 3 & 2 & 1 & 1 \\ 4 & 3 & 2 & 1 \end{bmatrix}$$

26. 編寫一個程式，求矩陣 A 的轉置矩陣 B：

$$A = \begin{bmatrix} 1 & -2 & 3 \\ -4 & 5 & -6 \end{bmatrix}$$

27. 矩陣乘法運算 $A*B$ 規定 A 矩陣的行數必須等於 B 矩陣的列數，否則會發生錯誤。編寫一個程式，先求兩矩陣的乘積 $A*B$，如果發生錯誤，則顯示錯誤原因，並轉去求兩矩陣的點乘 $A.*B$。